MySQL
運用・管理 [実践]入門

安全かつ高速に
データを扱う
内部構造・
動作原理を学ぶ

著

yoku0825
北川健太郎
tom__bo
坂井恵

技術評論社

執筆にあたり、次の環境を利用しています。環境や時期により、手順・画面・動作結果などが異なる可能性があります。

・CentOS Linux 7.9※
・MySQL 8.0.36

※Appendixでは、CentOS Stream 8、Ubuntu 22.04でMySQLをインストールする方法を紹介しています。

はじめに

ようこそ、MySQL運用の世界へ！

登場当初は「置くだけで気軽に使える」として利用が広がってきたMySQLも、より本格的な利用シーンへ対応するために、たくさんの進化を続けてきました。

今でももちろん、インストール直後のデフォルト状態のままMySQLを利用することはできます。しかし、より大量のデータを高速に安全に扱うには「ちゃんとした運用」が必須です。適切な運用を行うことで、MySQLがより活きてきます。ぜひあなたもMySQL運用の世界を楽しんで、MySQLの持つ力をめいっぱい引き出してあげてください。

「ちゃんとした運用」とはどういうことか

「ちゃんとした運用」。分かったような分からないような言葉ですね。ここで一旦、基本に立ち返って、データベースを利用する目的を考えてみましょう。

データを管理してもらうことがデータベースを利用する最大の目的であることは間違いありません。どのように管理してくれることを期待するのか、もう少し詳しく考えてみると……

- データを安全に管理する
  - ・データが奪われない、覗き見されない
  - ・データが壊れない、壊されない
- 高速にデータを扱う
  - ・データの件数が大量になっても速い
  - ・同時アクセス数が増えてもレスポンスが速い

ということが思いつきます。

これらの期待にこたえるようにMySQLに最大限の活躍をしてもらうには、

1. 自分たちの使用目的に合わせてMySQLサーバーを正しく設定・構成をすること
2. 常にMySQLサーバーの現在の状態を把握すること（監視）
3. MySQLの性格を知り、MySQLが嫌がることをしないこと

が重要です。

本書の構成

データベースに期待する動作を正しくMySQLに指示するために、本書の次の章が役に立ちます。

データを安全に管理する

第2章でユーザー管理について説明します。ここでは、データにアクセスできるアカウントの権限を適切に設定するコツを学ぶことができます。許可したユーザーのみがMySQLにアクセスできるようにする設定や、許可した範囲内での閲覧やデータ操作のみを可能とするような権限設定について詳細に解説します。

第5章で解説するレプリケーション、第6章で解説するバックアップは、いずれもデータ保全に関する話題です。サーバー本体やディスクが物理的に故障するのは、長く運用をしていると避けられないものです。その際、故障した機材以外の場所にもデータが存在する状態にしておくことで、データを失うことがないようにします。また、レプリケーションはデータ保全の用途以外に、大量のアクセスによる負荷を分散させる用途にも利用されます。

高速にデータを扱う

第4章で解説するMySQLのロックの仕組みを理解すると、同時アクセス数が増えた際にパフォーマンスが悪くなる原因の追求に役に立つでしょう。また、クエリ実行計画を読み解けるようになることで、MySQLのクエリ実行の仕組みの理解につながり、効率の良いSQLを記述できることにつながります。

MySQLに詳しくなる

第3章は、MySQL内部でデータがどのように保管されているかを解説します。内部の動作を正しく知ることで、テーブル構造の設計時やトラブル時の解決に役に立つことでしょう。

第7章は、MySQLに健康に動作し続けてもらうための、MySQLの状態を把握する方法や監視など、MySQLを運用していく上で役に立つ情報をまとめて紹介します。

本書の活用方法

本書はMySQLを正しく設定し、状態を把握するといったMySQL運用のノウハウを詰め込んだ本です。運用というテーマの性質上、ある程度MySQLの利用経験のある「中級者以上」向けの話題が多めとなります。

しかし、新たにMySQLの運用担当者に任命されたばかりのあなたも心配しないでください。本書は、運用の初心者から中級者、上級者それぞれに向けて役に立つことを意識して書かれています。

運用というのは非常に多岐に渡るテーマですので、本書を一度読んだだけで全部は理解できないかもしれません。それで良いのです。分からなくてもぜひ一度はページをめくって読み通してほしいと思います。より良い運用のためにデータベース管理者として気にすべきことにはどのようなことがあるのかという情報にいったん触れておくことは、あなたのデータベース管理者としてのキャリアの中でも大きな下地になることでしょう。

本書は、MySQL運用者がデスクの上に置いて、必要となったときに必要なところをさっと調べるといった活用も目指しています。ぜひ机の上に置いて、ちょっと困ったときに、また新しいアイデアのきっかけにしたいときに、こまめに開いてもらえたら幸いです。

目次

Contents

第6章 バックアップとリストア ………… 155

第 **7** 章

監視 ·· 185

第 **1** 章

運用を始める
第一歩

本章では、MySQLを運用する上で大切な基本事項について説明をします。

本章を読んでわかること

- MySQLの基礎知識
- MySQLの起動・停止方法
- MySQLの設定ファイルの場所と記述方法
- MySQL内部の情報の見方

1-1 MySQLの基礎知識

自分が使う道具については、基本的な情報を押さえておきたいところです。本書のスタートとして、まずMySQLの歴史やMySQLの基本的な構成などについて紹介します。

ざっと見るMySQLの歴史

MySQLは、オープンソースのリレーショナルデータベース管理システム（RDBMS：Relational DataBase Management System）です。1996年に初めて公開され、初期の頃はMySQL ABにより開発されていました。そのあと、Sun Microsystems社による買収（2008年）、さらにOracle社によるSun Microsystems社の買収（2010年）を経て、以降、MySQLはOracle社によって精力的に開発が続けられています。

登場初期は「シンプルで高速なRDBMS」として知られていましたが、最近の、特にMySQL 5.7や8.0以降では「より本格的なRDBMS」指向の開発方針となり、安全面の強化、性能向上、管理機能の充実など、その進化は著しいものがあります。

MySQLのバージョン

MySQLのバージョンは、まず、数字2つで表される「シリーズ」があります。MySQL 8.0、MySQL 5.7といったもので「メジャーバージョン」とも呼ばれます。

各メジャーバージョンには、最新の修正を加えたプログラムが定期的に公開されます[注1.1]。おおむね3ヵ月に一度のペースでリリースされており、各シリーズ内での3つめの数字として表されます。MySQL 8.0.11、MySQL 8.0.34、MySQL 5.7.42といった形式となります[注1.2]。

2024年2月現在の最新メジャーバージョンは「MySQL 8.0シリーズ」です（後述するInnovation Releaseを除きます）。

MySQLは同じメジャーバージョン内でも、マイナーバージョンによって挙動が異なることがあるので、挙動内容の確認など他の人と話題にするときには、使用しているMySQLのシリーズ名だけでなくマイナーバージョン番号までを含めた形で伝えることを習慣にすると良いでしょう。

MySQLの各シリーズには、それぞれサポート期間が設定されています。原則として、そのシリーズが正式リリース[注1.3]されたときから5年（通常サポート）または8年（拡張サポート）に設定されます。サポート終了時期のことをEoL（End of Life）と呼びます。2015年10月に正式版がリリースされたMySQL 5.7シリーズは2023年10月にEoLを迎えました。MySQL 8.0は2018年4月に正式リリースされたので、EoLは2026年4月となります[注1.4]。EoL以降は、そのシリーズに対する修正版は提供されなくなるので、安全な運用のためにもEoL前に最新シリーズへの移行を計画することも、データベース運用者の大切な仕事です[注1.5]。

注1.1　メンテナンスリリースと呼ばれます。
注1.2　マイナーバージョン、あるいは単にバージョンと呼ばれます。
注1.3　β版相当のプログラムが何度か公開されたあとで、正式版が公開されることが多いです。
注1.4　MySQL 5.6シリーズのEoLは2021年2月です。
注1.5　EoLへの期間は各バージョンの開発状況やその他の状況に応じて変更されることもあります。常に最新の情報を確認してください。2024年2月現在、次のURLで公開されています。https://www.oracle.com/us/assets/lifetime-support-technology-069183.pdf

このようなバージョン付けによりリリースされてきたMySQLですが、2023年3月に、バージョンルールの方針変更が発表されました。1つのメジャーバージョン（たとえば「MySQL 8.0」）の中で、従来は不具合修正と機能追加が併せて行われていたものを、今後は不具合修正のみを行う LTS（Long-Term Support）と、機能追加を積極的に行う Innovation Release に分けて公開するというものです。Innovation Release は、バージョン番号の2つめの数字がリリースのたびにインクリメントされ、8.1.0、8.2.0、……のように番号付けされます。LTSは2年に一度リリースされ、たとえば 8.4.0 がLTSとしてリリースされた場合には、以降、8.4.1、8.4.2、……のように「MySQL 8.4 LTSシリーズ」としてマイナーバージョンアップされていきます。

　LTSには新機能や動作の変更が含まれないことで「バージョンアップしたら動作が変わってしまった」ということにも遭遇しにくくなります。本書でテーマとしている「本番環境での運用」を考えた場合には、安定したLTS版を採用することを第一候補として検討すると良いでしょう。

動作環境

　MySQLは、Linux、Microsoft Windows、macOSなど数多くのプラットフォーム（OS）上で動作します。筆者らの経験上、本番環境ではLinux上での使用が多いとの感触がありますが、近年はWindows上で本番環境を構築する例もあると耳にします。

　古いOSではMySQLのサポートが順次終了していきます。サポートするOSバージョンについては、次のURLで公式に案内されるので、必要に応じて参照してください。

- https://www.mysql.com/support/eol-notice.html
- https://www.mysql.com/support/supportedplatforms/database.html

インストール方法の種類

　MySQLサーバーを動作させるには、いくつかの方法があります。

1. 提供されるインストーラやリポジトリ、あるいはパッケージを利用する
2. 提供されるバイナリを利用する
3. ソースコードから自分でビルドして使用する

　本書ではLinux環境への1.および2.の方法をAppendixで簡単に紹介しています。ただし、インストール方法は時々変わることがあるので、最新の情報は公式マニュアル[注1.6]を参考にしてください。

MySQL 利用時の構成

　データベースサーバーであるMySQLは、1台だけ稼働させれば最低限の役割は果たしてくれます。しかし、一定規模以上のサービスを提供する場合には、複数台のMySQLを稼働させて利用するのが一般的です。それぞれのMySQLサーバーが同じデータを持つようにデータ連携することで、ハードウェアが故障した際の

注1.6　https://dev.mysql.com/doc/refman/8.0/en/installing.html

復旧に役立ったり、大量のアクセスや複雑な分析処理などによる負荷を分散させたりすることが可能となります。

　データ連携の仕組みは様々な方法が考えられますが、MySQLでは初期のバージョンから「レプリケーション」という仕組みが提供されています。レプリケーションについては、5章で紹介します。複数台のMySQLサーバーをどのように配置して連携させるのかを設計するのも、運用管理者の腕の見せ所です。

ストレージエンジン・アーキテクチャ

　MySQLでは、「ストレージエンジン・アーキテクチャ」という仕組み[注1.7]により、データの保存や呼び出しを受け持つ部分（ストレージエンジン）を切り替えて使用可能です。ストレージエンジンには、InnoDBやMyISAM, MEMORY のように公式に提供されるもののほか、サードパーティから提供されるものがあります。MySQLの昔のバージョンでは、ストレージエンジンとしてMyISAMを採用するかInnoDBを採用するかを検討することもありました。現在は、特に明確な事情がない限りはInnoDBを使用することになるでしょう。MySQL 8.0ではInnoDBがデフォルトのストレージエンジンとなっています。本書では特に断りがない限り、InnoDBを使用します。

コマンドラインクライアント

　MySQLサーバーには通常、サービスを提供するプログラムが大量にアクセスする以外に、運用担当者が確認や設定変更のためにクエリを実行するなど、MySQLを直接操作することがあります。このときに使用するのがコマンドラインのクライアントプログラムです。

　MySQLのコマンドラインクライアントは、現在、主に2つのものが知られています。1つがmysqlコマンドラインクライアント[注1.8]で、もう1つが、MySQL Shell (mysqlsh) です。

　mysqlコマンドは、MySQLに同梱されている標準のコマンドラインクライアントです。MySQLの最初のバージョンから使われていて、実績があります。

　MySQL Shellは、2017年に初めて公開された、比較的新しいコマンドラインツールです。SQLだけでなく、PythonやJavaScriptのコードも記述できる、非常に高機能なクライアントツールです。MySQL ShellはMySQLには同梱されないので、使用する際には別途ダウンロードしてインストールする必要があります。

　多くの運用実績があることから、本書では基本的に、mysqlコマンドラインクライアントを使用して解説します。MySQL Shellは、運用者にとって便利な機能を備えているため、本書では、バックアップなどの一部操作を解説する際に使用します。多くの場合、mysqlコマンドラインクライアントで実施する作業は、MySQL Shellの"SQL"モードでも同様に行うことができます。

　本書執筆時点では、まだmysqlコマンドラインクライアントほどには浸透しているとは言えないMySQL Shellですが、精力的に開発が進められており、機能の豊富さからも、今後、mysqlコマンドラインクライアントを置き換えるポジションとなることが期待されています。

　また、コマンドラインではなくグラフィカルユーザーインターフェース（GUI）でMySQLに接続して操作するツールもあります。こういったGUIツールは、通常の検索クエリなどの操作に使用する分には非常に便利なのですが、MySQLサーバーからのメッセージをそのままではなく加工して表示したり、あるいは表示を止

注1.7　https://dev.mysql.com/doc/refman/8.0/en/pluggable-storage-overview.html
注1.8　口頭で発音するときには「小文字5文字mysql」などと呼ばれることもあります。

めてしまったりするといった特徴をしっかり把握する必要があります。そのため、特に運用の現場においてはGUIツールを常用せず、必要なときにはコマンドラインクライアントを使えるようになっていることを推奨したいところです。

> ### コラム 1 　》 マネージドとアンマネージドの MySQL
>
> 　最近は MySQL を自分たちでインストールすることなしにクラウド環境で使用可能にするサービスも登場しています。バックアップやバージョンアップなどの運用の手間を軽減する仕組みを提供していることが多く、特徴をしっかりと把握して利用すればとても便利な環境となることでしょう。
> 　本書では、MySQL そのものの運用方法を伝えるとの観点から、こういったマネージドの MySQL ではなく、自分たちでインストールして使用する MySQL を前提として解説します。とはいえ、マネージド環境で MySQL を使う場合でも知っておくと良い情報がたくさんあるはずですので、マネージド環境で MySQL を運用する方も、役に立つ情報を本書から拾ってもらえたらと思います。

1-2　MySQL サーバーの起動、停止方法

　MySQL サーバーを安定して運用する第一歩は、サーバーを正しく起動して正しく終了することです。MySQL を始めとするデータベース管理システム (RDBMS) は、データ更新中の突然の電源断などによる終了時でさえも、なるべくデータの不整合が発生しないように、また復旧可能であるように、頑丈に工夫されています。とは言え、不測の事態を避けるためにも、常に正しく起動、正しく終了する習慣を付けておきましょう。

　起動、終了の方法は、MySQL をどのようにインストールしたかによって変わってきます。ここでは、Linux環境に、パッケージ版をインストールした場合とバイナリ版を使用する場合のそれぞれについて解説します。併せて、稼働状態を確認する方法も紹介します。

パッケージを使った場合の MySQL の起動、停止

　起動、停止、状態の確認ともに、systemctl を使用するのが一般的です。

▼systemctl を使用した操作

内容	操作
MySQL サーバーの起動	`$ sudo systemctl start mysqld`
MySQL サーバーの停止	`$ sudo systemctl stop mysqld`
MySQL サーバーの状態の確認	`$ sudo systemctl status mysqld`

　status による稼働状況の確認では、まず Active 欄を見ます。active (running) と表示されていれば稼働中、inactive (dead) と表示されていれば停止中です。

▼MySQLの状態の確認結果の表示例

```
$ sudo systemctl status mysqld
* mysqld.service – MySQL Server
   Loaded: loaded (/usr/lib/systemd/system/mysqld.service; enabled; vendor preset: disabled)
   Active: active (running) since Tue 2023-08-25 14:31:11 JST; 1 day 7h ago
     Docs: man:mysqld(8)
           http://dev.mysql.com/doc/refman/en/using-systemd.html
 Main PID: 2099 (mysqld)
   Status: "Server is operational"
    Tasks: 38
   Memory: 547.9M
   CGroup: /system.slice/mysqld.service
           `-2099 /usr/sbin/mysqld

Aug 25 14:30:59 dbserver.example.com systemd[1]: Starting MySQL Server...
Aug 25 14:31:11 dbserver.example.com systemd[1]: Started MySQL Server.
```

稼働状態の確認方法としては、このほか、後述するプロセス検索による確認方法もあります。

バイナリ版を使用する場合のMySQLの起動、停止

バイナリ版を使用する場合、主に2つの起動、停止方法があります。

1. init.dを使用する場合
2. mysqld_safeを使用する場合

1.init.dを使用する場合

あらかじめ、MySQLのバイナリ版 に含まれている mysql.server ファイルに対し、/etc/init.d/mysql からのシンボリックリンクを作成しておきます。 起動、停止、状態の確認には、このシンボリックリンクを使用します。mysql.server ファイルは、support-files フォルダ内にあります。

▼シンボリックリンクを使用した操作

内容	操作
MySQLサーバーの起動	$ sudo /etc/init.d/mysql start
MySQLサーバーの停止	$ sudo /etc/init.d/mysql stop
MySQLサーバーの状態の確認	$ sudo /etc/init.d/mysql status

稼働状態の確認はそのほか、後述するプロセス検索による確認方法もあります。

2.mysqld_safeを使用する場合

バイナリ版に含まれている mysqld_safe を使用して、起動する方法です。mysqld_safe スクリプトは、環境変数をセットしてから mysqld を起動してくれたり、予期せぬ停止時に mysqld を再起動してくれたりなどの世話をしてくれます。

MySQLサーバー自体は単に mysqld プログラムを実行すれば起動するのですが、何らかの意図を持って調査や実験を行うとき以外は、直接起動はせずに mysqld_safe スクリプトを使用して起動するのが一般的です。mysqld_safe スクリプトは、バイナリ版の bin フォルダに含まれているシェルスクリプトのファイルです。

▼mysqld_safe を使用した操作

内容	操作
MySQLサーバーの起動	`$ mysqld_safe &`
MySQLサーバーの停止	`$ mysqladmin -u <ユーザー名> -p shutdown`
MySQLサーバーの状態の確認	後述するプロセス検索による確認方法に記載

プロセス確認による稼働状態の確認

　MySQLサーバーが稼働しているかどうかは、`$ ps auxwwww | grep mysqld`でOSのプロセスを確認することで知ることもできます。

▼psコマンドによるMySQLサーバープロセス稼働状況の確認例

```
$ ps auxwwww | grep mysqld
mysql    31218  0.6 18.1 2251892 371128 ?    Ssl  22:41   0:17 /usr/sbin/mysqld
sakaik   31568  0.0  0.0    9092    680 pts/0 S+   23:26   0:00 grep mysqld
```

　出力には、稼働しているMySQLサーバーmysqldの結果と、grep自体の結果が含まれます。MySQLサーバーが稼働していないときには、grep自体のプロセス以外の結果は返ってきません。

　また、mysqldプロセスが存在せずに、mysqld_safeプロセスが存在していることがあります。mysqld_safeはmysqldを起動するためのシェルスクリプトですから、この場合は、MySQLサーバーは稼働していません。

killによるMySQLサーバーの停止

　無用なトラブルを避けるためにも、基本的にMySQLサーバーはここまで説明したような方法で「行儀良く」終了させるべきです。

　しかし、killコマンドによる終了方法のパターンを知っておくことは、イザというときに役に立ちます。予めpsコマンドでMySQLサーバーのプロセス番号を確認しておき、そのプロセス番号を指定してkillコマンドを実行します。

kill -15
▼実行方法
```
kill -15 <プロセス番号>
```

　指定したプロセス番号のプロセスに対して、終了指示のシグナルを送信します。mysqldがこのシグナルを受け取った際には、先述した「行儀の良い」終了方法と同じ終了プロセスをたどるので、実際に−15を使うシーンはほとんどないでしょう。

　`kill -15`は`kill -SIGTERM`と書くこともできます。

kill -6
▼実行方法
```
kill -6 <プロセス番号>
```

指定したプロセス番号のプロセスに対して、中断指示のシグナルを送信します。mysqldがこのシグナルを受け取ったときには、コアダンプを吐いて終了します[注1.9]。明確にコアを取得して解析したいときなどに使用します。

kill -6はkill -SIGABRTと書くこともできます。

kill -9

▼実行方法

```
kill -9 <プロセス番号>
```

ここまでの方法でMySQLサーバーが停止しない場合は、いよいよkill -9の出番です。これは、MySQLサーバーに対して強制終了のシグナルを送信して強制終了させます。MySQLサーバーはクラッシュリカバリの機能を備えているので、強制終了しても安全であることが多いです。

kill -9はkill -SIGKILLと書くこともできます。

1-3 設定ファイル my.cnf

ここからは、本書を読み進めるにあたって最初に知っておくと良い知識を説明します。まずは設定ファイルに関する事項についてです。

設定ファイル my.cnf の基本

MySQLサーバーおよび各種MySQLクライアントプログラムは、起動時にmy.cnf[注1.10]ファイルから設定情報を読み取ります。my.cnfには、iniファイル形式で "[" "]" に囲まれたセクション名の行の後ろに設定内容を記述していきます。次のセクションが始まるかファイルの終端になるまでが1つのセクションと見なされます。このセクションのことをMySQLでは「オプショングループ」と呼んでいます。

各設定内容は、設定するオプション名をイコール (=) の左辺に、設定値を右辺に記述します。

▼my.cnfの記述例

```
[mysqld]
max_connections=100
character-set-server=utf8mb4
key_buffer_size=32M
gtid_mode=ON

[mysql]
default-character-set=utf8mb4

[mysqldump]
default-character-set=utf8mb4
```

注1.9　コアファイルを出力させるためにはmy.cnfの [mysqld] セクションに core_file のオプション設定と ulimit -c unlimited が必要です。
注1.10　多くの人に「まいこんふ」と呼ばれています。

セクション名は、設定したいプログラム名となります。MySQLサーバーの場合は[mysqld]、コマンドラインクライアントの場合は[mysql]、mysqldumpに関する設定は [mysqldump]です。

クライアントプログラムが共通して読み込む[client]セクションを記述することもできます。ただし、[client]セクションに記述すると、すべてのクライアントプログラムがこの設定を読み込んでしまうため、クライアントによっては存在しないオプションが指定されているとエラーになってしまいます。これを避けるため、[client]セクションを使用するときにはオプション名の前に "loose_" という接頭辞を付けることができます。"loose_"接頭辞がついているものは、クライアントプログラムが知らないオプションであった場合に、エラー終了せずにその行を無視して処理を続行してくれます。

my.cnfの読み込み順序

my.cnfファイルは通常、/etc/フォルダ下に配置します (/etc/my.cnf)。しかし、この場所以外にmy.cnfファイルが存在していると、そちらが優先して読まれることがあります。 my.cnfファイルの読み込み順序は次のようになっています。あとから読み込まれたものが優先されます (後勝ち)。

6番目から8番目はファイル名がmy.cnfではないことに注意してください。8番目はSET PERSISTで永続化された情報が格納されたファイルで、管理者が編集することはありません。

▼my.cnfファイルの読み込み順序

読み込まれる順番	ファイル名など
1	/etc/my.cnf
2	/etc/mysql/my.cnf
3	SYSCONFDIR/my.cnf
4	$MYSQL_HOME/my.cnf
5	defaults-extra-file の指定内容
6	~/.my.cnf
7	~/.mylogin.cnf
8	DATADIR/mysqld-auto.cnf

5番目のdefaults-extra-fileについて解説します。これはコマンドラインでMySQL関連プログラムを起動する際に、追加で読み込ませる設定ファイルを指定するコマンドライン引数です。必ずコマンドライン引数の一番最初に指定する必要があります[注1.11]。

my.cnfが読み込まれる順番については、リファレンスマニュアル[注1.12]も参照してください。

設定ファイル以外での設定の変更方法

MySQLサーバーのオプションを設定するには、MySQLに接続した状態でSET命令を使います。

注1.11 コマンドライン引数で設定ファイルを指定するものとして、defaults-extra-fileのほかに --defaults-fileがあります。これは指定した設定ファイルのみを読み込ませる指示となります。ただしこの場合でも、表の8番目で紹介した mysqld-auto.cnfは読み込まれることに注意が必要です。

注1.12 https://dev.mysql.com/doc/refman/8.0/en/option-files.html

▼SETコマンド例

```
mysql> SET GLOBAL max_connections=150
```

SET命令による設定変更には次のものがあります。

▼SET命令による設定変更

SET命令	再接続時	他の接続への影響[注1.13]	即時反映	サーバー再起動後
SET	忘れる	しない	する	忘れる
SET GLOBAL	覚えている	する	する	忘れる
SET PERSIST	覚えている	する	する	覚えている
SET PERSIST_ONLY	変更なし	変更なし	しない	覚えている（ここで反映）

　SET PERSISTおよびSET PERSIST_ONLYでは、先述したmysqld-auto.cnfファイルへと設定が記録されることにより、サーバー再起動後にも設定が読み込まれます。また、SET PERSIST_ONLYは、mysqld-auto.cnfへの記述のみを行うもので、サーバー再起動後に初めて、その後すべての接続へと変更内容が適用されます。

　設定情報を確認するために/etc/my.cnfだけを見て、思っていたものと違う記述がされていることに戸惑うことがたまにあります。本項で説明した読み込み順序、そしてSET命令による変更の仕組みを正しく理解しておくと、どこの設定が採用されているのかわかるようになるでしょう。

　次項では、現在稼働中のMySQLサーバーの設定状態を確認する方法を紹介します。

1-4 MySQLサーバーの稼働状況、設定状態の確認

　MySQLサーバーの稼働状況や設定状態を確認する方法はいくつかあります。現在の状態確認やトラブル時の調査に役に立つので、本節では一通りの確認方法を紹介します。

statusコマンド

　接続しているMySQLサーバーの基本的な情報を一覧できるコマンドです。バージョン番号、文字セット、接続時間や稼働時間、これまで実行されたクエリ数などの情報が表示されます。ざっくりとサーバーの状態を確認したいときに便利な6文字コマンドです。

　statusコマンドは、MySQLサーバーの命令ではなく、mysqlコマンドラインクライアントのコマンドです[注1.14]。

注1.13　設定の変数には、そのスコープがGlobalのものとBothのものがあります。Globalのものは接続中の他の接続に対しても即座に変更が反映され、Bothのものは設定変更後に新たに接続されたセッションから反映されます。どの変数がGlobal/Bothかはマニュアル（https://dev.mysql.com/doc/refman/8.0/en/server-system-variable-reference.html）を参照してください。

注1.14　mysqlコマンドラインクライアントのコマンドは、末尾のセミコロンなしでも実行されます。もちろんセミコロンを付けても問題ありません。

▼statusコマンド実行例

```
mysql> status
--------------
mysql  Ver 8.0.36 for Linux on x86_64 (MySQL Community Server - GPL)

Connection id:          32
Current database:
Current user:           root@localhost
SSL:                    Not in use
Current pager:          stdout
Using outfile:          ''
Using delimiter:        ;
Server version:         8.0.36 MySQL Community Server - GPL
Protocol version:       10
Connection:             Localhost via UNIX socket
Server characterset:    utf8mb4
Db     characterset:    utf8mb4
Client characterset:    utf8mb4
Conn.  characterset:    utf8mb4
UNIX socket:            /var/lib/mysql/mysql.sock
Binary data as:         Hexadecimal
Uptime:                 8 days 22 hours 58 min 24 sec

Threads: 2  Questions: 9  Slow queries: 0  Opens: 119  Flush tables: 3  Open tables: 38  Queries per second avg: 0.000
--------------
```

SHOW命令

　SHOW命令を使って状態を確認できます。SHOWに続いて様々なコマンドが用意されています。ここでは代表的なものをいくつか紹介します。SHOW命令のすべてのコマンドはリファレンスマニュアル[注1.15]を参照してください。

　前項のSET命令のところで説明したように、設定値にはMySQLサーバー全体に関係するものと接続中の自分のセッションだけに関係するものがあります。SHOW命令においては、SHOWの後ろにGLOBALキーワードを指定すると全体に関する設定を見ることができます。

　　　例：SHOW GLOBAL VARIABLES;

　何も指定しない場合はセッションの情報が出力されます[注1.16]。セッションごとに固有の設定をしていないものは、セッション開始時にグローバルの設定から読み込まれた設定値と同じ値になります。

SHOW STATUS

　SHOW STATUS命令を使うと、MySQLサーバーの実行状態に関する情報を得ることができます。メモリの使用状態や接続の累積情報など、様々な値が含まれます。

　SHOW STATUS;を実行すると、すべてのステータス情報が表示されます。特定のキーワードにマッチするものだけを表示したい場合は、次の実行例のようにLIKE句を使用できます。SHOW命令の中には、LIKE句で条件を指定して絞り込むことができるものと、LIKE句が対応していないものがあるので、使用時にはマニュ

注1.15 https://dev.mysql.com/doc/refman/8.0/en/show.html
注1.16 明示的にSESSIONキーワードを指定することもできます。例：SHOW SESSION VARIABLES;

アルを確認してみてください。

▼SHOW STATUS実行例

```
mysql> SHOW STATUS LIKE '%TIME%';
+-------------------------------+---------------------+
| Variable_name                 | Value               |
+-------------------------------+---------------------+
| Innodb_row_lock_time          | 0                   |
| Innodb_row_lock_time_avg      | 0                   |
| Innodb_row_lock_time_max      | 0                   |
| Max_execution_time_exceeded   | 0                   |
| Max_execution_time_set        | 0                   |
| Max_execution_time_set_failed | 0                   |
| Max_used_connections_time     | 2023-04-23 22:40:19 |
| Ssl_default_timeout           | 0                   |
| Ssl_session_cache_timeout     | 300                 |
| Ssl_session_cache_timeouts    | 0                   |
| Uptime                        | 774053              |
| Uptime_since_flush_status     | 774053              |
+-------------------------------+---------------------+
12 rows in set (0.01 sec)
```

SHOW VARIABLES

　稼働中のMySQLサーバーの設定状態を確認するのが SHOW VARIABLES; です。接続中のセッションにおける情報が表示される点に注意をしてください。サーバー全体の設定を確認したい場合は SHOW GLOBAL VARIABLES を使用します。

▼SHOW VARIABLES実行例

```
mysql> SHOW VARIABLES LIKE '%CHAR%';
+--------------------------------------+-------------------------------+
| Variable_name                        | Value                         |
+--------------------------------------+-------------------------------+
| character_set_client                 | utf8mb4                       |
| character_set_connection             | utf8mb4                       |
| character_set_database               | utf8mb4                       |
| character_set_filesystem             | binary                        |
| character_set_results                | utf8mb4                       |
| character_set_server                 | utf8mb4                       |
| character_set_system                 | utf8mb3                       |
| character_sets_dir                   | /usr/share/mysql-8.0/charsets/ |
| validate_password.special_char_count | 1                             |
+--------------------------------------+-------------------------------+
9 rows in set (0.00 sec)
```

SHOW ENGINE INNODB STATUS

　InnoDBの様々な情報を表示します。バッファプールなどのメモリの状態やロックの状態などを確認できます。

　mysqlクライアントコマンドでは通常、SQL文を実行する際に「;」で文を終了しますが、横に長い形式では見にくく、かつ件数がそれほど多くない場合は「\G」を終端とすることで、カラムごとに改行して表示をしてくれます。

▼SHOW ENGINE INNODB STATUS実行結果の表示例

```
mysql> SHOW ENGINE INNODB STATUS\G
*************************** 1. row ***************************
  Type: InnoDB
  Name:
Status:
=====================================
2022-08-25 0:49:49 139661804635904 INNODB MONITOR OUTPUT
=====================================
Per second averages calculated from the last 10 seconds
-----------------
BACKGROUND THREAD
-----------------
srv_master_thread loops: 1 srv_active, 0 srv_shutdown, 774973 srv_idle
(略)
Number of system rows inserted 8, updated 332, deleted 8, read 4930
0.00 inserts/s, 0.00 updates/s, 0.00 deletes/s, 0.00 reads/s
----------------------------
END OF INNODB MONITOR OUTPUT
============================

1 row in set (0.00 sec)
```

その他のSHOW命令

その他に、よく使うSHOW命令を紹介します。

▼よく使うSHOW命令

操作	内容
SHOW DATABASES	存在しているデータベース（スキーマ）を一覧で返す
SHOW TABLES	カレントデータベースに存在するテーブルを一覧で返す。カレントデータベースではなく指定したデータベースの情報を表示したい場合はFROM データベース名を付加する
SHOW PROCESSLIST	MySQLサーバー上で現在動作しているプロセス、接続情報を返す
SHOW MASTER STATUS	レプリケーションのソースの情報を返す。本書では5章および6章で紹介
SHOW REPLICA STATUS	レプリケーションのレプリカの情報を返す。本書では5章および6章で紹介

情報スキーマ

SHOW命令による情報取得のほか、SELECT文により情報を閲覧できるデータベース（スキーマ）がMySQLには用意されています。information_schema[注1.17]、performance_schema[注1.18]、sys schema[注1.19]の3つには、様々な情報を返すテーブルがあります。本書ですべてのテーブルを紹介はしませんが、機会あるごとに触れてみて、どこにどんな情報があるのかを知っておくと、イザというときに役に立つでしょう。

information_schema

MySQLサーバー内にあるテーブルやビューなどのオブジェクトのメタ情報を閲覧できるテーブル群です。本書では5章や7章などに登場します。

注1.17 https://dev.mysql.com/doc/refman/8.0/en/information-schema.html
注1.18 https://dev.mysql.com/doc/refman/8.0/en/performance-schema.htm
注1.19 https://dev.mysql.com/doc/refman/8.0/en/sys-schema.html

▼information_schema内のテーブルからのデータ確認例

```
mysql> USE information_schema;
mysql> SELECT TABLE_SCHEMA, TABLE_NAME, TABLE_TYPE,ROW_FORMAT FROM TABLES LIMIT 5;
+--------------+-------------------------------+------------+------------+
| TABLE_SCHEMA | TABLE_NAME                    | TABLE_TYPE | ROW_FORMAT |
+--------------+-------------------------------+------------+------------+
| mysql        | innodb_table_stats            | BASE TABLE | Dynamic    |
| mysql        | innodb_index_stats            | BASE TABLE | Dynamic    |
| sys          | version                       | VIEW       | NULL       |
| sys          | innodb_buffer_stats_by_schema | VIEW       | NULL       |
| sys          | x$innodb_buffer_stats_by_schema | VIEW     | NULL       |
+--------------+-------------------------------+------------+------------+
5 rows in set (0.00 sec)
```

🐬 performance_schema

MySQLサーバーの動作状態を閲覧できるテーブル群です。たとえば、global_statusテーブルには SHOW GLOBAL STATUS;の実行結果に似た内容の情報が、global_variablesテーブルにはSHOW GLOBAL VARIABLESの実行結果に似た内容の情報が格納されています。

本書では3章、5章、6章などに登場します。

🐬 sys schema

performance_schemaの各テーブルには多岐に渡るMySQLの詳細な情報が含まれていますが、その詳細さ故に、管理者としてはもう少し要約した情報として閲覧したい場合があります。そういった便利な情報を提供しているのが、sys schemaにあるテーブル群です。

本書では特にsys schemaは使用せずに、必要な際にはperformance_schemaから直接値を取得する方針とします。sys schemaにも便利なテーブルが多く含まれているので、自分が取得したい情報について便利なものがないか、調べてみるのも良いでしょう。

第 **2** 章

ユーザー作成、
管理

本章では MySQL のアカウント管理について説明します。

本章を読んでわかること

- MySQL がどのような順番で権限を評価するかがわかる
  - 権限不足のエラーに面したときに、どこに間違いポイントがあるかの切り分けができるようになる
- MySQL の権限システムと mysql.user テーブル、mysql.db テーブルなどの関係がわかる
  - これらテーブルへの INSERT と FLUSH PRIVILEGES の関係および CREATE USER、GRANT との違いがわかる
- caching_sha2_password と mysql_native_password の意味がわかる
  - 特定の接続エラーのときに default_authentication_plugin=mysql_native_password で解決する理由がわかる
- MySQL アカウントの接続元の設定と、権限の分離によるセキュリティのベストプラクティスがわかる
  - 接続元は IP アドレス単位で厳密に分離すべきか、そうではないのか
  - その他の権限の分割と合わせて行うセキュリティ上の対策

MySQL アカウントの原則

まずは MySQL がどのようにアカウントの認証・認可を行っているかを説明します。

用語の整理

本章で説明の際に使う用語を整理します。公式の定義ではありませんが、本章内で説明が直感的にわかりやすいように用語を選択しています。

▼本章で使う用語

用語	意味	備考
アカウント	"ユーザー名@接続元ホスト" で一意に識別される基本単位	認証・認可の基本単位はユーザー名ではなくアカウント
ユーザー名	アカウントの前半部分	CREATE USER で作成したアカウントの "@" 以前の部分、mysql.user テーブルの user カラムに入力された値と同義
接続元ホスト	アカウントの後半部分、「このホストからでないと接続できない」と解される	CREATE USER で作成したアカウントの "@" 以降の部分、mysql.user テーブルの host カラムに入力された値と同義。 CREATE USER 時に指定しなかった場合は暗黙に "%" (後述の「ワイルドカード」参照) 扱いになる
ワイルドカード	接続元ホストを記述するときに使える、"_" (任意の1文字) および "%" (0文字以上の任意の文字列) のこと	接続元ホストのワイルドカードであってユーザー名には使えない
認証プラグイン	MySQL サーバーとクライアントライブラリの間で利用する認証方式	CREATE USER 文の IDENTIFIED WITH 句で任意に指定できる他、default_authentication_plugin の指定も可能
認証文字列 (authentication_string)	そのアカウントを認証する際に使われるデータ。パスワードハッシュなど	認証プラグインにより利用するデータは違う
ACL (アクセスコントロールリスト)	各アカウントの情報をまとめた MySQL 内の構造体	オンメモリの ACL_cache とオンディスクの ACL_table がある
Security_Context (セキュリティコンテキスト)	一定のタイミングでログインしたアカウントの ACL のスナップショットをコネクションスレッドにコピーしたもの	一般的に語られる用語ではない (主にソースコード内部で使用される) が、アカウントシステムを理解するのに役立つため掲載
グローバルスコープ	MySQL サーバー内のすべてのオブジェクトに対する権限スコープ	GRANT .. ON *.* で与えられる権限スコープ
スキーマスコープ	特定のスキーマ内のすべてのオブジェクトに対する権限スコープ	GRANT .. ON d1.* は d1 スキーマに対してスキーマスコープの権限を付与する
テーブルスコープ	特定のスキーマ内の特定テーブル (ビューを含む) に限られる権限スコープ	GRANT .. ON d1.t1 は d1 スキーマの t1 スキーマのみにテーブルスコープの権限を付与する
partial_revokes	partial_revokes=ON を指定することによって有効になる、グローバルスコープとスキーマスコープの評価の間で Denylist を有効にするための設定	スキーマスコープとテーブルスコープの間では評価されない

| ロール | アカウントと同様に複数の権限をマッピングできる対象だが、アカウントと違ってログインすることはできない | アカウントを使ってログインしたあとにSET ROLEステートメントまたはデフォルトロールの設定により権限をラッピングできる |
| デフォルトスキーマ | コネクションが現在接続しているスキーマ（スキーマについては3章1節も参照） | USEステートメントでデフォルトスキーマを変更する。デフォルトスキーマに属するテーブルはスキーマ修飾なしで参照可能 |

あらかじめ押さえておきたい点は、MySQLの権限管理はアカウント単位で行われ、ユーザー名はあくまでアカウントを構成する一部の要素であり、例外を除いて接続元ホストが異なる場合は別のアカウントとして扱われることです。

同じユーザー名で違う認証文字列や権限の組み合わせを持たせることは運用的に紛らわしいため推奨しません。myapp@192.168.0.1とmyapp@192.168.0.2は別のアカウントであるため、CREATE USER myapp@192.168.0.1 IDENTIFIED BY 'mypass1'、CREATE USER myapp@192.168.0.2 IDENTIFIED BY 'mypass2'と別の認証文字列を割り当てることはできます。GRANT INSERT, UPDATE, SELECT, DELETE ON d1.* TO myapp@192.168.0.1、GRANT SELECT ON d1.* TO myapp@192.168.0.2のように別の権限を割り当てることもできます。しかしながら、192.168.0.1のサーバーだけを別のサーバーに移転する……などなったときに取り違えが発生しやすくなるため、認証文字列や権限を別にしたい場合はユーザー名も別のものにすることを推奨します。

アカウントが違ってもユーザー名で認識されるケースはSHOW PROCESSLISTとKILL、SHOW GRANTS FORステートメントに適用されます。特権を持たないアカウントでも、ユーザー名が同じであればSHOW PROCESSLISTで実行中のクエリを確認でき、KILLでコネクションを終了させることができます（ユーザー名が異なるアカウント同士では、特権なしにはSHOW PROCESSLISTに表示されず、KILLも権限不足のエラーで失敗します）。

ただし、SHOW PROCESSLISTとKILL、SHOW GRANTS FORの例外は通常のWebアプリケーションが実行することは非常に少ないため、実務上は「実質アカウント単位でのみ識別される」と認識して問題ありません（権限の不足エラーが起こる場合の原因は、多くの場合「ユーザー単位ではなくアカウント単位」であることの認識が欠如して起こります）。

権限の評価順序

MySQLサーバーに接続するときのシーケンスは、次のようになります。アクセス拒否のエラーを発生するステップは複数ありますが、※1と※2ではエラーメッセージが違います（※1、※2、※3の具体的なエラーは後述の項に例示します）。

▼接続時の認証の順番

評価順	評価内容	条件に合致した場合	条件に合致しなかった場合
1	接続を試行するクライアントライブラリのIPアドレスをACLから検索	2へ	アクセス拒否（※1）
2	クライアントライブラリの指定したユーザー名をACLから検索	3へ	アクセス拒否（※2）
3	ACLからそのアカウントに対する認証プラグインを送信	4へ	4へ
4	クライアントライブラリは指定された認証プラグインの方式でパスワードその他の情報をサーバーに送信	5へ	アクセス拒否（※2）

5	送信された情報を検証する	6へ	アクセス拒否（※2）
6	使用されたアカウントのSecurity_Contextをコネクションに割り当てる	アクセス許可	-

　MySQLサーバーに接続後、何らかの操作（クエリ）を行おうとするたびに次の順で権限が評価されます注2.1。こちらのアクセス拒否エラー（※3）は、認証のときの※1とも※2とも違うエラーです。

▼権限評価の順番

評価順	評価内容	条件に合致した場合	条件に合致しなかった場合
1	Security_Contextにグローバルスコープの権限があるか	2へ	3へ
2	partial_revokesが設定されており、かつDenylistに含まれているか	アクセス拒否（※3）	アクセス許可
3	Security_Contextにスキーマスコープの権限があるか	アクセス許可	4へ
4	ACLにテーブルスコープの権限があるか	アクセス許可	5へ
5	ACLにアクセスするすべてのカラムスコープの権限があるか	アクセス許可	アクセス拒否（※3）

　評価順の4と5、テーブルスコープとカラムスコープの評価はSecurity_ContextではなくACLから検索されます。Security_ContextはUSEステートメントでデータベースを変更した場合とコネクションの確立時にのみキャッシュされるため、たとえDROP USERステートメントでアカウントを削除した場合でも、すでにSecurity_Context上にグローバルスコープまたはスキーマスコープを持っている既存のコネクションのクエリは失敗しませんが、テーブルスコープのみの権限を割り当てていた場合はREVOKEした直後から有効に（アクセスが拒否されるように）なります。

接続元ホストの評価

　CREATE USERで指定する接続元ホストはIPアドレス以外（DNSによるレコード指定）も指定ができますが、いくつか考慮する点があります。まず、DNSレコードを指定する場合、skip_name_resolveオプションがOFFになっている必要があります（デフォルトはOFF、ただし後述の点によりONに設定することが多いです）。

　接続要求が行われたとき、MySQLは接続元のIPアドレス（sockaddr構造体由来のもの）を逆引きにかけます。逆引きに失敗した場合はIPアドレスのみを、逆引きに成功した場合はIPアドレスと逆引きで得られたホスト名の両方を「接続元ホスト」に合致するかを検索します。アプリケーションサーバーのホスト名の規則を整え、逆引きの登録を忘れないようにした上でアカウントの接続元ホストにmyapp%.example.comなどワイルドカードを使うことでMySQLに一切触れることなく接続を許容するホストが増やせる利点はあります。

　ただしこちらが重要ですが、skip_name_resolve=OFFの場合は「接続要求の都度、逆引きが発生する」ようになるため、接続ごとのオーバーヘッドが大きくなります。最悪のケースは逆引き用のDNSサーバーがダウンした場合で、すべての接続要求がDNSタイムアウトを待ってからIPアドレスのみで評価されます。このときmyapp%.example.comのアカウントはすべて合致しなくなるため、逆引きシステムの可用性がMySQLの可用性の足を引っ張ることになりがちです。安定性の面からはskip_name_resolve=ONかつ、アカウントの接続元ホストはIPアドレスまたはネットワークアドレス形式というのが定石です。

注2.1　https://dev.mysql.com/doc/refman/8.0/en/request-access.html

これらの原則から導かれること

「ユーザー名の間違いやパスワード間違い」と「そもそもACLにそのホストから接続可能なアカウントが登録されていない」場合でエラーメッセージが違います。前述の「接続時の認証の順番」における※1と※2のケースです。

アカウントとしては正しく認証できていても、デフォルトスキーマ（接続時に同時にUSEされる）が間違っている場合は「接続後の権限評価の失敗」にあたるため※3のエラーが返却されます。

▼エラーメッセージの違い

```
$ mysql -h 127.0.0.1 -u appuser1      ### ACLに127.0.0.1のエントリがない（※1）
ERROR 1130 (HY000): Host '127.0.0.1' is not allowed to connect to this MySQL server

$ mysql -h localhost -u appuser1      ### アカウントまたはパスワード間違い（※2）
ERROR 1045 (28000): Access denied for user 'appuser1'@'localhost' (using password: YES)

$ mysql -h localhost -u appuser1 -D appdb      ### スキーマ間違いによる権限不足（※3）
ERROR 1044 (42000): Access denied for user 'appuser1'@'%' to database 'appdb'
```

接続を確立したあとで権限を付与し忘れたことに気がついて権限を追加した場合でも、ログイン済みの既存のコネクションは、そのログイン時点にコピーされたSecurity_Contextの内容のままであるため、追加付与した権限が反映されません。アプリケーションなどからMySQLサーバーに接続しっぱなしの場合は、権限を反映するためにアプリケーションを再起動するなど、データベースへの接続を新規に行う必要があります。

このときの挙動を次の実行例に示します。

▼Security_Contextがリフレッシュされずに権限が足りないままのケース

```
mysql> SHOW GRANTS;
+------------------------------------------+
| Grants for mysqlbook@%                   |
+------------------------------------------+
| GRANT USAGE ON *.* TO `mysqlbook`@`%`    |
| GRANT INSERT ON `d1`.* TO `mysqlbook`@`%`|
+------------------------------------------+
2 rows in set (0.00 sec)

mysql> USE d1

mysql> SELECT * FROM t1;
ERROR 1142 (42000): SELECT command denied to user 'mysqlbook'@'localhost' for table 't1'

-- 他のセッションで GRANT SELECT ON d1.* TO mysqlbook を実行

mysql> SHOW GRANTS;     -- SHOW GRANTSはSecurity_ContextではなくACLの情報を出力するのでSELECT権限もあるように見える
+-------------------------------------------------+
| Grants for mysqlbook@%                           |
+-------------------------------------------------+
| GRANT USAGE ON *.* TO `mysqlbook`@`%`            |
| GRANT SELECT, INSERT ON `d1`.* TO `mysqlbook`@`%`|
+-------------------------------------------------+
2 rows in set (0.01 sec)

mysql> SELECT * FROM t1;     -- ただしクエリはSecurity_Contextを参照しているため失敗する
ERROR 1142 (42000): SELECT command denied to user 'mysqlbook'@'localhost' for table 't1'
```

```
mysql> \r    -- \rはmysqlコマンドラインクライアントの "recoonect" コマンド

mysql> SELECT * FROM t1;    -- 再接続するとSecurity_Contextが再作成されるためSELECTが成功するようになる
Empty set (0.00 sec)
```

2-2 認証プラグイン

　MySQLサーバーとクライアントライブラリが接続を確立するシーケンスの中で、「どのようにパスワード（またはそれ以外の認証に使う情報）をやりとりして検証するか」を決めるものが認証プラグインです。10年以上に渡ってデフォルトで利用され続けてきたmysql_native_passwordプラグイン、MySQL 8.0のデフォルトであるcaching_sha2_passwordプラグイン、パスワード交換を用いずにgetsockoptのSO_PEERCREDオプションを利用するauth_socketプラグインなどがあります。

　各「アカウント」はそれぞれ1つずつ認証プラグインが指定されており、それ以外の方式で接続することはできません。また、サーバー、クライアントライブラリのそれぞれがその認証プラグインに対応している必要があります。

　各アカウントがどの認証プラグインを使うかは

- CREATE USERステートメントでアカウントを作成するときに指定する
- ALTER USERステートメントで認証プラグインを変更する

で指定します。明示的に認証プラグインを指定しなかった場合はdefault_authentication_plugin[注2.2]パラメータの値が指定されたものとして処理されます。

　各プラグインの詳細についてはマニュアルの記述を参照[注2.3]してもらうとして、よく利用される3つの認証プラグインを表形式で紹介します。

▼主な認証プラグイン

認証プラグイン	認証概要	備考
mysql_native_password	チャレンジレスポンス認証	MySQL 4.1から利用されてきた認証方式。古いクライアントライブラリでも接続できるためデフォルトでなくなった今でも広く利用される。MySQL 8.0.34とそれ以降では非推奨となり、デフォルト設定ではこのプラグインで接続するたびにエラーログにワーニングを出力する
caching_sha2_password	セキュアな経路の上でのクリアテキスト認証またはチャレンジレスポンス認証[注2.4]	MySQL 8.0からデフォルトとなった認証方式。デフォルトのため互換性の問題を除くと普及率が高い。ハッシュ強度が160bitから256bitに強化されている

注2.2　https://dev.mysql.com/doc/refman/8.0/en/server-system-variables.html#sysvar_default_authentication_plugin
注2.3　https://dev.mysql.com/doc/refman/8.0/en/authentication-plugins.html
注2.4　caching_sha2_passwordの原型となっているsha256_passwordは「セキュアな経路（TLS通信またはRSA秘密鍵/公開鍵を利用した暗号化）の上でのクリアテキスト認証のみ」をサポートしている。改良版であるcaching_sha2_passwordは「キャッシュが存在する（=1回以上認証に成功した）場合は非セキュアな経路でもチャレンジレスポンス認証が可能」で経路の暗号化のオーバーヘッドを防ぐことができる。コラム3も参照。

auth_socket	getsockopt の SO_PEERCRED オプションのみを利用	getsockopt が SO_PEERCRED オプションをサポートする必要があり、Linux 限定。パスワードは設定も検証もされない。Debian/Ubuntu のパッケージでインストールしたときの root@localhost はこれがデフォルト

　既存のアプリケーションでもっとも使われる頻度が高いのは mysql_native_password ですが、これは主に古いクライアントライブラリとの互換性のためです。また、後述の caching_sha2_password の「初回のみセキュアな経路を必要とする」という (運用的な) オーバーヘッドを嫌って選ばれることも多々あります。SHA1 (160bit) を用いた方式でパスワードハッシュを mysql.user テーブルに格納するため、認証文字列 (authentication_string カラムの値) が抜き取られた場合の耐性が低い (レインボーテーブルも古くから存在する) ので、可能な限り caching_sha2_password に乗り換えていくことが推奨されます[注2.5]。

　caching_sha2_password は SHA2 (256bit) を使用し、かつソルトつきでストレッチをかけた状態で認証文字列を保管するので、mysql.user テーブルに格納された認証文字列を窃取された場合でも比較的安全性は高いです。初回のみ特殊な条件 (注2.4 およびコラム3を参照してください) を求められるため、把握しておかないと思わぬ接続エラーにつながるでしょう。すでにすべての接続に TLS を使用している場合および RSA 鍵交換のための設定 (libmysqlclient においては MYSQL_OPT_GET_SERVER_PUBLIC_KEY) を済ませている場合は、caching_sha2_password を忌避する必要はありません。

　auth_socket は一部のディストリビューションで MySQL パッケージをインストールした際に root@localhost に割り当てられる認証プラグインで、そもそもパスワードを利用せずに OS のログインユーザーの名前だけを検証して MySQL にログインします。ソケット接続が必須なのでローカルホストのみ利用可能であり、sudoers などの仕組みで制限し、syslog などの仕組みで監査できます。

注2.5　https://dev.mysql.com/doc/refman/8.0/en/upgrading-from-previous-series.html#upgrade-caching-sha2-password

---

コラム 2　≫ 認証文字列の保管方法

　caching_sha2_password、mysql_native_password のパスワードはそれぞれのプラグインに応じてハッシュ化され、mysql.user.authentication_string カラムに保管されます。

- mysql_native_password
  - '*' から始まり、それに続く [0-9A-F] の 40 桁 (計 41 桁)
  - 格納文字列は SELECT CONCAT('*', UPPER(SHA1(UNHEX(SHA1('mypass'))))); で計算可能 (MySQL 5.7 とそれ以前の PASSWORD 関数)
  - パスワードが同じなら authentication_string も同じ
- caching_sha2_password:
  - 'A005$' から始まり (005 は caching_sha2_password_digest_rounds の設定によって変わる)、20 バイトのランダム生成ソルトと 43 バイトの SHA2 (256bit) ダイジェストをつなげたもの
  - ソルトは CREATE USER の際に都度ランダムに生成されるため、事前に計算はできない
  - パスワードが同じでもソルトの違いによって authentication_string は一意に定まらない

　mysql_native_password であれば、「平文のパスワード候補がわかれば authentication_string

からそれが正しいかどうかの検証」が SELECT uesr, host, authentication_string FROM mysql.user WHERE authentication_string = CONCAT('*', UPPER(SHA1(UNHEX(SHA1(' 平文のパスワード ')))))); と MySQL の関数だけで実現できました（同じであることは検証できても、違う場合にどんな平文がパスワードかはわかりません）。caching_sha2_password では（MySQL の関数だけでは）できません。

　「平文のパスワードを知らなくても、ハッシュの値から同じパスワードを持つアカウントを作成する」ことは依然として可能です（MySQL 8.0 で廃止された古い構文では IDENTIFIED BY PASSWORD として指定できたものです）。

▼ハッシュ値の値から同じパスワードを持つアカウントを作成する

```
mysql> CREATE USER new_user IDENTIFIED WITH {mysql_native_password|caching_sha2_password} AS 'xx';
```

　このとき、認証プラグインの指定は必須です。MySQL は桁数などから勝手に認証プラグインを推測しません。また、caching_sha2_password の authentication_string は端末エミュレータに表示できない制御文字を含むこともあるので、mysql_native_password ほど簡単にコピー＆ペーストはできません。ひとひねりして、HEX 出力されたものを 0x プレフィックスで渡す、などが可能です。

▼0x プレフィックスで渡す

```
mysql> SELECT HEX(authentication_string) FROM mysql.user WHERE user = 'current_user';
mysql> CREATE USER new_user IDENTIFIED WITH caching_sha2_password AS 0xXXXXX;  -- XXXXの部分に上記の↵
SQLで表示させた140桁の［0-9A-F］の文字列を指定
```

コラム 3 ≫ caching_sha2_password が「初回のみセキュアな経路を必要とする」理由

　caching_sha2_password は「初回のみクリアテキストでのパスワードを要求」します。これは、MySQL サーバー側に保管されている認証文字列が「クリアテキストのパスワードをこのソルトで 5000 回（デフォルト）ストレッチしたものはこれ」という情報のみを持つため、クリアテキスト以外の情報からパスワードの正当性を確認できないためです。

　2 回目以降がクリアテキストでのパスワードを要求しない理由は、初回の検証時にソルトつきで 2000 回（ハードコード）ストレッチしたときの値をオンメモリにキャッシュするからです（故に caching_sha2_password）。この 2000 回ストレッチした情報をチャレンジ・レスポンス形式で検証することで、2 回目以降は元のパスワードを知られるリスクを下げつつ平文の通信でも検証を可能にしています。

2-3 権限操作

本節ではMySQL上のアカウントに権限を割り当てる・変更するためのステートメントを紹介します。用語など、本章1節『MySQLアカウントの原則』と対応している部分がありますので事前に確認しておくと理解が深まります。

アカウント管理ステートメントの一覧

次はアカウント管理によく利用するステートメントの一覧です。これ以外にもロールを管理するステートメントなどがありますが、詳細はマニュアル[注2.6]を確認してください。各ステートメントの書式についてもマニュアルを確認してください。

▼アカウント管理ステートメントの一覧

ステートメント	利用するシーン
CREATE USER[注2.7]	アカウントを新たに作成する
ALTER USER[注2.8]	アカウントの属性を変更する
DROP USER[注2.9]	アカウントを削除する
GRANT[注2.10, 注2.11]	アカウント／ロールに権限を追加する
REVOKE[注2.12]	アカウント／ロールから権限を剥奪する
SHOW GRANTS[注2.13]	アカウントに割り当てられている権限を表示する

各ステートメントは対象となるアカウントを指定して実行します。繰り返しになりますが、認証・認可のメカニズムはアカウント単位でありユーザー単位ではありません。そのため、ユーザー名が同じであっても別の接続元ホストが指定されている場合はその数だけ、これらのステートメントに対象アカウントを指定する必要があります。

▼192.168.0.101からのみ接続できるmysqlbookユーザーを作成し、d1データベースに対する読み取り権限を与える

```
mysql> CREATE USER mysqlbook@192.168.0.101 IDENTIFIED BY 'Myp@ssword';
mysql> GRANT SELECT ON d1.* TO mysqlbook@192.168.0.1;
```

▼すでに存在するmysqlbook@192.168.0.101, mysqlbook@192.168.0.102アカウントに同時にd2データベースのINSERT権限を与える

```
mysql> GRANT INSERT ON d2.* TO mysqlbook@192.168.0.101, mysqlbook@192.168.0.102;
```

....

注2.6　https://dev.mysql.com/doc/refman/8.0/en/account-management-statements.html
注2.7　https://dev.mysql.com/doc/refman/8.0/en/create-user.html
注2.8　https://dev.mysql.com/doc/refman/8.0/en/alter-user.html
注2.9　https://dev.mysql.com/doc/refman/8.0/en/drop-user.html
注2.10　https://dev.mysql.com/doc/refman/8.0/en/grant.html
注2.11　GRANTとREVOKEは構文が良く似ているが、GRANTは GRANT 権限リスト ON スコープ TO アカウント、REVOKEは REVOKE 権限リスト ON スコープ FROM アカウントと英語のようにキーワードが変わる。
注2.12　https://dev.mysql.com/doc/refman/8.0/en/revoke.html
注2.13　https://dev.mysql.com/doc/refman/8.0/en/show-grants.html

GRANTで指定するスコープ

GRANTステートメントで割り当てる権限には3つのスコープがあります（本章1節の用語を参照してください）。

▼ GRANT .. ON で指定する文字列によって決まるスコープ

GRANT .. ON <指定>	スコープ
.	グローバル
<スキーマ名>.*	<スキーマ名>に対するスキーマスコープ
<スキーマ名>.<テーブル名>	<スキーマ名>.<テーブル名>に対するテーブルスコープ

本章1節で説明した通り、各種権限は**グローバルスコープ > スキーマスコープ > テーブルスコープ**の順にAllowlist形式で評価されます。Denylistに相当するものはグローバルスコープとスキーマスコープの間の`partial_revokes`しかありません。

MySQL 8.0.36現在のところ、特定のスキーマに含まれるxx以外のテーブルに対するSELECT権限を表現するには、自身でテーブル名を列挙してテーブルスコープのSELECT権限を与えるしかありません。テーブルが増えた場合には再度GRANTし直す必要があるので、そのような運用を望む場合にはテーブル名に規則性を持たせるなどでの自動化が必須となるでしょう。

GRANTでよく使う権限と組み合わせ

次の表は代表的な権限の組み合わせです。各権限の詳細およびその他の割り当て可能な権限の一覧はドキュメント[注2.14]を参照してください。自身の環境に合わせてこの組み合わせを足したり引いたりしてカスタマイズしてください。

▼ 代表的な権限の組み合わせ

用途	GRANT	スコープ	備考
読み取り専用	SELECT, SHOW VIEW	スキーマ	ビューが存在しない場合はSHOW VIEW権限は不要
読み書き（CRUD権限）	INSERT, SELECT, UPDATE, DELETE	スキーマ	ただしOPTIMIZE TABLEはINSERTとSELECTの権限があると実行できてしまう
リリース用などのスキーマ変更	CREATE, DROP, REFERENCE, INDEX, ALTER	スキーマ	ビューを使う場合はVIEW系、トリガーを使う場合はTRIGGER系、ストアドプロシージャを使う場合はROUTINE系の権限を追加
データベース管理者用	ALL	グローバル	ALLキーワードはそのスコープのすべての権限を含む
レプリケーション用	REPLICATION SLAVE	グローバル	特定スキーマや特定テーブルのみをレプリケーションしたい場合でも、権限上はグローバル
監視用	SELECT, PROCESS, REPLICATION CLIENT	グローバル	SHOW ENGINE INNODB STATUSにはPROCESS権限が必要、information_schemaはそれぞれのテーブルに対する権限が必要なため、SELECTもグローバルで許可する

ALTER USERによるアカウントの「属性」

ALTER USERはそれ自体で権限の割り当てや剥奪は行わず、アカウントに関する属性を変更します。アカウントの持つ属性とは次のようなものです。すべての属性を確認したい場合はドキュメント[注2.15]を参照してください。

注2.14 https://dev.mysql.com/doc/refman/8.0/en/grant.html#grant-privileges
注2.15 https://dev.mysql.com/doc/refman/8.0/en/alter-user.html

▼主なアカウント属性

属性	内容	ALTER USERで使う句
パスワード	アカウントに割り当てる認証用の文字列	IDENTIFIED BY
パスワード有効期限	パスワードの有効期限	PASSWORD EXPIRE INTERVAL n DAY
デフォルトロール	アカウントがログインしたときに自動で割り当てるロール	DEFAULT ROLE
認証プラグイン	ログイン時に使われる認証プラグイン	IDENTIFIED WITH
アカウントロック	アカウントの無効化	ACCOUNT LOCK
TLS設定	TLS接続以外の接続を拒否	REQUIRE SSL

ACL_cacheとACL_table

本章1節の説明ではSecurity_ContextとACLを分けて説明していましたが、ACLにもACL_cacheとACL_tableと呼ばれる2つの構造があります。

▼ACLの2層構造

名称	保存場所	内容
ACL_cache	メモリ（再起動などで失われる）	ACLを評価するときに実際に使われる構造
ACL_table	テーブル (mysql.user、mysql.db、mysql.tables_privなど)	再起動、FLUSH PRIVILEGESのときにACL_cacheを再構築するための永続情報

MySQLにアカウントを追加する際に「mysql.userテーブルにINSERTしてFLUSH PRIVILEGESを実行する」という手段があります[注2.16]。これは「ACL_tableに追加し（この時点ではACL_cacheに情報がないため、アカウントの追加としては機能していない）、FLUSH PRIVILEGESでACL_tableをACL_cacheに読み込ませる（ACL_Cacheに読み込まれた時点でアカウントが追加された）」という内部動作になります。

CREATE USERやGRANT、REVOKE、DROP USERなどでFLUSH PRIVILEGESを必要としないのは、これらのステートメントはACL_CacheとACL_Tableの両方に対する追加を行うためです。FLUSH PRIVILEGESが必要とされるのはこれら管理系のステートメントを使わずに直接ACL_tableを更新したときだけです（なお、直接ACL_tableを更新するのはMySQL 5.7とそれ以降では非推奨（which is not recommended）とされています）。

▼ACLとステートメントの関係

ステートメント	ACL_cache	ACL_table
CREATE USER、DROP USER、ALTER USER	更新	更新
GRANT、REVOKE	更新	更新
mysql.userやmysql.dbなどに対するINSERT、UPDATE、DELETE	×	更新
FLUSH PRIVILEGES	更新 (ACL_tableから再構築)	×

なお、ACL_tableを更新せずにACL_cacheだけを更新する方法はありません。

注2.16 https://dev.mysql.com/doc/refman/8.0/en/privilege-changes.html

アカウント、権限の応用Tips

本節ではMySQLの権限システムにまつわる運用のテクニックやよくある考え方を説明します。MySQLだけで完結しない範囲も含まれていますが、自身の運用に反映する際の参考になれば幸いです。

最小権限の原則と運用

情報セキュリティの基礎の通り、MySQLにおいてもアカウントに割り当てる権限は必要最小限にすべきです。操作の権限を最小化することでアプリケーションの意図せぬ脆弱性を突かれた場合でも、MySQLサーバーに及ぶ被害を最小限に抑えられるかもしれません。ただし、「CRUD権限のみを許可したサーバーから任意のSQLを実行されてもDROP TABLEはできないがWHERE句なしでのDELETEはできる」、「読み取りのみの権限を与えていたにせよ、個人情報を保管するテーブルにアクセスができてしまえばSELECT権限のみでも十分な脅威」など、権限を小さくすればそれだけで安心できるというものでもありません。

闇雲に最小権限のみを目指すのではなく、運用とバランスの取れた権限体系を考える必要があります。次は最小権限との組み合わせでデータベースを守るためのいくつかの案です。

重要な情報は別のスキーマに分離する

たとえば電話番号を保管するテーブルを別のスキーマに「電話番号とユーザーIDのみ」を保管するテーブルとして切り出します。オンライン処理で電話番号が必要ない範囲では、電話番号を含まないテーブルのみにCRUD権限を許可し、電話番号のテーブルにはINSERT、UPDATEのみの権限を付与するようにすれば、任意のSQLを実行されてもこのアカウントから電話番号を取得することはできません。架電する、SMSメッセージを送るなど、本当に電話番号が必要な処理にのみ両スキーマにSELECTする権限を与えることで、攻撃経路を最小化できます。「別テーブル」ではなく「別スキーマ」としたのは、スキーマスコープのGRANTの使い勝手を損なわないようにしたものです。

ただし、アプリケーションの機能が十分分離されていない場合には選択は難しいでしょう。

アプリケーションサイドで暗号化する

たとえば電話番号をアプリケーションサーバー上で暗号化してからVARBINARY型のカラムに記録します。復号用の情報をアプリケーション側に秘匿することで、MySQL単体からデータを引き抜いても情報そのものは漏えいさせないことができます。

ただし暗号化したカラムでソート（ORDER BY）ができない、暗号化したカラムでは部分一致検索（LIKE演算子）ができないという特性があります（住所でソートしたい、LIKE検索で特定の事業者のメールアドレスだけ検索したいなど）。また、暗号用の情報（鍵、パスフレーズなど）のローテーションも別途設計する必要があるでしょう。

カラムスコープの権限を設定する

本章1節にある『権限評価の順番』の表で触れていますが、グローバル、スキーマ、テーブルに次ぐ権限スコー

プとしてカラムスコープ[注2.17]があります。これを設定することで「このカラムを書き込みのみできるアカウント」「このカラムを読み取る（あるいは読み書きすべてをする）ことのできるアカウント」に分けることができます（つまり、「重要な情報は別のスキーマに分離する」の派生版です）。

しかしながら、本章1節にある『権限評価の順番』を参照してもらうとわかるように、カラムスコープの権限が有効になるのは上位の権限すべてが拒絶されたあとです。したがって、グローバルスコープはもちろんスキーマスコープは許可せず、そのテーブル以外のテーブルスコープの権限を有効にし、そのテーブルに関してはテーブルスコープを許可せずに重要な情報のカラムとそれ以外のカラムそれぞれにカラムスコープの権限を割り当てる必要があります。

基本機能だけで権限を細かく分離することはできますが、設定が煩雑になりカラムの増減のたびに作業が発生するため運用とのバランスが悪くあまりお勧めはできません。

🖐️ 重要なカラムをDEFINERで隔離する

ここまでMySQLの認可プロセスは「現在接続しているアカウント」と「Security_ContextまたはACL」のみを説明してきました。実際にはもう一段階、「ビュー」「ストアドプロシージャ（およびストアドファンクション）」「トリガー」（以下、3種のオブジェクト）だけが持つDEFINERという属性があり、DEFINER属性をアクセス権限の延長として利用できます。DEFINERはデフォルトでは3種のオブジェクトを作成したアカウントが設定されます。3種のオブジェクトのうち、トリガーを除くオブジェクトが持つSQL SECURITY属性の組み合わせで、あたかも「他人の権限でオブジェクトの内容を実行」することができます。

SQL SECURITY DEFINER（省略した場合はこの設定がデフォルトです）は、INVOKER（オブジェクトを呼び出そうとするアカウントのことを指します）がオブジェクトに対する権限があるかどうかを判定し、オブジェクトにアクセスできる場合は「オブジェクトのDEFINER属性に指定されたアカウントの権限を利用」してそのオブジェクトの処理をします。それに対してSQL SECURITY INVOKERはオブジェクトの処理そのものもINVOKERの権限を使って処理をします。

たとえば、CREATE VIEW v1 AS SELECT user FROM t1というビューを作ることを考えます。このビューを作成したDEFINERはt1テーブルに対するSELECT権限を持っているアカウントです（でなければそもそもこのビューの作成に失敗します）。このビューに対し、v1ビューにSELECT権限のある、ないアカウント，v1ビューのベースになっているt1テーブルにSELECT権限のある、ないアカウント，v1ビューのSQL SECURITY属性を表にしたものが次の通りです。

▼SQL SECURITYとアクセス権の交差

v1ビューに対するアクセス権	t1テーブルに対するアクセス権	SQL SECURITY	アクセス成否
×	○、×どちらも	DEFINER、INVOKEいずれも	失敗
○	○、×どちらも	DEFINER	成功
○	○	INVOKER	成功
○	×	INVOKER	失敗

まずv1ビューへのSELECT権限は必須です（ビューはベーステーブルとは別にアクセス権限が必要です。GRANTの書式はテーブルのものと同じです）。そもそもビューにアクセスできなければ、ビュー本文の権限評価までたどり着きません。

注2.17 https://dev.mysql.com/doc/refman/8.0/ja/grant.html#grant-column-privileges

v1ビューにアクセスしたときに、SQL SECURITY DEFINER属性であれば、実際にSELECTしたアカウントがv1に含まれるt1に対するアクセス権を持っているかどうかの判定は行われず、DEFINERであるアカウントの権限をプロキシして評価されるため、無事に結果セットが返ってきます。この状態であれば、「t1テーブルに対する直接のSELECT権限を与えなくても、v1ビューに対する権限を与えるだけでビューを介して必要最小限のカラム・行に絞った閲覧を許可する」ことが表現できます。

ストアドプロシージャ、ストアドファンクション、トリガーでも同様のことが可能です（ただしトリガーはSQL SECURITY属性は存在せず、常にSQL SECURITY DEFINERと同じ動きになります）。名指しになってしまいますが、Amazon RDS for MySQLで「本来は許可されていない操作を、ストアドプロシージャ（CALLステートメントを使って呼び出します）を通すことでその操作（たとえば、CHANGE REPLICATION SOURCE TO相当の操作）ができる」などという経験はないでしょうか。これは、特権ユーザーをDEFINERにしたSQL SECURITY DEFINER属性のストアドプロシージャを（特権を持ってはいない）rootユーザーにEXECUTE権限を付与することで、権限の足りないrootユーザーに特権の必要な操作をさせることを実現しています。

ビューの定義によって「重要なカラムを含まない」の他に「重要なカラムだけをハッシュして合っているかどうかのみ検証可能にする」「重要な情報の後ろ4桁のみREPLACE関数などでマスクする」などのバリエーションが作れますが、ビューの作成場所によっては個別に権限の分離が必要になりますし、ビューを経由するため実行計画が大きく変わる可能性があります。オンラインアプリケーションでの利用よりは、カスタマーサポートなど限られた状況でSQLを直接実行するケースに適するでしょう。

接続元ホストを大きく取るか、小さく取るか

アカウント体系を考えるときに、「接続元ホストをどの粒度で指定するか」はよく検討の対象に挙がる話題です。

最小権限の原則から言えばもちろん個別のIPアドレス単位で設定すべきですが、それではアプリケーションサーバーの増減の都度アカウントを新規に生成・削除する必要があるため、自動化は必須と言えます。あらかじめ自動化の目途が立っている（アプリケーションサーバーのデプロイの過程でIPアドレスを通知し、CREATE USERを実行するAPIを作っているなど）場合や「ほとんどアプリケーションサーバーの増減が起こらないことが確実」な場合にはこの方法でも問題はありませんが、後述のネットワークの分離による方法が取れる場合はそちらを先に検討してください。

また、別アカウントとなってしまうため、アクセス許可対象の増減に備えてデフォルトロール[注2.18]を利用しましょう。

接続元ホストをネットワークセグメントで指定する

アプリケーションサーバーの割り当てられるネットワークを制御できる場合、この方法が確実です。このデータベースにアクセスするアプリケーションはサブネットA、その他のアプリケーションでありアクセスしてはいけないものをサブネットB, サブネットC, ……に配置することで、サブネットAからのみ認証できるアカウントを作れます[注2.19]。

次の例はいずれも192.168.11.0/24のサブネットからのアクセスのみを許可する単一のアカウントを作成します。CIDR表記はMySQL 8.0.23とそれ以降のみで有効です。互換性を考えるならネットマスク表記

注2.18 https://dev.mysql.com/doc/refman/8.0/ja/roles.html
注2.19 https://dev.mysql.com/doc/refman/8.0/ja/account-names.html

28

が一番確かでしょう。

▼192.168.11.0/24からのみアクセスを許可するアカウント

```
mysql> CREATE USER appuser@'192.168.11.0/255.255.255.0';    -- ネットマスク表記
mysql> CREATE USER appuser@'192.168.11.0/24';    -- CIDR表記、MySQL 8.0.23とそれ以降のみ
mysql> CREATE USER appuser@'192.168.11.%';    -- ワイルドカード表記、ネットマスクがキリ良く24ビット、16ビットなどのときは↵
利用しても良い
```

　ワイルドカード表記 (LIKE演算子と同じく '%' と '_' が利用可能) は28ビットなどのネットマスクには対応できません。利用するときは16ビットまたは24ビットのネットマスク限定と考えましょう。

▼192.168.11.0/28からのみアクセスを許可するアカウント

```
mysql> CREATE USER appuser@'192.168.11.0/255.255.255.240';    -- ネットマスク表記
mysql> CREATE USER appuser@'192.168.11.0/28';    -- CIDR表記、MySQL 8.0.23とそれ以降のみ
mysql> /* よくないワイルドカード */ CREATE USER appuser@'192.168.11.6%';    -- 192.168.11.6や192.168.11.65が含ま↵
れるため不適
mysql> /* 可能だが煩雑なワイルドカード */ CREATE USER appuser@'192.168.11.2_';    -- 192.168.11.20-29を指定はできる↵
が、同様に192.168.11.1_, 192.168.11._などを指定する必要があり煩雑
```

接続元をMySQLで制限せず、ネットワークを分離する

　アプリケーションサーバーとMySQLサーバーの間のネットワークが分離できる場合、MySQLの認証システムを使わずにそのアクセスコントロールに任せる方法もあります。かつてのオンプレミス環境では「アプリケーションサーバーはフロント用とデータベース用にNICを分け2つ異なるネットワークにそれぞれ接続する」構成がままありましたし、IaaS (Infrastructure as a Service) では複数のネットワークを定義したり、柔軟にネットワークACL (ファイアウォールルール) を設定することもできます。

　CREATE USER、GRANTなどアカウント管理ステートメントの実行時にホスト部を省略した場合、暗黙に「すべての接続元」を表すワイルドカードの % として扱われます。

▼ホスト部を省略した場合、暗黙に任意の接続元を許可するワイルドカード '%' が指定される

```
mysql> CREATE USER mysqlbook;
mysql> SHOW CREATE USER mysqlbook\G
*************************** 1. row ***************************
CREATE USER for mysqlbook@%: CREATE USER `mysqlbook`@`%` IDENTIFIED WITH 'mysql_native_password'
                            REQUIRE NONE PASSWORD EXPIRE DEFAULT ACCOUNT UNLOCK PASSWORD HISTORY DEFAULT
                            PASSWORD REUSE INTERVAL DEFAULT PASSWORD REQUIRE CURRENT DEFAULT
1 row in set (0.01 sec)
```

　万が一、MySQLに接続できるトラフィックがインターネット側に公開されてしまうと接続元ホストで除外できなくなりますが、そもそもMySQLの認証プロセスには「接続元ホスト」以外に「ユーザー名」「認証文字列 (パスワード)」が必要であり、後者二つが安全であればリスクはそれほど大きくありません。一方でユーザー名や認証文字列を知っている元担当者などからのアクセスには脆弱になるため、アクセスコントロールの範囲には十分気をつけましょう。

パスワードの変更

　(主に定期的な) パスワードの変更には議論がありますが、いざパスワードを変更しなければならないときの方法については考えておきましょう。

パスワードは「アカウント属性」ですので、変更は**ALTER USER**で行います。ALTER USERの結果は即時ACL_tableおよびACL_cacheに適用されますので、ALTER USERでパスワードを変更した瞬間以降のアクセス試行はすべて新パスワードで検証され、すでに接続済みのセッションには影響を及ぼしません（強制的に切断されることはありません）。

▼ALTER USERによるパスワード変更

```
mysql> ALTER USER mysqlbook IDENTIFIED BY 'new_password';   -- 平文の文字列を指定した方法
mysql> ALTER USER mysqlbook IDENTIFIED WITH caching_sha2_password AS '..';   -- ハッシュ済み認証文字列を指定した方法
mysql> ALTER USER mysqlbook IDENTIFIED BY RANDOM_PASSWORD;   -- MySQLによるランダムパスワードの払い出し
```

　アプリケーション設定のデプロイが一瞬で終わることはないため、このような素直な変更はメンテナンスタイムを設けない限りは現実的ではないでしょう。実際に現場で使われるテクニックを2つ紹介しますが、いずれも「アカウントごと」に操作が必要になるので、数十数百のアカウントを管理している場合には簡単なスクリプトを作成するのがお勧めです。

デュアルパスワード設定

　MySQL 8.0.14とそれ以降ではデュアルパスワード（1つのアカウントに2つのパスワード）をサポートしています。デュアルパスワードにより、旧パスワードと新パスワードの両方が使える期間を設け、アプリケーションのデプロイが終わったあとに旧パスワードをDROPできます。

　次の出力例は視認性のために敢えてmysql_native_passwordプラグインを指定しますが、このプラグインに限った記法ではありません。

▼デュアルパスワード設定

```
mysql> SELECT user, authentication_string, user_attributes FROM mysql.user WHERE user = 'mysqlbook'\G
       /* 現在のパスワードは old_password という文字列 */
*************************** 1. row ***************************
             user: mysqlbook
authentication_string: *4871B768592C245157701B39842149FDD54A10F1
  user_attributes: NULL
1 row in set (0.00 sec)

mysql> ALTER USER mysqlbook IDENTIFIED WITH mysql_native_password BY 'new_password'
                    RETAIN CURRENT PASSWORD;   -- RETAIN CURRENT PASSWORDが「旧パスワードを残す」

mysql> SELECT user, authentication_string, user_attributes FROM mysql.user WHERE user = 'mysqlbook'\G
      /* 旧パスワードのハッシュが user_attributes の "additional_password" として記録されている */
*************************** 1. row ***************************
             user: mysqlbook
authentication_string: *0913BF2E2CE20CE21BFB1961AF124D4920458E5F
  user_attributes: {"additional_password": "*4871B768592C245157701B39842149FDD54A10F1"}
1 row in set (0.00 sec)

mysql> ALTER USER mysqlbook DISCARD OLD PASSWORD;   -- 旧パスワードを削除

mysql> SELECT user, authentication_string, user_attributes FROM mysql.user WHERE user = 'mysqlbook';
       /* user_attributesから消え、旧パスワードでの認証ができなくなる */
*************************** 1. row ***************************
             user: mysqlbook
authentication_string: *0913BF2E2CE20CE21BFB1961AF124D4920458E5F
```

注2.20　本章2節のコラム2も参照のこと。

```
      user_attributes: NULL
1 row in set (0.00 sec)
```

デュアルパスワード機能で保管できる旧パスワードは1つのみです。 "additional_password" が指定され
ている状態でもう一度 CURRENT RETAIN PASSWORD でパスワードを変更すると、直前のパスワードが
"additional_password" に移動し、それ以前に設定されていた情報は消えます。

別アカウントを作成することによる結果的なローテーション

デュアルパスワード機能の登場以前によく使われた手法です。1つのアカウントは1つのパスワードしか
設定できない、ならば同じ接続元を持った別のユーザー名でアカウントを作って同じ権限を付与し違うパスワー
ドを設定する、というやり方です。

「どのようにアカウントをコピーするか」には複数方法がありますが、pt-show-grants[注2.21]または
mysqlpump --users[注2.22]などで既存アカウントのCREATE USER と GRANTを出力させたものをsedなど
で置換する方法が多く取られます。もちろん CREATE USER と GRANTS が出力できれば良いので、自作
のスクリプトで SHOW CREATE USER と SHOW GRANTS を出力させる方法も使われます。

▼ 既存のアカウントと同等の権限を持つ別アカウントを作成する

```
### オプションとしては mysql.user テーブルのバックアップだが、--users以外の出力をすべてOFFしているため、
### オプション設定のためのSET文とCREATE USER, GRANTが出力される
$ mysqlpump -uroot -p \
            --no-create-info --skip-dump-rows --skip-routines --skip-events \
            --skip-triggers --users --set-gtid-purged=OFF \
            mysql user > /tmp/grant.sql

### アカウントを置換する，アカウントと同名のスキーマが存在する場合は注意
$ sed -i 's/mysqlbook/mysqlbook2/' /tmp/grant.sql
### パスワードハッシュを置換する
$ sed -i 's/4871B768592C245157701B39842149FDD54A10F1/0913BF2E2CE20CE21BFB1961AF124D4920458E5F/' /tmp/grant.sql
### 編集したSQLファイルを適用して新たなアカウントを作成する
$ mysql -uroot -p < /tmp/grant.sql
```

caching_sha2_password プラグインを利用している場合、端末エミュレータに表示できない制御文字を含む、
同じパスワードであってもauthentication_stringの文字列が一定ではないことから、単純な置換では済まな
いでしょう（ただし、caching_sha2_passwordが使えるということはMySQLは8.0なので、デュアルパスワード
は使える可能性が高いです）。詳しくは本章2節のコラム2を参照してください。

権限システムを応用したクォータの設定

クォータ設定のニーズは主にMySQLのホスティングサービスを提供しているケースですが、各アカウン
トごとに容量によるクォータをかけたい場合があります。あらかじめ宣言しておくと、MySQL 8.0.36現在、
MySQLだけでこのニーズを満たすことは不可能です。また、ここまで説明してきた仕様上、厳密にクォータ
をかけるのは不可能だという結論に達せざるを得ません。

クォータを実現したい場合、次の手順を考えることはできます。

注2.21 https://docs.percona.com/percona-toolkit/pt-show-grants.html
注2.22 https://dev.mysql.com/doc/refman/8.0/ja/mysqlpump.html

1. information_schema.INNODB_TABLESPACESやファイルシステム上のibdファイルのサイズを確認し、制限をかける対象のアカウントを特定します。クォータをかけたいケースは1アカウントが1スキーマに紐づいている場合が多いと思うので、特定は可能でしょう。
2. 対象アカウントに対して、SELECTとDELETE以外の権限を剥奪します。
3. 再度容量を確認し、クォータを下回っていた場合には元の権限を付与し直します。

　しかしながら、1. で得られるファイルシステム上のファイルはibdファイル内の空きページの数を考慮できません。空きページは同じibdファイル内で再利用はされるものの、OPTIMIZE TABLEをして初めてファイルシステムの容量を減らすことができます。ところでOPTIMIZE TABLEにはSELECT権限とINSERT権限の両方が必要になるため、一度制限をかけられるとOPTIMIZE TABLEが実行できなくなり、3. (もしくはそもそも1.) の時点で「ファイルサイズは小さくなっていない場合でも再利用可能な領域が確保できれば良しとする」ロジックを追加するか、管理者側から強制的にOPTIMIZE TABLEを実行する必要があります。

　さらにこの章をここまで読み進めてくれた勘のいい読者は気がつくかもしれません。 2. で権限を剥奪したとしても、コネクションを再接続するか、USEステートメントが発行されるまではSecurity_Contextによって過去のACLの情報がキャッシュされているため、既存のコネクションをすべて切断しない限りは書き込みを続けることが可能です。

　これらの仕様上の問題から、そのままのMySQL (ソースコードを改変していないMySQL、Vanilla MySQLと呼びます) では厳密なクォータ管理はできません。残念な特徴を理解して弱いクォータとするか、または「クエリ実行の都度Security_Contextを再作成するようにパッチを当てる」「OPTIMZIE TABLEに必要な権限をSELECT権限と (INSERT権限ではなく) DELETE権限にする」などのパッチを書いてMySQLを改変する必要があります (筆者はC言語がそんなに得意ではありませんが、それでもSecurity_Contextを都度読み取らせるくらいのパッチを作ることはできました。作ったことはありますが実際に適用して運用したことはありません)。

## 第 3 章

MySQLの
データ

本章では論理的、物理的なMySQLのデータ構造とそれらの効率化について説明します。

本章を読んでわかること

- データディレクトリに配置されるファイルと論理的なオブジェクトの紐づきがわかる
- 第1正規形から第3正規形までの概要がわかる
- MySQLがどのようにファイルを永続化しているかがわかる
- MySQLのログファイルの種類がわかる

本節ではMySQLの論理的な (SQLから見える面の) データについて解説します。

まず、本章で使う用語について整理しましょう。

▼本章で使う用語

用語	意味	備考
カラム	テーブルを行列と見做した場合の列方向の属性	データ型、NOT NULL制約などの属性を持つ
行	テーブルを行列と見做した場合の行方向の属性	行は1つ以上のカラムを含んだ集合となる。また、行指向のInnoDBにとっては最小のI/O単位
テーブル	1つ以上のカラムの集合によって定義され、0以上の行を論理的に束ねたもの	ほとんどの場合、テーブル単位でファイルシステムに表現される
スキーマ	論理的な名前空間でテーブルの上位に存在するもの	MySQLにおいて「スキーマ」と「データベース」は同じものを指す (CREATE SCHEMAとCREATE DATABASEは同じ意味)
ストレージエンジン	テーブルの属性の一つで、そのテーブルをどのようにファイルシステム上で表現するかを実装している	ストレージエンジンを変えることでファイルシステム上に現れるファイルや容量が変わる
インデックス	B+Treeで実装される「テーブルに含まれる行のソート済みサブセット (部分複製)」	部分複製であるために (1) テーブル全体から検索するよりも効率的に検索が可能で (2) 行の更新にオーバーヘッド (インデックスも同様に更新しなければならない) があり (3) データ部とは別に容量が必要
SELECT_list	SELECTステートメントのSELECT句に列挙されるカラムのリスト	カラムが単数の場合でも、複数の場合でもSELECT_listと呼ぶ
テーブルリファレンス	SELECTステートメントのFROM句に列挙されるテーブルまたはJOINのリスト	t1 (テーブルそのもの) も t1 JOIN t2 ON t1.id = t2.id もテーブルリファレンス
カレントスキーマ	デフォルトスキーマとも言う。USEステートメントで固定したスキーマ名前空間	カレントスキーマのテーブルは修飾なしで指定可能
datadir	データディレクトリ。MySQLがデータを格納するために使うディレクトリのベースになる。datadirオプションで指定可能	パッケージでインストールした場合のデフォルトは /var/lib/mysql

論理的なデータとは

まずは名前空間と修飾について、そのあとにインデックスの論理的な側面とストレージエンジンについて説明します。

名前空間と修飾

たとえば次のSELECTステートメントを見てください。4つのステートメントはすべて同じ「d1スキーマのt1テーブルのすべての行からc1カラムに格納された値を取り出し」ます。

▼**d1スキーマのt1テーブルのすべての行からc1カラムに格納された値を取り出す**

```
mysql> SELECT `d1`.`t1`.`c1` FROM `d1`.`t1`;   -- カラム, テーブルとも完全修飾
mysql> SELECT `t1`.`c1` FROM `d1`.`t1`;   -- カラムの部分修飾とテーブルの完全修飾
mysql> SELECT `c1` FROM `d1`.`t1`;   -- テーブルのみ完全修飾
mysql> USE `d1` /* d1をカレントスキーマに設定 */; SELECT `c1` FROM `t1`;   -- 修飾なし
```

　スキーマ、テーブル、カラムはそれぞれ名前空間として作用します。同じ名前のスキーマ名は存在できませんし、あるスキーマの中に同じテーブル名は存在できません。カラム名もテーブルに対して同様です。スキーマをまたいだ場合に同じテーブル名が複数使われることは可能ですし、違うテーブル同士で同じカラム名を持たせるのはよく見たことがあるでしょう（そう、idやupdated_atなどは多数のテーブルに繰り返し同じ名前で出てくることがあります）。

　SELECT_listやFROM句などで名前空間を明示する（スキーマ名やテーブル名から書く）ことを「カラム（あるいはテーブル）を修飾する」と表現します。通常、スキーマ跨ぎのJOINでなければテーブル名は修飾しないでしょうし、JOIN中の複数テーブルで同じ名前のカラムが出てこない限りはカラム名を修飾することはないでしょう。指定するスキーマがカレントスキーマである場合、スキーマの修飾は省略可能です。指定するカラムがテーブルリファレンス内で一意になる場合、テーブルの修飾が省略できます。

🐬 インデックス

　インデックスが実際のクエリにどのように効果を表すのかは本章後半で説明します。基本的にインデックスの有無はクエリの書き方にも結果にも影響がありません（全文検索関数は全文検索用インデックスがない場合にエラーを返しますが、このような動作をするものは少数です）。

　インデックスは「ソート済みのデータの部分複製」であり、「インデックスの名前」と「インデックスが含むカラムまたは関数とソートオーダーのリスト」で定義されます。

▼**昇順、降順のインデックス定義**

```
### c1カラム昇順、c2カラム昇順の複合インデックス
INDEX my_first_index (c1, c2)
### c1 + c2の結果の昇順に並べられたインデックス、関数インデックスの場合カッコが二重になる
INDEX my_func_index ((c1 + c2))
### c1カラムを降順に並べたインデックス
INDEX my_descending (c1 DESC)
```

　CREATE TABLE、ALTER TABLEなどで定義する際、"INDEX" と "KEY" は同じ意味を持ちます。"INDEX" キーワードのあとに続くのがインデックスの名前です。インデックスの名前空間はカラムと同じくテーブルに属します。同じテーブルに同じ名前のインデックスは作成できませんが、違うテーブルであれば可能です。インデックスの名前は任意です（省略時は「先頭のカラムの名前」をインデックス名にしようとします。それでは名前が衝突してしまう場合は「先頭のカラムの名前」_2 のように連番を振ります）が、EXPLAINの見やすさのためにわかりやすい名前を付けるのがお勧めです[注3.1]。

　MySQLの制約のうちのいくつかはインデックスに依存しており、たとえばユニーク制約には必ずユニークインデックスが必要です。これらは制約に関する項で説明します。

....

注3.1　筆者は「"idx_" + 含まれるカラム名の"_"連結」がお気に入り。名前からどのカラムが含まれるかが推測できない場合、都度SHOW CREATE TABLEでインデックス定義を確認する必要がある。

その他のインデックスの持ち得る情報についてはドキュメントを確認してください[注3.2]。

⚡ ストレージエンジン

ストレージエンジンはMySQLが実際に「テーブルをどのような形式で格納するか」を定義するテーブル属性です。MySQLのユニークな機能の一つであるため紹介されることは多いですが、基本的にInnoDB以外を選ぶことはありません。MySQLのソースツリーに同梱されているテストの多くはInnoDBを使用することを念頭におかれたものです。他のストレージエンジンを選ぶことは、相対的にテストが少ないモジュールを使用することでもあります。InnoDBの制限[注3.3]に当たったからといって、その制限を乗り越えるためだけにInnoDB以外のストレージエンジンを選ぶのは悪手です。本書でも、本章を含むすべての記述は（ストレージエンジンを明示している場合を除いて）InnoDBのみに関して説明します。

データ型

カラムの属性のうち、およそ最も重要な属性はデータ型でしょう。そのカラムに格納される値の表現を決めるものです。数値型、日付型、文字列型などいくつもの種類があります。指定できるデータ型の完全なリストはドキュメントを確認してください[注3.4]。

たとえばINT型とBIGINT型が違うことは、ドキュメントを読むだけで理解できると思いますが、符号なしINT型と符号ありINT型も運用的には違うデータ型と理解した方が良いでしょう。また、「最大255バイト以下のvarchar型」と「最大256バイト以上のvarchar型」も違うデータ型扱いをお勧めします[注3.5]。これらをALTER TABLEで変換する際には「データ型の変更」扱いをされるからです。

データ型は「運用中に最も変えたくなりやすい属性の一つ」であり、「運用中に最もオンラインで変更がしにくい属性の一つ」です。InnoDBのオンラインALTER TABLE（テーブルへの読み書きをブロックしないALTER TABLE）はデータ型の変更をサポートしておらず[注3.6]、別途それ用のツールや自作の仕組みを使うか、メンテナンスタイムを設ける必要があります。あまり言いたくはないですが、慣れないうちは「迷うならより範囲の広いデータ型を選んでおく」くらいが運用の問題になりにくく済ませられます[注3.7]。INT型とBIGINT型のサイズ差の4バイトは、テーブルに1億行しか入っていなければたかだか400MBです。テーブルもカラムも一つではないでしょうからこれが倍々になると小さな違いとは言えないかもしれませんが、将来に渡って「ブロッキングを伴うALTER TABLEを避けるためのコスト」としてはまあまあ妥当な範囲かと思います。varchar型も「1行当たりのサイズオーバーヘッド」は多少変わりますが、実際に消費するストレージの量は実際に何バイトの文字列であるかに依存するので、そこまで大きくはなりません（ストレージが実際に消費されるサイズはドキュメント[注3.8]を参照してください）。

ただし、本来数値であるものを文字列型カラムに、本来日付であるものを文字列型カラムや数値カラムに

注3.2　https://dev.mysql.com/doc/refman/8.0/en/create-index.html
注3.3　ストレージエンジンはそれぞれ固有に制約を持っている。InnoDBに関する制約などは https://dev.mysql.com/doc/refman/8.0/en/innodb-introduction.html を、それ以外のストレージエンジンに関する事項は https://dev.mysql.com/doc/refman/8.0/en/storage-engines.html を参照。
注3.4　https://dev.mysql.com/doc/refman/8.0/en/data-types.html
注3.5　https://dev.mysql.com/doc/refman/8.0/en/innodb-online-ddl-operations.html#online-ddl-column-operations
注3.6　https://dev.mysql.com/doc/refman/8.0/en/innodb-online-ddl-operations.html
注3.7　大きめのデータ型であることが問題になるほど行の数が増えることは稀。そもそもデータ型ではなくカラムが多過ぎることなどがデータベースサイズを肥大化させる要因であるケースが多い。
注3.8　https://dev.mysql.com/doc/refman/8.0/en/storage-requirements.html

割り当てるのはやめましょう。それは「より広い範囲のデータ型を選ぶ」には含まれません。MySQLはデータ型が違っても「ある程度」推測して型キャストを行いますが、型キャストには不要なトラブルを招きがちな仕様が含まれています[注3.9]。また、インデックスが作成されている側のカラムに型キャストが発生すると、そのインデックスは非常に使いにくくなります[注3.10]。

　基本は「数値であるものは数値のデータ型、文字列であるものは文字列のデータ型、日付時刻であるものは日付時刻のデータ型」に尽きます。「数字の桁数」が重要であり、"000825" と "825" を同一視してはいけないようなケースは、いくら格納される内容が数値だけであっても文字列型であるべきです。ただし "000825" の次に "000826" を連番で払い出したい」ようなケースでは文字列型は不適切です。**"000825" + 1**を計算した場合、数値の826になり桁数の情報は失われます。また、文字列型から数値型へのキャストが行われるためインデックスが効率的に使用されません。この文字列型に存在しない連番という概念を持ち込もうとすることはよく問題になります。文字列の年月日の1ヵ月後を求める (本来は日付時刻型に求められる演算) などもそれに当たるでしょう。桁数のパディングはアプリケーション側で行うなど、本当にデータ型として必要な要素を考える必要があります。

🐟 文字列型のデータに関する注意事項

　文字列型のデータ (VARCHAR、TEXT) には「キャラクタセット」と「照合順序」の概念があります。

　キャラクタセットは「その文字をどのようなバイナリ表現で格納するか」を指定します。エンコーディングとも呼ばれます。たとえばひらがなの「あ」はUTF-8では '0xE38182'、EUC-JPでは '0xA4A2' です。今日、UTF-8以外のキャラクタセットを明示的に選ぶ機会は多くありませんが、古くから稼働し続けているMySQLの面倒を見なければならなくなったときに「同じように見えても違うバイト列であること」を思い出してください。

　照合順序は「文字と文字をどう大小付けするか」を指定します。コレーションとも呼びます。MySQLは「文字列の大文字小文字を区別しない」とよく言いますが、それは「デフォルトの照合順序が大文字小文字を区別しないものだから」です。たとえば半角大文字のAは '0x41'、半角小文字のaは '0x61' ですが、「このバイト列の大小を比較したときに同じであると返すか、どちらかを大として返すか」のルールが照合順序です。デフォルトの照合順序である`utf8mb4_0900_ai_ci`は、半角のA、aと全角のA ('0xEFBCA1')、全角のa ('0xEFBD81') をすべて同じとして扱います。

　文字列型のデータは「キャラクタセットが変わると格納されるバイト列が変わる」ため、文字コードの変更は実質データ型の変更と同じ制約を受けます (つまりOnline ALTER TABLEができません)。照合順序の変更はバイト列が変わらないためそれ単体では影響がありませんが、そのカラムにインデックスがある場合は並び順を変えなければならない (Ab、ab、aBを区別しないインデックスと区別するインデックスでは並び順が変わる) ため、やはりデータ型の変更と同じ制約を受けます。

制約

　RDBMSの魅力の一つに、データ型とは別の形の表現の強制、「制約」があります。制約の設定によって、アプリケーションからは「バリデーションや重複チェックの一部をRDBMSに委譲できる」というメリットがあります。

注3.9　https://dev.mysql.com/doc/refman/8.0/en/type-conversion.html
注3.10　全く利用できなくなる (テーブルスキャン) または利用できるが非常に効率が悪い (インデックススキャン)。

名前	意味	ALTER TABLEでの指定
プライマリキー制約	テーブルの中で行を一意に識別する。NOT NULL + UNIQUEとほぼ同義。制約ではなくテーブルの属性とも見做せる	PRIMARY KEY
ユニーク制約	テーブルの中でその値が重複しないことを保証する（ただしNULL同士は重複と見做されない）	UNIQUE KEY
NOT NULL制約	そのカラムにNULLが入ることを許容せずエラーにする。制約というよりはカラムの属性	NOT NULL
外部キー制約	設定されたカラムの値が他の指定したテーブルにあらかじめ存在することを保証する	FOREIGN KEY
チェック制約	設定された式がテーブル内の行のすべてにおいて成立することを保証する	CHECK

プライマリキー制約、ユニーク制約、外部キー制約にはいずれもインデックスが必要です。

正規化

　RDBMSと正規化の話は切っても切れないものでしょう。正規化とはおおむね「RDBMSにおいて、テーブル間のデータの整合性を上げ容量の効率化を図るためのベストプラクティス集」です。ただし同じデータであっても「アプリからどのように使われるのか」によって正規形であるかそうでないかが変わってくるため、データベース管理者だけで完結できる問題ではありません。しかし、自分自身がアプリを開発する立場でなくとも、開発者とコミュニケーションの中で必要になるケースは多く、正規化プロセスの基本を押さえておくことはデータベース管理者にとっても有用です。

　ここでは一般的に必要となる第1正規形から第3正規形までの3つの正規形を紹介します。第1から第3までの正規化は無損失分解なので、候補キーをJOINすることで必ず元の（正規化に伴う分割前の）テーブルと同じ出力を得ることができます。

🛰️ 正規化の前提

　正規化は多くの場合、テーブル分割を伴いますが、テーブル分割 = 正規化ではありません。過剰に分割されていても正規形でなくなるわけではありませんが、テーブルが増えるということはアプリケーション面からもデータベース面からも管理する対象が増えることに他なりませんので、設計の上では可能な限り必要最小限のテーブル分割で済ませるようにしましょう。設計とは別の意味合いで、カラム追加などのサービスインパクトを避けるためにテーブルを追加することは現場でも往々にしてあることです。ただしそれは正規化とはまた別の文脈です。

　いずれの正規化にも候補キーの概念があると便利です。候補キーとは「ある行を特定するための属性」を示すものです。意味合いはプライマリキー（またはPKE）に近くなりますが、プライマリキーが1つしか定義しえないことに対して候補キーは複数存在することがあります。ファイルサイズの都合上、auto_incrementのカラムをプライマリキーに定義することは多くありますが、その場合でも「何がその行をその行たらしめるのか」の候補キーは認識しておくことが大切です（可能ならユニーク制約を追加。ただしたとえばログをMySQLに記録する場合など、候補キーと呼べるものが一切存在しないケースもあります）。

　また、NULLの許容不許容はデータベース界隈ではよく議論に挙がる話題ですが、本項の中ではすべてのカラムをNOT NULLで制約するものとして説明します（NULLを許容してしまうと思うように正規化のメリッ

トを得られないケースが存在するためです)。

第1正規形

第1正規形とは、「ある行のあるカラムに入っている値が意味的にそれ以上分割できない(=スカラ値である、またはアトミックである)」状態を示します。端的には、「WHERE句の中でLIKE演算子やSUBSTRING関数を使いたくなったらおそらく第1正規形になっていない」と言えるでしょう。

意味的に分割されていない値の例としては、hobbyカラムにMySQL,昼寝という値が入っている状態などが挙げられます。MySQLを趣味にしているユーザーを検索するためにWHERE hobby LIKE '%MySQL%'とLIKE演算子が出てくることでしょう。これはスカラ値ではないために起こる不本意なWHERE句です。

▼第1正規形でないテーブル

```
mysql> SHOW CREATE TABLE user\G
*************************** 1. row ***************************
       Table: user
Create Table: CREATE TABLE `user` (
  `user_id` varchar(32) NOT NULL,
  `age` tinyint unsigned NOT NULL,
  `hobby` varchar(45) DEFAULT NULL,
  PRIMARY KEY (`user_id`)
) ENGINE=InnoDB DEFAULT CHARSET=utf8mb4 COLLATE=utf8mb4_0900_ai_ci

mysql> SELECT * FROM user;
+--------------+-----+-------------+
| user_id      | age | hobby       |
+--------------+-----+-------------+
| another_user |  20 | 昼寝        |
| some_user    |  99 | MySQL, 昼寝 |
+--------------+-----+-------------+
```

▼第1正規形でないテーブル

```
     user
  ┌──────────┐
  │ user_id  │
  │ age      │
  │ hobby    │
  └──────────┘
```

このhobbyカラムを第1正規形にする方法は2つ、hobby1とhobby2の2カラムに分割するか、またはuser_idとhobbyの2カラムを持つテーブルに分割してしまうことです。

前者は泥臭く見えるかもしれませんが、「ユーザーは常に必ず2つの趣味を持っているが、1つ目の趣味と2つ目の趣味が同じであることは許容する。そして1つ目の趣味と2つ目の趣味は区別されており、1つ目または2つ目の趣味が"MySQL"であること、という検索の仕方はしない」ことが要件上確実であれば第1正規形を満たすことができます(たとえば、addressカラムに自宅住所と会社所在地が両方入っていて分割するようなケースであれば、この要件を満たすのでhome_addressとbuisiness_addressなどに分割することはあり得ます。もともと「何」と「何」が1つのカラムの中に混入されているかに大きく依存します)。そうでない場合、前者のような性格を満たすものでなければ、変にカラムを増やすことはNULLを許容することにもなり、WHERE hobby1 = 'MySQL' OR hobby2 = 'MySQL'と書かなければならないため、正規化の恩恵を受けられません。後者のテーブル分割を伴う正規化をすることになります。この分割の起点となるのは候

補キーです。分割元となるテーブルの候補キーは変わりませんが、分割後のテーブルは「分割元の候補キーと分割対象のカラムを合わせたもの」が新たな候補キーになります。

▼hobbyカラムを分割した第1正規形のテーブル

```
mysql> SHOW CREATE TABLE user\G
*************************** 1. row ***************************
       Table: user
Create Table: CREATE TABLE `user` (
  `user_id` varchar(32) NOT NULL,
  `age` tinyint unsigned NOT NULL,
  PRIMARY KEY (`user_id`)
) ENGINE=InnoDB DEFAULT CHARSET=utf8mb4 COLLATE=utf8mb4_0900_ai_ci

mysql> SHOW CREATE TABLE hobby\G
*************************** 1. row ***************************
       Table: hobby
Create Table: CREATE TABLE `hobby` (
  `user_id` varchar(32) NOT NULL,
  `hobby` varchar(45) NOT NULL,
  PRIMARY KEY (`user_id`,`hobby`),
  CONSTRAINT `hobby_ibfk_1` FOREIGN KEY (`user_id`) REFERENCES `user` (`user_id`)
) ENGINE=InnoDB DEFAULT CHARSET=utf8mb4 COLLATE=utf8mb4_0900_ai_ci


mysql> SELECT * FROM user;
+--------------+-----+
| user_id      | age |
+--------------+-----+
| another_user |  20 |
| some_user    |  99 |
+--------------+-----+

mysql> SELECT * FROM hobby;
+--------------+--------+
| user_id      | hobby  |
+--------------+--------+
| another_user | 昼寝   |
| some_user    | MySQL  |
| some_user    | 昼寝   |
+--------------+--------+

mysql> SELECT user_id, age, GROUP_CONCAT(hobby) AS csv_hobby
    FROM user JOIN hobby USING(user_id) GROUP BY user_id, age;
+--------------+-----+-------------+
| user_id      | age | csv_hobby   |
+--------------+-----+-------------+
| another_user |  20 | 昼寝        |
| some_user    |  99 | MySQL,昼寝  |
+--------------+-----+-------------+
```

▼hobbyカラムを分割した第1正規形のテーブル

同じ候補キーを持ったテーブルは当然に候補キーを使ってJOINできます。候補キーをプライマリキーまたはユニークインデックスに設定してあれば、この処理はパフォーマンスに影響を与えることはありません。また、趣味が何番目にあってもWHERE hobby = 'MySQL'とだけ書いてJOINすることで不要なOR演算子を使うことなくシンプルに記述できますし、インデックスも効かせやすく効率的なSQLを書くことができます。hobbyを持たないユーザーだけを抽出するのもWHERE NOT EXIST(SELECT user_id FROM user_hobby)とすっきり記述できます。

コラム 4 》 **Eメールアドレスは分割可能か不可能か**

　MySQL, 昼寝のように特定の記号で区切られた2つの名詞が並んでいれば、それは複数のスカラ値が無理矢理1つのカラムに値が封じ込められている（＝第1正規形でない）ように見えるでしょう。

　ところで、mysqlbook@mail.example.comというEメールアドレスはどうでしょうか。Webサイトにログインするために Eメールアドレスを登録し、パスワードとセットでuserテーブルにINSERTする……この用途であれば、mysqlbook@mail.example.comは分割不可能な値でしょう。ところが、取り扱うアプリケーションがEメールプログラムだった場合はこれは成立しません。MTA (Mail Transfer Agent) はこのEメールアドレスをmail.example.comドメインのメールサーバーに接続してメールを転送しなければならない、と認識します。分割可能です。さらに、MTAにとってはmail.example.comドメインはスカラ値ですが、example.comの権威DNSサーバーにとってはexample.comドメインのmailサブドメインとなり分割可能な値です。

　アプリケーションの主体が変われば、同じ文字列でもスカラ値かそうでないかが変わります。典型的にはJSON型のカラムをLIKE検索したくなったらそれはスカラ値ではないでしょうし（これに対する一つのアプローチとしてgenerated column[注a]があります）、単にJSONカラムの値をすべてアプリケーションに引き渡してパースをすべてアプリケーション側の責務とするならばスカラ値として扱えるでしょう。繰り返しになりますが、文字列そのものではなくそのデータの持つ意味で分割可能か不可能かが決まります。そのことを忘れずに思考停止に陥らないように注意しましょう。

注a) https://dev.mysql.com/doc/refman/8.0/en/create-table-generated-columns.html

---

第2正規形

　第2正規形は「候補キーが複数のカラムからなる複合キー」である場合にのみ意識する必要があります。「候補キーの一部が決まると一意に値が決まるカラムがあるかどうか」が第2正規形であるかどうかの条件です。候補キーが単独のカラムからなっている場合、第1正規形を満たしたテーブルは自動的に第2正規形になります。

▼第2正規形でないテーブル

```
mysql> SHOW CREATE TABLE zipcode\G
*************************** 1. row ***************************
       Table: zipcode
Create Table: CREATE TABLE `zipcode` (
  `都道府県` varchar(32) NOT NULL,
  `市区町村` varchar(32) NOT NULL,
  `町域` varchar(255) NOT NULL,
  `都道府県カナ` varchar(32) DEFAULT NULL,
  `市区町村カナ` varchar(32) DEFAULT NULL,
```

```
  `町域カナ` varchar(255) DEFAULT NULL,
  `郵便番号` varchar(8) DEFAULT NULL,
  PRIMARY KEY (`都道府県`,`市区町村`,`町域`)
) ENGINE=InnoDB DEFAULT CHARSET=utf8mb4 COLLATE=utf8mb4_0900_ai_ci
```

▼第2正規形でないテーブル

```
 ┌─────────────────────┐
 │      zipcode        │
 ├─────────────────────┤
 │ 都道府県          ┃ │
 │ 市区町村          ┃ │
 │ 町域              ┃ │
 │ 都道府県カナ      │ │
 │ 市区町村カナ      │ │
 │ 町域カナ          │ │
 │ 郵便番号          │ │
 └─────────────────────┘
```

　都道府県、市区町村、町域の組が候補キーであり、行が一意に識別されます。ところで、都道府県が決まれば都道府県カナは一意に決まります。このように「候補キーの一部が決まると一意に値が決まるカラム」がある場合には第2正規形への正規化が必要です。この正規化は必ずテーブル分割を伴います。第1正規化が同じ候補キーを軸にしてテーブルを分割したのに対し、第2正規化では「分割元のテーブルの候補キーはそのまま」「分割先のテーブルでは分割元の候補キーの一部」がそれぞれの候補キーとなります。

　都道府県と都道府県カナは候補キーの一部から一意に決まるカラムなので、テーブルを分割します。

▼都道府県カナを分割したテーブル

```
mysql> SHOW CREATE TABLE zipcode\G
*************************** 1. row ***************************
       Table: zipcode
Create Table: CREATE TABLE `zipcode` (
  `都道府県` varchar(32) NOT NULL,
  `市区町村` varchar(32) NOT NULL,
  `町域` varchar(255) NOT NULL,
  `市区町村カナ` varchar(32) DEFAULT NULL,
  `町域カナ` varchar(255) DEFAULT NULL,
  `郵便番号` varchar(8) DEFAULT NULL,
  PRIMARY KEY (`都道府県`,`市区町村`,`町域`),
  CONSTRAINT `zipcode_ibfk_1` FOREIGN KEY (`都道府県`) REFERENCES `都道府県カナ` (`都道府県`)
) ENGINE=InnoDB DEFAULT CHARSET=utf8mb4 COLLATE=utf8mb4_0900_ai_ci

mysql> SHOW CREATE TABLE 都道府県カナ\G
*************************** 1. row ***************************
       Table: 都道府県カナ
Create Table: CREATE TABLE `都道府県カナ` (
  `都道府県` varchar(32) NOT NULL,
  `都道府県カナ` varchar(32) NOT NULL,
  PRIMARY KEY (`都道府県`)
) ENGINE=InnoDB DEFAULT CHARSET=utf8mb4 COLLATE=utf8mb4_0900_ai_ci
1 row in set (0.02 sec)
```

▼都道府県カナを分割したテーブル

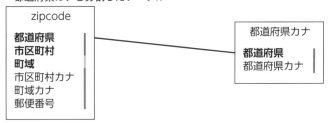

同様に市区町村と市区町村カナも候補キーの一部から一意に決まるカラムなので、テーブルを分割します。

▼市区町村カナを分割したテーブル

```
mysql> SHOW CREATE TABLE zipcode\G
*************************** 1. row ***************************
       Table: zipcode
Create Table: CREATE TABLE `zipcode` (
  `都道府県` varchar(32) NOT NULL,
  `市区町村` varchar(32) NOT NULL,
  `町域` varchar(255) NOT NULL,
  `町域カナ` varchar(255) DEFAULT NULL,
  `郵便番号` varchar(8) DEFAULT NULL,
  PRIMARY KEY (`都道府県`,`市区町村`,`町域`),
  CONSTRAINT `zipcode_ibfk_1` FOREIGN KEY (`都道府県`) REFERENCES `都道府県カナ` (`都道府県`),
  CONSTRAINT `zipcode_ibfk_2` FOREIGN KEY (`市区町村`) REFERENCES `市区町村カナ` (`市区町村`)
) ENGINE=InnoDB DEFAULT CHARSET=utf8mb4 COLLATE=utf8mb4_0900_ai_ci

mysql> SHOW CREATE TABLE 市区町村カナ\G
*************************** 1. row ***************************
       Table: 市区町村カナ
Create Table: CREATE TABLE `市区町村カナ` (
  `市区町村` varchar(32) NOT NULL,
  `市区町村カナ` varchar(32) NOT NULL,
  PRIMARY KEY (`市区町村`)
) ENGINE=InnoDB DEFAULT CHARSET=utf8mb4 COLLATE=utf8mb4_0900_ai_ci
```

▼市区町村カナを分割したテーブル

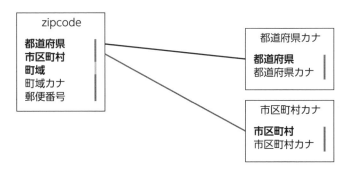

最後に町域と町域カナも一意に決まりそうな気がしますが、これは実は成立しません。たとえば「栄町」は複数の都道府県に多数存在しますが、「サカエマチ」「サカエチョウ」「エイマチ」の3種類の読み方があ

り[注3.11]、町域だけでは一意に定まりません。市区町村と町域の組なら町域カナが一意に定まるかとも思ったのですが、兵庫県明石市には和坂（わさか）と和坂（かにがさか）という2つの読み仮名があるらしく[注3.12]、これも成立しませんでした。よって、この郵便番号の例では都道府県カナ、市区町村カナを別テーブルに分割したところで第2正規形となります。このテーブルに「東京都のみをサポートする」という要件があれば、町域カナを別テーブルに分解しなければ第2正規形にはなりません。このように同じデータでも、仕様・要件によって「どこまでやれば正規形か」は変わってくるのです。

第2正規形になったテーブルもJOINは候補キーと候補キーの一部になるのでJOINは高速です。都道府県カナが分割元テーブルのすべての行に記録されていた場合に比べ分割後のテーブルでは47行しか記録されないため、トータルでのテーブルのサイズが小さくなります。また、「（たとえば行政区域の追加などで）郵便番号が存在しない都道府県」を表現するにはこの分割が必須です。

第3正規形

第3正規形は「候補キーに含まれないカラムが決まると一意に値が決まるカラムがあるかどうか」で定義される正規形です。ここまでは必ず候補キーまたは候補キーの一部を軸にした分割でしたが、第3正規化の分割は分割後のテーブルの候補キーは分割元の候補キーとは関係のないカラムとなります。

▼第2正規形であって第3正規形でないテーブル

```
mysql> SHOW CREATE TABLE user\G
*************************** 1. row ***************************
       Table: user
Create Table: CREATE TABLE `user` (
  `first_name` varchar(32) NOT NULL,
  `last_name` varchar(32) NOT NULL,
  `birthday` date NOT NULL,
  `birthday_stone` varchar(32) NOT NULL,
  PRIMARY KEY (`first_name`,`last_name`)
) ENGINE=InnoDB DEFAULT CHARSET=utf8mb4 COLLATE=utf8mb4_0900_ai_ci

mysql> SELECT * FROM user;
+------------+-----------+------------+----------------+
| first_name | last_name | birthday   | birthday_stone |
+------------+-----------+------------+----------------+
| はじめ     | 一        | 1999-01-01 | ガーネット     |
| ふとし     | 二        | 2000-02-01 | アメジスト     |
| みつお     | 三        | 2013-03-01 | アクアマリン   |
+------------+-----------+------------+----------------+
```

▼第2正規形であって第3正規形でないテーブル

```
      user
─────────────────
first_name   │
last_name    │
birthday     │
birthday_stone │
─────────────────
```

注3.11 2024年2月29日更新の https://www.post.japanpost.jp/zipcode/dl/kogaki-zip.html 全国一括データより。
注3.12 https://www.post.japanpost.jp/cgi-zip/zipcode.php?pref=28&city=1282030&cmp=1 2024年2月21日現在。

上記の例はfirst_name、last_nameの組み合わせが候補キーだとするテーブルです（同姓同名のユーザーは許容しない、という要件があるものとします）。birthdayおよびbirthday_stoneはfirst_nameからもlast_nameからも一意に決まらないため第2正規形の条件を満たしています。

ところで、birthday_stoneはbirthdayが決まれば一意に決まります（誕生石にも様々な定義があることとは思いますが、すべての日付に対して1つの誕生石が決定される定義を要件としたとします）。これを分割するのが第3正規形です。

▼分割して第3正規形になったテーブル

```
mysql> SHOW CREATE TABLE user\G
*************************** 1. row ***************************
       Table: user
Create Table: CREATE TABLE `user` (
  `first_name` varchar(32) NOT NULL,
  `last_name` varchar(32) NOT NULL,
  `birthday` date NOT NULL,
  PRIMARY KEY (`first_name`,`last_name`),
  KEY `birthday` (`birthday`),
  CONSTRAINT `user_ibfk_1` FOREIGN KEY (`birthday`) REFERENCES `birthday_stone` (`birthday`)
) ENGINE=InnoDB DEFAULT CHARSET=utf8mb4 COLLATE=utf8mb4_0900_ai_ci

mysql> SHOW CREATE TABLE birthday_stone\G
*************************** 1. row ***************************
       Table: birthday_stone
Create Table: CREATE TABLE `birthday_stone` (
  `birthday` date NOT NULL,
  `birthday_stone` varchar(32) NOT NULL,
  PRIMARY KEY (`birthday`)
) ENGINE=InnoDB DEFAULT CHARSET=utf8mb4 COLLATE=utf8mb4_0900_ai_ci

mysql> SELECT * FROM user;
+------------+-----------+------------+
| first_name | last_name | birthday   |
+------------+-----------+------------+
| はじめ     | 一        | 1999-01-01 |
| ふとし     | 二        | 2000-02-01 |
| みつお     | 三        | 2013-03-01 |
+------------+-----------+------------+

mysql> SELECT * FROM birthday_stone;
+------------+----------------+
| birthday   | birthday_stone |
+------------+----------------+
| 1999-01-01 | ガーネット     |
| 2000-02-01 | アメジスト     |
| 2013-03-01 | アクアマリン   |
+------------+----------------+

mysql> SELECT * FROM user JOIN birthday_stone USING(birthday);
+------------+------------+-----------+----------------+
| birthday   | first_name | last_name | birthday_stone |
+------------+------------+-----------+----------------+
| 1999-01-01 | はじめ     | 一        | ガーネット     |
| 2000-02-01 | ふとし     | 二        | アメジスト     |
| 2013-03-01 | みつお     | 三        | アクアマリン   |
+------------+------------+-----------+----------------+
```

▼分割して第3正規形になったテーブル

　分割後のテーブルは「このカラムが決まるとそのカラムの値が一意に決まる」の「このカラム」が候補キーになります。本来なら第3正規形ののちにBCNF正規系、第4正規形、第5正規形についての説明をするべきなのですが、WEBアプリケーション開発の過程では第3正規形に達した時点でほぼ第5正規形に到達してしまう（候補キーが単一のカラムからしか含まない場合は、第1正規形が自動的に第2正規形になるのと同じ要領で）ため説明を省略します。

3-2 物理的なデータ

　本節では、前節で説明した論理的なデータをMySQLがどのように内部的に利用しているかを説明していきます。前節で触れた通り、テンポラリテーブルに関する説明を除いてInnoDBストレージエンジンに特化した内容です。

物理的なデータとは

論理的なデータと紐づくデータファイル

　まずは前節で説明した論理的なデータ構造と物理的なデータがどのように紐づいているかを次の表に示します。

▼論理的なデータと物理的なデータの対応

論理的なデータ	デフォルトのファイル名パターン	説明
スキーマ	スキーマ名と同じディレクトリ	スキーマ名と同じ名前のディレクトリがdatadirに作成される。MySQL 5.7とそれ以前では、datadirでmkdirしたディレクトリがSHOW DATABASESでそのまま表示された（8.0では表示されない）
テーブル	*.ibdファイル	デフォルト設定では1テーブルに対して同じ名前の1つのibdファイルが作成される。テーブルの構成要素であるカラム、行、インデックスなどすべて同じファイルに情報が記録される。テーブルスペースファイルと呼ばれる
テンポラリテーブル	temp_*.ibtファイル	ibdファイルとほぼ同じだが、テンポラリテーブル専用。CREATE TEMPORARY TABLEで作成したものの他、SELECT時に暗黙に必要とされる内部テンポラリテーブルもInnoDBを利用する場合はこのファイルに格納される。セッションテンポラリテーブルスペースと呼ばれる

論理的なデータに紐づかないデータファイル

論理的なデータ構造と紐づかない、たとえばトランザクション制御用のファイルや、MySQL自身のログファイルなども多数存在します。

▼論理的なデータに紐づかないデータファイル

ファイルの名称	デフォルトのファイル名パターン	ファイルの用途
InnoDBログ、REDOログ	ib_logfile* (MySQL 8.0.29まで) / #ib_redo* (MySQL 8.0.30から)	InnoDBがコミットされた情報を記録するファイル。人間が読むためのログファイルではない。ACID特性のうちDurabilityに関連するファイル
undoテーブルスペース、undoログ	undo_*	InnoDBがある行を更新する前に「以前の行の状態」を記録するファイル。ACID特性のうちConsistencyとIsolation、Durabilityに関連するファイル
ダブルライトバッファ	#ib_*.dblwr	InnoDBがクラッシュ時のページ破損を起こさないように導入している「2度書き」のための領域。バッファという名前ながらストレージ上にある
不明	auto.cnf	MySQLサーバーが使うserver_uuidだけが記録されたコンフィグファイルの一種。datadir上にある
設定ファイル	my.cnf / my.ini (Windowsのみ)	MySQLサーバーが起動時に読み込む設定ファイル。指定された以外の場所や別のファイル名でもオプションで読み込ませることができる
バイナリログ	<hostname>-bin.* / binlog.*	MySQLがコミットされた情報を記録するファイル。デコードするためのmysqlbinlogコマンドがある。InnoDBログと違って他ストレージエンジンもこれを使う。レプリケーション（ソース側）と増分バックアップに利用する
リレーログ	<hostname>-relay-bin.*	レプリケーション（レプリカ側）がソースのバイナリログを受け取ったあとに一時的に貯めこむためのファイル。ファイルフォーマットがバイナリログと同等なため、mysqlbinlogコマンドでデコードできる
システムテーブルスペース	ibdata1	個別のテーブルに依存しない、InnoDB全体の使うメタデータを保存しておくためのファイル。内部構造はibdファイルに非常に似通っている
グローバルテンポラリテーブルスペース	ibtmp1	ibdata1のテンポラリテーブル版。MySQL 8.0.12とそれ以前はここにibtファイル相当の情報も保管された（テンポラリテーブルが使うデータの増減でこのファイルが拡張された）
エラーログ	<hostname>.err / /var/log/mysqld.log	エラーログという名前だが、実際にはエラー以外にも情報を出力する、実質的にMySQLの動作ログ。人間が読むためのログファイル
スローログ	<hostname>-slow.log	完了に一定（long_query_timeオプションで指定）以上の時間がかかったクエリを記録するためのログ。パフォーマンスチューニングに必須の人間が読むためのログファイル
ジェネラルログ	<hostname>.log	MySQLが受け付けたすべてのクエリを記録するためのログ。調査用に一時的にONにして出力させることが多い。人間が読むためのログファイル

ibdファイル内部のデータ構造

テーブルに対応しデータを格納するibdファイルはMySQLを運用する上で一番馴染みが深いファイルになります（たとえば、"テーブルの最終的なサイズ"は"対応するibdファイルのサイズ"です）。その内部の

構造をおぼえておくと将来いつか役に立つ日が来るかもしれません。

　まず大前提として、InnoDBのほぼすべてのデータは「B+Tree[注3.13]構造」で記録されます。通常のいわゆる「インデックス」(MySQL的には「セカンダリインデックス」が正式名称ですが、以下単にインデックスと言います)がB+Treeというのはイメージしやすいかと思いますが、「行本体」もすべてB+Treeで記録されます。「行本体」はプライマリキーまたは「プライマリキーと同等の存在 (Primary Key Equivalent、略してPKE)[注3.14]」によってB+Tree構造化され[注3.15]格納されます。行本体をツリーにするプライマリキーまたはPKEのことを「クラスタインデックス (Clustered Index)」と呼びます。

▼B+Treeの構造

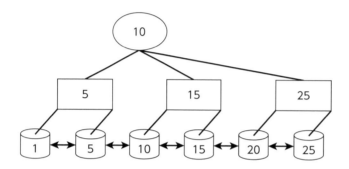

　インデックスにおける各リーフノード (図における最下段) はクラスタインデックスの値を格納します。クラスタインデックスにおける各リーフノードに「行本体」を格納しています[注3.16]。

　インデックスを使った検索をする場合、「インデックスのB+Treeから求めるレコード[注3.17]を探索し、リーフノードに格納されたクラスタインデックスの値を用いて、クラスタインデックスのB+Treeから求めるレコードを探索し、リーフノードに格納された行本体を返し」ます。これを (クラスタインデックスでの検索に対して)「インデックス検索の2度引き」と呼ぶことがあります。下記で説明する制約の通り、インデックスとクラスタインデックスは同じページに入ることができないため、2度引きのためにアクセスするページの数はクラスタインデックスでの検索に比べて多くなります。

　ibdファイルの一番小さな構造は「ページ」と呼ばれ、デフォルトでは1ページが16kBです。各ページの中に「行本体」や「インデックス」が充填されますが、1つのページには「あるインデックスの同じ深さのノード」しか入ることができません。たとえばあるページにある「行本体 (=クラスタインデックスのリーフノード)」が格納されている場合、そのページの残りの領域にはその前後の「行本体」しか入ることができません (他の「インデックス」や同じクラスタインデックスであってもブランチノードは入ることができないということです)。ibdファイル、InnoDBバッファプールにおける最小のI/O単位は「ページ」です。1つのページにはB+Treeの連接リストで接続されたレコードが連続して配置されます。1ページに入りきらないほどレコードが増えた場合はページの内容を2つのページに再配置する「ページスプリット」、連続する2つのページの充填率が

注3.13 https://ja.wikipedia.org/wiki/B%2B%E6%9C%A8
注3.14 ユニークインデックスであり、かつユニークインデックスを構成するすべてのカラムがNOT NULL指定されているもの。
注3.15 プライマリキーおよびPKEのどちらも存在しない場合、「暗黙の行ID」と呼ばれる6バイトのINSERT順の連番によって木構造化する。
注3.16 B+Treeについては本書ではこれ以上触れない。必要に応じて調べるとおもしろい。
注3.17 インデックスの文脈におけるレコード (Record) は行 (Row) の意味ではなくインデックスの個々の要素の意味であり、混同に注意。

設定値を下回ると2つのページの内容を1つのページに再配置する「マージページ」が発生します。

　ibdファイルには他に複数のページを束ねた「エクステント」、複数のエクステントで構成された「セグメント」という単位もありますが、こちらは気にすることはないでしょう（詳細が気になる場合は、ドキュメントの用語集[注3.18]を参照してください）。

InnoDBとCRUD操作

　それではInnoDBが実際にSQLで指示されたCRUD操作をどのように処理するかを説明していきます。ここで登場する要素は次の通りです。

▼InnoDBのコンポーネント

名称	格納場所	用途
InnoDBバッファプール（BP）	メモリ	メモリ上にページを展開するCRUD操作のコア。単なるキャッシュではなくBPが最優先で取り扱われる
InnoDBログ	ストレージ	前項の通り、InnoDBがコミットされた情報を記録するファイル。これが残っている限り、コミット済みのトランザクションはリプレイ可能（リバートは不可能）
ibdファイル	ストレージ	BPのページを非同期に永続化しておくためのファイル。BPに存在しないページはここから読み取られ、BPに展開される。非同期なため、必ずしもBPとibdファイルのページ内容は一致しないことがある
トランザクションID（trx_id）	N/A	各トランザクションがそれぞれ一意に振られる内部ID。書き込みをするトランザクションと書き込みをしない（ロックも取らない）トランザクションでそれぞれ桁が違うが単調増加する
リードビュー	メモリ	トランザクションが開始された時点のスナップショットを特定するためのクラス。「コミット済みの最大のtrx_id（m_low_limit_id）」「まだコミットされていないtrx_idのリスト（m_ids）」「このトランザクションの次に払い出されるtrx_id（m_up_limit_id）」などの情報からなる。トランザクションが終了すると破棄される
undoログ／undoテーブルスペース	メモリ／ストレージ	InnoDBは更新を行う際に「自分の1世代前」のイメージをundoログとして退避することでMVCCを実現している。undoログをストレージに書き込む先のファイルをundoテーブルスペースと呼ぶ
ダーティーページ	メモリ（BP内部）	コミット済みでありBP上は更新されているがibdファイルに永続化されていないページ。対義語はクリーンページ
ページフラッシュ	N/A	BPのページ内容をibdファイルに転写すること。この操作によりダーティーページがクリーンページとなる
LSN	N/A	Logical Sequence Numberの略。InnoDBログに記録された情報を識別するために使われる番号。番号は「InnoDBが初期化（Not 起動）されてからそのときまでにInnoDBログに書き込まれたバイト数の累計」

🐟 Create（INSERT）

　INSERTステートメントで行を追加するとき、まずInnoDBは「その行がどのページに配置されるべきか」を計算します。行本体はクラスタインデックス（プライマリキーまたはPKE、暗黙の行ID）によって構造化されているので（auto_incrementや暗黙の行IDであってもこの時点で確定します）ツリー上のあるべきページの位置が定まります。書き込むページがわかれば、すでにBPに読み取り済みであればそれを、BPに載っ

注3.18 https://dev.mysql.com/doc/refman/8.0/en/glossary.html

ていなければibdファイルからそのページをBPに吸い上げてそのページに行を書き込みます。

　行はそれぞれに「自分を最後にコミットしたtrx_id（以下、last_modified）」と「自分が更新される1世代前の行の内容（undoログ）へのポインタ（ロールバックポインタ）」を持っています。INSERTの場合は「自分が更新される1世代前」は空なので、ポインタではなくフラグだけが立ちます。INSERTされてからコミットされるまでの間はlast_modifiedは記録されません。

　コミットが成立するとlast_modifiedを更新し、InnoDBログにINSERTの内容を書き込んで終了です。コミット完了直後、その行の属するページは必ずダーティーページになります。ibdファイルへのフラッシュは別途非同期で行われます。また、行（行が属するテーブル）にインデックスが定義されている場合、「チェンジバッファ」という領域にインデックスの更新内容を記録しておき、これも一般的には非同期反映します。

　ダーティーページは非同期にページクリーナースレッド（以下、ページクリーナー）がストレージにフラッシュします。

🪐 Read（SELECT）

　SELECTステートメントで行を読み取る際の動作です。単純化するために、プライマリキーをイコール検索したとします。

　プライマリキー（同時にクラスタインデックスでもあります）のルートノードから順に、B+Treeをたどって目的のノードにたどり着きます。InnoDBは同じインデックスの同じ深さのノードだけを同じページに入れるため、たとえば4階層のインデックスであればここまでで4ページを探索します。ページの探索時は必ずBPに載せる必要があります。すでにBPに載っていればそれを利用します。BPに載っていなければibdファイルからそのページをBPに吸い上げてそれを読みます。

　目的の行にたどり着いたあと、いくつかの分岐が発生します。

　まずはその行のlast_modifiedを確認します。last_modifiedがない場合、その行はコミットされていませんので、トランザクション分離レベル（以下、分離レベル）がREAD-UNCOMMITTED以外の場合はその行を読んではいけません。また分離レベルがREPEATABLE-READおよびSERIALIZABLEの場合、last_modified（に記録されたtrx_id）が自分の開始時にコミット済みでない場合は読んではいけません（リードビューのm_up_limit_idより大きいか、またはm_idsに含まれたtrx_idの場合は読みません）。

　「読んではいけない行」と判断された場合、読む側のトランザクションがそれを迂回して自分の読むべき行イメージを探しにいきます。このときに使うのがロールバックポインタです。現在BPに載っている行のロールバックポインタから、undoテーブルスペース内の「1世代前の行の内容」を読み出します。ここで再度last_modifiedの判定が入ります。trx_idによってはさらに過去の行を読まなければならないこともあるので、その場合は数珠つなぎに順にロールバックポインタをたどっていきます。

　最終的に、自分の分離レベルを満たすlast_modifiedの行が手に入れば（あるいは、最後まで分離レベルを満たすlast_modifiedの行が手に入らないことがわかれば）SELECT処理は終了します。「後から読む」側の処理が迂回することで、InnoDBのSELECTは原則（明示的にロックを取る句を置かず、かつ分離レベルがSERIALIZABLE以外のとき）ロックフリーです。分離レベルとロックについては4章1節『MySQLのロック』を参照してください。

🪐 Update（UPDATE）

　UPDATEステートメントもSELECT／INSERTステートメントとほぼ同様に動作します。SELECTステートメントのように目的とする行を探索し、INSERTステートメントのようにBP上のページに行イメージを更

新し、undoログを退避し、ロールバックポインタをつなげます。InnoDBログへの書き込み、ダーティーページ、インデックスが非同期に反映されることもINSERTと同様です。

SELECTと違う点は、UPDATEステートメントは分離レベルによらず、ロールバックポインタを使って過去の行イメージを探しに**いかない**ことです（既に更新されてコミットされた行を過去のデータに遡って更新する訳にはいかないので、その通りなのですが）。

▼UPDATEが過去の行を探索しないケース

```
trx1> BEGIN; SELECT * FROM t1;
+-----+-----+
| num | val |
+-----+-----+
| 1   | one |
| 2   | two |
+-----+-----+
2 rows in set (0.00 sec)

trx2> BEGIN;
      UPDATE t1 SET num = 3, val = 'three' WHERE num = 2;
      COMMIT;
Query OK, 1 row affected (0.00 sec)
Rows matched: 1  Changed: 1  Warnings: 0

### num=2の行はすでに(3, 'three')に更新されているため存在しない
trx1> UPDATE t1 SET num = 4, val = 'four' WHERE num = 2;
Query OK, 0 rows affected (0.00 sec)   -- 0 rows affected.
Rows matched: 0  Changed: 0  Warnings: 0

### ただしSELECTはlast_modifiedを判断するためtrx2の更新を迂回して(2, 'two')の行が見える
trx1> > SELECT * FROM t1;
+-----+-----+
| num | val |
+-----+-----+
| 1   | one |
| 2   | two |
+-----+-----+
2 rows in set (0.00 sec)
```

この「迂回しない」動作はSELECTの **FOR SHARE**、**FOR UPDATE**（どちらもSELECTで明示的に行ロックをかけるためのキーワード）の場合でも発生します。

▼明示的なロックが過去の行を探索しないケース

```
### 通常のSELECTはlast_modifiedを判断するためtrx2の更新を迂回して(2, 'two')の行が見える
trx1> > SELECT * FROM t1;
+-----+-----+
| num | val |
+-----+-----+
| 1   | one |
| 2   | two |
+-----+-----+
2 rows in set (0.00 sec)

### ロックを取る場合はtrx2の更新を迂回せず、最後にコミットされた値を取る
trx1> SELECT * FROM t1 FOR SHARE;
+-----+-------+
| num | val   |
```

```
+---+-------+
| 1 | one   |
| 3 | three |
+---+-------+
2 rows in set (0.00 sec)
```

　なお、INSERTのロールバックは元の行が存在しないため特に気にすることはありませんでしたが、UPDATEのロールバックは自分が書き込んだ行のイメージを破棄し、ロールバックポインタをたどって1世代前の行を復元します。

🦅 Delete（DELETE）

　DELETEもまたUPDATEと同じ動作をします。あるいは、INSERTとDELETEがそれぞれUPDATEの特殊ケース（INSERTは「1世代前の行」が存在しない、DELETEは「更新後の行」が存在しない）と考えるとわかりやすいかもしれません。

　勘の良い方はここで気がつくかもしれません。「あるトランザクションがDELETEの更新を迂回して過去の行を読みに行こうとする場合、更新後の行がなければロールバックポインタをどうやってたどるのか？」と。そう、その通りです。DELETEが本当にページから行のイメージを消してしまうと、last_modifiedもロールバックポインタも失われることになりMVCCが動作しなくなります。

　そこでInnoDBはDELETEの際に「実際には行を削除せず、delete_markと呼ばれるマークを付け」ます。これにより後続トランザクションが行を必要とした場合、last_modifiedとロールバックポインタを読むことができ、分離レベルを満たす行イメージにdelete_markが付けられていた場合は「その行は存在しなかった」として結果を返すことができます。

　delete_markが付けられた行イメージは、パージスレッドと呼ばれるバックグラウンド機構で必要なくなった順に非同期で削除されていきます。

　DELETEのロールバックもまた、ロールバックポインタをたどって1世代前の行を復元します。

CRUDを支える仕組み

🐟 ページクリーナー

　INSERT、UPDATE、DELETEいずれかでできたダーティーページは、SELECTする側が迂回するために一貫性の観点では問題なく動作できます。ただし、BPはあくまでメモリに展開されているため、MySQLのプロセスがダウンすると内容は消えてしまいます。InnoDBログが行やインデックスを「更新したときの差分イメージ」を保持しているので、緊急時（MySQLが正常終了できなかったときのクラッシュリカバリ）にはInnoDBログを利用してダーティーページの内容を復元可能ですが、プロセスが正常に稼働している間は「ページクリーナー」が順次ダーティーページをフラッシュしていきます。

　ページクリーナーはあらかじめダーティーページの位置を知っており（行を更新するときに、そのページ番号をページクリーナーに知らせます）、それにしたがって「対応するibdの対応するページを、BPのページ内容で上書き」します。ページクリーナーによる遅延フラッシュによって、たとえば「ibdに同期書き込みしている場合、1ページ内の3行を断続的に更新した場合に3回のibdへの書き込みが必要」だったものが「3行の更新をすべてBP上で済ませ、最後の状態だけをibdに書き込むだけ」で済むようにI/Oを削減できます。

　またページクリーナーのもう一つの処理として、「BP内に一定の空きページを保つ」ための役割がありま

す。BPの大きさは `innodb_buffer_pool_size`[注3.19]で設定され、無限ではありません。BP内に空きページが少なくなってくると、ページクリーナーはInnoDBインスタンスあたり `innodb_lru_scan_depth`[注3.20]ページの空きを確保しようと、古い（キャッシュ後しばらくアクセスされていない）ページを解放します。クリーンページならばそのまま解放しますし、ダーティーページならばibdに同期してから解放します。

　BPはCRUDすべての動作に関わってきます。行のすべての操作はBPに載ってから行われるため、行の操作がスムーズに行われるように空きページを作る（ただし、あまり効かせすぎるとキャッシュヒット率が下がるので、BPそのものが非常に小さい場合には `innodb_lru_scan_depth` を下げるのも手です）のもページクリーナーの役割の一つです。

🐦 パージスレッド

　パージスレッドの処理は大きく2つ、undoログのメンテナンスとdelete_markのついた行の処理です。

　undoログは行やインデックスの更新が発生するたびに増加します。これがメンテナンスされずに放置された場合、undoテーブルスペースのファイルサイズはあっという間に大きくなり、ストレージを浪費するでしょう。undoログは大きく2つ、「ロールバックが発生したときのデータの復元」と「分離レベルに従ってSELECTが過去の行を参照するため」に使用されます。この命題の対偶を取ると、「コミットされ、ロールバックが発生しなく」なり「他のすべてのトランザクションがその過去を参照する必要がなくなった」ときにundoログは不要になります。

　しかし、UNDOを作り出した、更新SQLを実行したスレッドからは「コミットされ、ロールバックが発生しなくなる」瞬間は判断できても、「他のすべてのトランザクションがその過去を参照する必要がなくなる」瞬間はわかりません。未来のことだからです。それまでコネクションが切断（MySQLのフォアグラウンドスレッドは原則、コネクションの確立とともに生成され、コネクションのクローズ時に終了されます）されない保証もないため、この役割は必然的にバックグラウンドで動くパージスレッドの役割となります。

　他のトランザクションがまだそのundoログを必要としているかどうかは、リードビューを順次読み取っていくことで確認します。すべてのリードビューのm_low_limit_idの最小値より小さいtrx_idが更新したundoログは不要と判断できるので、削除されます。

　delete_markがついた行も同様に、m_low_limit_idの最小値より小さいtrx_idが更新した行は不要となります（ロールバックポインタを見て、過去を遡る必要がなくなるため）のでパージ対象となります。

🐦 クラッシュリカバリ

　正常終了時、デフォルトの設定[注3.21]ではmysqldはページクリーナーがすべてのダーティーページをBPからibdファイルにフラッシュするのを待機してから終了します（mysqldの終了がトリガーされた時点でコミットされていなかったトランザクションはロールバックされ、クライアントには "Shutdown in progress" のエラーメッセージが返ります）。したがって、MySQLが正常終了している限りは、それ以前のコミットはすべてibdファイルに同期されたクリーン状態です。正常終了後に起動する場合は、すべてのibdファイルを信用できるため、特段の処理は必要ありません。

　逆に異常終了した場合は、ダーティーページ（＝起動直後のibdファイルには残っていないが、本来残って

注3.19 https://dev.mysql.com/doc/refman/8.0/en/innodb-parameters.html#sysvar_innodb_buffer_pool_size
注3.20 https://dev.mysql.com/doc/refman/8.0/en/innodb-parameters.html#sysvar_innodb_lru_scan_depth
注3.21 innodb_fast_shutdownの設定に依存する。デフォルトは1。https://dev.mysql.com/doc/refman/8.0/en/innodb-parameters.html#sysvar_innodb_fast_shutdown

いなければならないページ) の存在を (MySQLが) 留意する必要があります。これをケアするための異常終了直後の起動時に走るibdファイルに整合性を戻すための処理を「クラッシュリカバリ」と呼びます。

INSERT／UPDATE／DELETEの振る舞いの中で、BPを書き換え、InnoDBログに書き込みを終えたあとにコミットを成功させると説明したことを思い出してください。BPへの変更はすべてInnoDBログに差分が記録されます。そのため、無限に長い完全なInnoDBログが存在すれば、たとえ空っぽのibdファイルからでも異常終了直前のデータまで差分適用を繰り返すことで異常終了直前のBPの内容を復元できます。

また、「REDOログに書き込んでいる真っ最中に異常終了し、クライアントにはコミット成功を返していない」ようなケースもあります。これらは素直にREDOログを再適用すると「コミットに失敗したはずのデータがクラッシュリカバリ後に復活」してしまうため、REDOログの処理のあとに必要な分はロールバックされます。このロールバック処理は通常のロールバックと同じくundoログが使われます。

この処理はクラッシュリカバリ内の「REDOログの適用」、エラーログ上では "Applying a batch of xxx redo log records" と出力される部分と「ロールバック」、エラーログ上では "x transaction(s) which must be rolled back or cleaned up in total xxx row" と出力される部分です。

クラッシュリカバリには他の処理も含んでいます。たとえばクラッシュリカバリ中にibdファイルとREDOログを掛け合わせて終了直前の状態まで復元されたBP上のページは速やかにibdファイルにフラッシュされます (ページクリーナー処理)。また、チェンジバッファやdelete_markもクラッシュリカバリの中で完全に処理されてクリーンな状態にされます。

これ以上のクラッシュリカバリの詳細はドキュメント注3.22を参照してください。ただしドキュメント中にもありますが、「ロールバック」処理だけはMySQLの起動処理が終わったあとに非同期で実行されることに気をつけてください。つまり、mysqldが起動し、3306ポートのLISTENを開始した**以降**にロールバックが行われます。当然ロールバック中はそのレコードを読むことはできませんので、異常終了後に自動起動してきたmysqldがロードバランサなどに自動で組み込まれる仕組みの場合は注意する必要があります。

🛰 チェックポイント／ファジーチェックポイント

チェックポイントとは「InnoDBログのこの部分まではすでにibdファイルに適用済みである」ことを指すための処理です。たとえば「LSN (InnoDBログの中で位置を識別する。表『InnoDBのコンポーネント』も参照) 100まではチェックポイント済み」という情報があれば、クラッシュリカバリの際にLSN 100より小さいInnoDBログの部分は参照する必要がありません。これによりクラッシュリカバリ処理を短縮したり、余剰なInnoDBログを保管しておいたりする必要がなくなります (クラッシュリカバリの説明では「無限に長い完全なInnoDBログ」を仮定しましたが、実際問題無限に長くはなく、MySQL 8.0.29とそれ以前では `innodb_log_file_size * innodb_log_files_in_group`。MySQL 8.0.30とそれ以降では `innodb_redo_log_capacity`の値で制限されます)注3.23。

多くのDBMSではチェックポイントの際にトランザクションをフリーズさせ、ダーティーページを一度に同期するような処理が取られますが、MySQLはごくわずかな例外以外にこれを発生させません (このケースをMySQLではシャープチェックポイントと呼びます)。MySQLが主に利用するチェックポイントは「ファジーチェックポイント」と呼ばれ、ページクリーナーが制御します。

ページクリーナーが処理する順番とLSNの順番は必ずしも一致しませんが、たとえば最終チェックポイントはLSN 100の場合、次のようにページクリーナーはチェックポイントを記録します。

注3.22 https://dev.mysql.com/doc/refman/8.0/en/innodb-recovery.html#innodb-crash-recovery
注3.23 https://dev.mysql.com/doc/refman/8.0/en/innodb-redo-log.html

- ページクリーナーがLSN 103に対応するページをibdファイルにフラッシュ、このときのチェックポイントは変わらずLSN 100
- ページクリーナーがLSN 101に対応するページをibdファイルにフラッシュ、このときのチェックポイントはLSN 101に更新される
- ページクリーナーがLSN 102に対応するページをibdファイルにフラッシュ、このときのチェックポイントはLSN103まで進む

なお、上記の「LSN 103がフラッシュされたがチェックポイントがLSN 100の状態」でクラッシュリカバリに入ると、LSN 101とLSN 102は予定通りREDOログから復元され、LSN 103の分は単にスキップされます。このようにMySQLは（シャープ）チェックポイントによる待機時間を減らすことと、クラッシュリカバリにかかる時間を同時に減らす仕組みになっています。

✎ ダブルライトバッファ

クラッシュリカバリによってMySQLが異常終了した場合でも最新のデータが復活させられることは説明しましたが、これだけでは十分ではありません。InnoDBログは「適用前のibdファイル上のページ」が正しい場合にのみ、正しく適用して「適用後のページ」を得ることができます。

今まで単に「ページクリーナーがBPのページ内容をibdファイルに反映」と言っていましたが、InnoDBのデフォルトのページサイズは16KBであり、多くの場合これはハードウェアがアトミックに書けるサイズを超えています。現実問題、「16KBのページのうち先頭8KBをibdファイルに書いた状態で電源が落ち」れば、その後再び電源を入れたあとのibdファイルのページは不完全なものになります。こうなると、正しくREDOログを再適用することはできず、ロールバックポインタも正しいものが保存されているか検証できないため、ロールバックをすることもできません。

これを防ぐための仕組みがInnoDBの「ダブルライト」です。ページクリーナーはibdファイルに書き込む際にまず「ダブルライトバッファ」にそのページの16KBを書き込みます。書き込みが成功した場合はibdファイルの該当のページを書き換えます。

これにより、クラッシュリカバリの際にダブルライトバッファをスキャンすることで、リカバリ可能な次の3パターンに収束することを実現しています。

- ダブルライトバッファにページがあり、ibdファイルと一致する
  → ページは正しくフラッシュされており対処不要
- ダブルライトバッファにページがあるが、ibdファイルと一致しない
  → ibdファイルへのフラッシュに失敗しているが、ダブルライトバッファに完全なページがあるためそれを上書きする
- ダブルライトバッファにページがない、またはダブルライトバッファのページが破損している
  → ダーティーページだったがibdファイルのページは手付かずのため、ibdファイルとREDOログから正しく復元できる

✎ チェンジバッファ

チェンジバッファはクラスタインデックス以外のインデックスを非同期反映するための仕組みです。たとえば1つのテーブルにプライマリキーを含めた10のインデックスが定義されていた場合、本来はそれらすべ

てをBPに吸い上げ、変更してからInnoDBログに書くのが安全でわかりやすいでしょう。SELECTにはBPとロールバックポインタを用いた「迂回」の仕組みがあるとはいえ、「特定のインデックスはまだ更新されていない」ような状態が存在するとしたら、「違うインデックスを使ったら正しくない結果が返ってくる」ことになりかねません（たとえば、userテーブルのageカラムを1増やしてUPDATEしたとしましょう。ageカラムに張られているインデックスが更新されなかったとすれば、age = 古い年齢 のクエリで結果が返ってきてしまいますが、行本体はすでに新しい年齢に更新されているため返ってくる結果セットではage = 新しい年齢になり矛盾します）。

しかし、複数のインデックスをCOMMITの瞬間に同時に更新するのはコストがかかります。BPに載っていればメモリ上のデータを書き換えるだけですが、BPになかった場合はibdファイルから吸い上げてBP上のデータを変更しなければなりません。また、ユニークなインデックスであれば「書き換える必要のあるインデックスページ」は1ページに特定できますが、ageのように1つの値が多数のページに対応するような場合はそれらをすべて読んで更新した行に対応するページを特定して……となるため、あっという間にレスポンス速度は低下していきます。

このパフォーマンス劣化を緩和するための機能がチェンジバッファです。チェンジバッファは「その行に紐づくインデックスがBP内に存在しない場合」に使われます。10ページのインデックスのうちその行に対応するページが7ページすでにBPに載っていたとすると、残りの3ページ分だけチェンジバッファが使われます（すでにBPに載っている7ページはibdファイルから追加で読む必要がないため、クラスタインデックスと同様にコミット時にBP上で処理されます）。

チェンジバッファに載せられた情報は、他のスレッドも含めてibdファイルからそのインデックスがBPに読み込まれるたびに評価されます。ibdファイルから読み出したページがチェンジバッファに載っているページだった場合、それをマージします。要は「自分または他のスレッドがそのインデックスを必要としてBPに読み込まれるまで」変更をバッファリングし、「BPに読み込まれたならそのタイミングでバッファを適用して正しいインデックス情報に更新してから利用させ」ます。

異常終了時のこともちゃんと考えられています。チェンジバッファはBPまたはibdata1に保管されますが、その情報を失ってしまうとインデックス間での整合性が保てなくなるため、チェンジバッファの内容もまたInnoDBログに記録されてクラッシュリカバリ中に復元できるようになっています。

🐬 書き込み速度を上げる危険なパラメータ

ここまで、InnoDBが異常終了からデータをどのように保護しているかを説明してきました。1行のデータを更新するためだけに、undoログを作り、InnoDBログに書き、チェンジバッファを記録し、ダーティーページを1ページibdファイルに反映するためにダブルライトで2倍の内容を書きます。

ここまでやってようやく、異常終了や電源断でもストレージが破損しない限りはクラッシュリカバリで終了直前のデータまで戻れるようになっていますが、これらを台無しにするパラメータが存在します。

innodb_flush_log_at_trx_commit と innodb_doublewrite（またはOFFにする文脈ではskip_innodb_doublewrite）です。「InnoDBの書き込み速度を向上させる」というシチュエーションでよく紹介されます。

これらの設定変更で「データの安全性を損なう」ということは聞いたことがあるかもしれませんが、それらの値がどの機能に効いてどのように安全性を損なうかを紹介します。

パラメータ	値	意味
innodb_flush_log_at_trx_commit	1	InnoDBログへの書き込みをストレージに都度同期する。もっとも安全
innodb_flush_log_at_trx_commit	2	InnoDBログへの書き込み保証を非同期にする。1秒に1回のみ同期を保証。電源障害時にInnoDBログを欠損する可能性がある
innodb_flush_log_at_trx_commit	0	InnoDBログへの書き込みを積極的にメモリにバッファリングし、1秒に1回のみ書き込み。プロセスの異常終了時にInnoDBログを欠損する可能性がある
innodb_doublewrite	ON	ページ内容のすべてをダブルライトする。ibdファイルの書き込み中に異常終了してもリカバリ可能
innodb_doublewrite	OFF	ダブルライトを行わない。ibdファイルの書き込み中に異常終了するとページ破損の可能性がある。破損したページは検出できず、アクセスしたときに初めて壊れていることがわかる
innodb_doublewrite	DETECT_ONLY	ページのメタデータのみをダブルライトする。OFFと比較してページ破損のリスクは変わらないが、クラッシュリカバリ中に破損したページがあることを検出できる。8.0.30とそれ以降のみ

InnoDBログもダブルライトバッファも利用されるのは異常終了後のクラッシュリカバリのときのみなので、異常終了さえ起こらなければ（正常終了している限りは）安全性に変わりはありません。InnoDBログやダブルライトのストレージI/Oを節約することで、書き込みの高速化に寄与します。

テンポラリテーブルに関するデータ

ここまでは永続テーブル（通常のテーブル）を取り扱うための仕組みを説明してきました。MySQLにはもう一種類「テンポラリテーブル」という「必要な間だけテーブルとして利用し、破棄する」ための仕組みがあります。

テンポラリテーブルもテーブルであり、ストレージエンジンによって内部のデータ表現を変えることができます。永続テーブルではInnoDB以外を選ぶことは滅多にないストレージエンジンですが、テンポラリテーブルに関してはInnoDBまたはTempTableストレージエンジンが使われます。InnoDBはユーザー定義のテンポラリテーブルまたは内部テンポラリテーブルの両方、TempTableは内部テンポラリテーブル専用です。

テンポラリテーブルの特性として「テンポラリテーブルを作成した以外のスレッドからは参照できない」「利用が終了した場合は削除される」「必要がない限りバイナリログには記録されない」というものがあります。また、テンポラリテーブルには2つのタイプ、「ユーザー定義のテンポラリテーブル（CREATE TEMPORARY TABLEステートメントで作成し、DROP TEMPORARY TABLEまたはコネクションの終了とともに破棄される）」と「内部テンポラリテーブル（MySQLがクエリを処理する際に内部的に必要とするもので、クエリの終了とともに破棄される）」の2種類があります。

ユーザー定義のテンポラリテーブル

CREATE TEMPORARY TABLE構文の詳細についてはドキュメント[注3.24]を参照してください。

注3.24 https://dev.mysql.com/doc/refman/8.0/en/create-temporary-table.html

ユーザー定義のテンポラリテーブルにはInnoDBストレージエンジンが利用され、永続テーブルと同じように読み書きの処理がされます。ただし、テンポラリテーブルはクラッシュリカバリが必要ない（コネクションが終了するとその時点のデータは破棄される）ため、REDOログに関する操作はありません。コネクションの中で明示的なロールバックは可能であるため、undoログは保管されます。

　あまり馴染みのないユーザー定義のテンポラリテーブルですが、read_only=ONの環境でもCREATE TEMPORARY TABLEおよびテンポラリテーブルに対するINSERT／UPDATE／ALTER TABLE（ADD INDEXなど）などが実行できることから、特定のデータセットに対して複数回のクエリを実行する場合は内部テンポラリテーブルよりも速度面で期待できるケースがあります。

▼WHERE句の追加の一部のみが違うJOINとGROUP BYを含んだクエリを繰り返し実行するケース

```
mysql> SELECT .. FROM t1 JOIN t2 USING(id) JOIN t3 ..
       WHERE .. AND val > 'a' GROUP BY group_column ORDER BY sort_order;
mysql> SELECT .. FROM t1 JOIN t2 USING(id) JOIN t3 ..
       WHERE .. AND val > 'b' GROUP BY group_column ORDER BY sort_order;
..

vs.

mysql> CREATE TEMPORARY TABLE tt1 (..);
mysql> INSERT INTO tt1 SELECT .. FROM t1 JOIN t2 USING(id) JOIN t3 .. WHERE ..;
mysql> ALTER TABLE tt1 ADD INDEX(val, group_column);
mysql> SELECT .. FROM tt1 WHERE val > 'a'
       GROUP BY group_column ORDER BY sort_order LIMIT 100;
mysql> SELECT .. FROM tt1 WHERE val > 'b'
       GROUP BY group_column ORDER BY sort_order LIMIT 100;
```

　上記は「WHERE句の追加の一部のみが違うJOINとGROUP BYを含んだクエリを繰り返し実行する」ケースです。前者はSELECTの都度、WHERE句適用後の部分に対して内部テンポラリテーブルを作成し、読み出す必要がありそうです。後者は共通部分をテンポラリテーブルに記録してインデックス付けすることで、テンポラリテーブルの作成のときにコストを支払って、SELECTの部分ではインデックスを利用したクエリでコストを回収することが期待できます。

　テンポラリテーブルの特性から、読み取り専用レプリカでも利用可能なため、SELECTの反復が多ければ多いほどこの方法はコスト回収が見込めます。逆に単発であれば、内部テンポラリテーブルに速度は劣ることでしょう。永続テーブルと違いバイナリログに記録もされませんので、レプリケーションソース上で実行してもレプリカ遅延にはつながりません。他のコネクションからテンポラリテーブルの値を読むことはできないため、並列処理や中断・再開のある処理とは相性は良くありませんが、定期的に走る集計処理などでは絶大な効果を出すことがあります。

🐬 内部テンポラリテーブル

　内部テンポラリテーブルはMySQLがクエリの結果セットを生成する過程で必要に応じて作成するテンポラリテーブルです。クエリをEXPLAINで解析したときにextra列に "Using temporary" と出力される場合、内部テンポラリテーブルが利用されています。

　内部テンポラリテーブルはMySQL 8.0のバージョン内で何度も改訂を受けているため複雑ですが、執筆時点で最新のMySQL 8.0.36をターゲットに説明します。内部テンポラリテーブルが必要になる条件はドキュ

メント^{注3.25} を参照してください。

　内部テンポラリテーブルのサイズおよびいくつかのパラメータの設定によって、「オンメモリの TempTable ストレージエンジン」「オンメモリとディスクを両方使う TempTable ストレージエンジン」、「BP と ibt ファイルを両方使う InnoDB ストレージエンジン」のいずれかの形で実現されます（内部テンポラリテーブルを使っているクエリの処理途中でも切り替わります）。

　以下、TempTable および InnoDB を「ストレージエンジン」の表記なしで用います。TempTable（ストレージエンジン）と Temporary Table（一時テーブル）の読み間違いに注意してください。

▼内部テンポラリテーブルとストレージエンジンの条件

条件	ストレージエンジン	実際にテンポラリテーブルが格納される先	MySQL上での扱い	バージョン
tmp_table_sizeより大きい	InnoDB	BPおよびibtファイル	ディスク上のテンポラリテーブル	8.0.28とそれ以降
サーバー全体でtemptable_max_mmapより大きい	InnoDB	BPおよびibtファイル	ディスク上のテンポラリテーブル	8.0.23とそれ以降
サーバー全体でtemptable_max_ramより大きく、temptable_use_mmap=OFF	InnoDB	BPおよびibtファイル	ディスク上のテンポラリテーブル	8.0.16とそれ以降
サーバー全体でtemptable_max_ramより大きくかつ上記の条件を満たさない	TempTable	メモリおよびtmpdir	オンメモリのテンポラリテーブル	8.0すべて
上記すべての条件に合致しない	TempTable	メモリ	オンメモリのテンポラリテーブル	8.0すべて

　かつては「オンメモリは MEMORY ストレージエンジンであり、tmp_table_size もしくは max_heap_table_size の小さい方を超えた時点か、または BLOB 型が含まれている（MEMORY ストレージエンジンは BLOB データ型を扱えない）場合は直接 MyISAM ストレージエンジンにフォールバック（ディスクに実体化される）」でした。

　注意したいことは、「TempTable はディスクに書き込んでいるかどうかに関わらず MySQL サーバーコアからは常にオンメモリのテンポラリテーブルとして認識される」ことです。TempTable が使われている間は Created_tmp_disk_tables はカウントアップされません。InnoDB にフォールバックしたときのみカウントアップされます。

　また、InnoDB が BP と ibt ファイル（ibd ファイルのテンポラリテーブル専用版）をそれぞれ永続テーブルと同じように扱うのに対し、TempTable は mmap を使ってメモリとディスクの区別なくブロックを配置していきます。そのため、「他のテンポラリテーブルが temptable_max_ram の大部分を使っておりディスク上に TempTable を作り始めたが、他のクエリが終了したため temptable_max_ram に空きができたので再びメモリ上にも TempTable のブロックを作り始める」ような状況もあり得ます。

　TempTable の統計情報は performance_schema.memory_summary_global_by_event_name で確認します。主に見るべきは CURRENT_* のカラムです。TempTable はディスクに実体化された場合でも、ファイルシステム上で観測可能なファイル実体を持ちません。CURRENT_COUNT_USED は現在使用中の TempTable インスタンス数、CURRENT_NUMBER_OF_BYTES_USED は現在使用中のサイズを表示し、メモリ上かディスク上かは EVENT_NAME に対応しています。

....

注3.25 https://dev.mysql.com/doc/refman/8.0/en/internal-temporary-tables.html

▼TempTableの現在の使われ方を確認

```
mysql> SELECT * FROM performance_schema.memory_summary_global_by_event_name
    -> WHERE event_name LIKE '%temptable%'\G
*************************** 1. row ***************************
                  EVENT_NAME: memory/temptable/physical_disk
                 COUNT_ALLOC: 864
                  COUNT_FREE: 861
      SUM_NUMBER_OF_BYTES_ALLOC: 2113956864
       SUM_NUMBER_OF_BYTES_FREE: 2106616736
             LOW_COUNT_USED: 0
           CURRENT_COUNT_USED: 3
              HIGH_COUNT_USED: 4
      LOW_NUMBER_OF_BYTES_USED: 0
  CURRENT_NUMBER_OF_BYTES_USED: 7340128
     HIGH_NUMBER_OF_BYTES_USED: 8388736
*************************** 2. row ***************************
                  EVENT_NAME: memory/temptable/physical_ram
                 COUNT_ALLOC: 291
                  COUNT_FREE: 289
      SUM_NUMBER_OF_BYTES_ALLOC: 305144928
       SUM_NUMBER_OF_BYTES_FREE: 303047712
             LOW_COUNT_USED: 0
           CURRENT_COUNT_USED: 2
              HIGH_COUNT_USED: 3
      LOW_NUMBER_OF_BYTES_USED: 0
  CURRENT_NUMBER_OF_BYTES_USED: 2097216
     HIGH_NUMBER_OF_BYTES_USED: 3145824
2 rows in set (0.00 sec)
```

　ibtファイルはdatadir/#innodb_tempディレクトリに格納されているため、lsコマンドなどで直接観測できます。

▼InnoDBテンポラリテーブルの使われ方を確認

```
$ ls -l /var/lib/mysql/#innodb_temp
total 800
-rw-r----- 1 mysql mysql 81920 Apr 10 19:00 temp_1.ibt
-rw-r----- 1 mysql mysql 81920 Apr 12 02:38 temp_10.ibt
-rw-r----- 1 mysql mysql 81920 Apr 10 19:00 temp_2.ibt
-rw-r----- 1 mysql mysql 81920 Apr 10 19:00 temp_3.ibt
-rw-r----- 1 mysql mysql 81920 Apr 10 19:00 temp_4.ibt
-rw-r----- 1 mysql mysql 81920 Apr 10 19:00 temp_5.ibt
-rw-r----- 1 mysql mysql 81920 Apr 10 19:00 temp_6.ibt
-rw-r----- 1 mysql mysql 81920 Apr 10 19:00 temp_7.ibt
-rw-r----- 1 mysql mysql 81920 Apr 10 19:00 temp_8.ibt
-rw-r----- 1 mysql mysql 81920 Apr 10 19:00 temp_9.ibt
```

　複雑な処理の中間処理に使われる内部テンポラリテーブルは当然のことながら「次の処理に必要な分を一度書き込み」「次の処理が始まったときにそれをすべて読み出し」ます。TempTableであれInnoDBであれ、クエリのチューニングで避けられる分には避けた方が安定した性能を出せます。また、内部テンポラリテーブルのサイズが小さく、余分な書き込み／読み取りが逼迫していないのであれば、そこまで神経質にすべてをゼロにする必要はありません。

　特定のSELECTを実行したときに急激にストレージに書き込み／読み取りが発生している場合やその期間だけストレージの使用率（dfコマンドなど）が増加する場合、内部テンポラリテーブルの可能性を疑って

SQLチューニングを検討しましょう。

3-3 ログファイル

続いてMySQLのログファイルについてです。InnoDBログのようにMySQLが内部で利用するためのものではなく、人間が読むためのログとその内容を確認します。

エラーログ

エラーログは`log_error`パラメータでファイル名を指定できます。「エラー」ログという名前でありながら実質は「MySQLのアプリケーションログ」であり、MySQLで最も重要なログです。`log_error_verbosity`[注3.26]によってログレベルを変更できますが、出力をすべてOFFにすることはできません。

MySQL 8.0.22とそれ以降では`performance_schema.error_log`テーブル[注3.27]に直近の5MBが格納されています。

スローログ

スローログ、またはスロークエリログはパフォーマンスチューニングの要になるログです。ファイルは`slow_query_log_file`で設定可能です。`long_query_time`[注3.28]よりも時間のかかったクエリを記録するというわかりやすい機能ですが、なぜかデフォルトが10秒になっており多くの場合はもっと小さくする必要があります。`slow_query_log`[注3.29]で有効無効を切り替えますが、なぜかデフォルトがOFFです。ONにしましょう。

`log_slow_extra`[注3.30]をONにすると多少追加の情報が出力されます。オーバーヘッドは小さいのでできればONにしておくと役に立つかもしれません。

実は`long_query_time`以外にも記録されるかされないかのフィルタが存在します。詳しくはドキュメント[注3.31]を参照してください。`mysql.slow_log`テーブルに出力させる機能もありますが、あまりお勧めしません。

ジェネラルログ

ジェネラルログ、ジェネラルクエリログ、一般クエリログなどと呼ばれます。何をもってジェネラル／一般という名前を付けたのかが謎ですが、MySQLが「受け付けたクエリをすべて書き出す」機能です。スロー

注3.26 https://dev.mysql.com/doc/refman/8.0/en/server-system-variables.html#sysvar_log_error_verbosity
注3.27 https://dev.mysql.com/doc/refman/8.0/en/performance-schema-error-log-table.html
注3.28 https://dev.mysql.com/doc/refman/8.0/en/server-system-variables.html#sysvar_long_query_time
注3.29 https://dev.mysql.com/doc/refman/8.0/en/server-system-variables.html#sysvar_slow_query_log
注3.30 https://dev.mysql.com/doc/refman/8.0/en/server-system-variables.html#sysvar_log_slow_extra
注3.31 https://dev.mysql.com/doc/refman/8.0/en/slow-query-log.html

ログと違いフィルタする機能はありません。受け付けたすべてを書き出します。general_log[注3.32]でONとOFFを切り替えられます。

　ジェネラル／一般を名乗っていますが、実質クライアントアプリケーションのデバッグ用途に使います。コネクション元はどこで、どのアカウントでログインし、どんなクエリをどんな順番で投げたかを追うために使います。ONにしてから数秒～数十秒間キャプチャし、OFFに戻してからゆっくり解析することが多いでしょう。ワンライナー芸があると役に立ちます。

　これもmysql.general_logテーブルに出力させる機能がありますが、やはりお勧めしません。ファイル名はgeneral_log_fileで設定します。

トレースログ

　デバッグビルド限定機能です。シンプルなONやOFFではなく、debug[注3.33]の引数の組み合わせで出力される内容が決まります。デフォルトの出力先は/tmp/mysql.traceで、o,/path/to/fileのようにoオプションと組み合わせて指定できます。MySQLの内部をデバッグする人以外が使うことは、ほぼないと思います。

3-4　それ以外の論理オブジェクト

　本章1節ではデータに紐づくオブジェクトであるテーブルとスキーマ、インデックスについて説明しました。本節ではそれ以外のオブジェクトについて説明します。

▼論理オブジェクトの一覧

名称	作成ステートメント	機能
ストアドファンクション	CREATE FUNCTION	単一の値を返すユーザー定義関数
ストアドプロシージャ	CREATE PROCEDURE	複数の結果セットを返すユーザー定義プロシージャ
ビュー	CREATE VIEW	定義したSELECTクエリの結果をビュー名でFROM句に受けられる論理テーブル
トリガー	CREATE TRIGGER	テーブルに対してINSERT／UPDATE／DELETEが行われた際にそれをフックに起動するプロシージャ
UDF	CREATE FUNCTION	ストアドファンクションと同じく単一の値を返すユーザー定義関数だが、C/C++で実装してプラグインとして認識させる
イベントスケジューラ	CREATE EVENT	MySQL内部でスケジュールされ定期的に実行されるプロシージャ

論理オブジェクトに特有の概念

　UDFを除いた論理オブジェクトは「DEFINER」という属性を持ちます。作成された論理オブジェクトはデフォルトでこのDEFINERの権限を用いて内部に定義されたSQLを実行します。

注3.32 https://dev.mysql.com/doc/refman/8.0/en/server-system-variables.html#sysvar_general_log
注3.33 https://dev.mysql.com/doc/refman/8.0/en/server-options.html#option_mysqld_debug

▼DEFINER権限で動作するプロシージャ

```
### d2スキーマをDROPするプロシージャを用意する
CREATE DEFINER=root@localhost PROCEDURE d1.test ()
        DROP DATABASE d2 IF EXISTS;
CREATE DATABASE d2;

--- d2スキーマにアクセスする権限のないアカウントを作成
CREATE USER test_procedure;
GRANT EXECUTE ON d1.* TO test_procedure;

$ mysql -u test_procedure

DROP DATABASE d2;    --- 権限がないため直接のDROPは失敗するが
ERROR 1044 (42000): Access denied for user 'test_procedure'@'%' to database 'd2'

CALL d1.test();    --- プロシージャを介してroot@localhostの権限で動くためDROPされる
Query OK, 0 rows affected (0.01 sec)
```

　DEFINERは使いようによっては便利です。root@localhostをDEFINERとし、DEFINER権限で動くように設定したプロシージャだけを一般アカウントに利用可能にすることで、強い権限を付与することなく特定のオペレーションのみを一般アカウントでも利用可能にできます。たとえばPROCESS権限までは付与したくないが、SHOW ENGINE INNODB STATUSだけは実行を許可したいようなケースです。プロシージャをコールできるかどうかはEXECUTE権限の有無で決まるため、別途呼び出し元のアカウントにはEXECUTE権限を付与する必要があります。

　同様に、秘密情報を含んだカラムだけを含まないビューを作成し、ベーステーブルにはアクセス権を与えず、ビューにのみアクセス権を与えるトリックも使えます。本書の2章4節を参照してください。

　DEFINERを指定しなかった場合のデフォルトは「CREATEステートメントを実行したそのアカウント」です。特権アカウント（SET_USER_ID権限またはSUPER権限）以外は「自分以外のDEFINER」を指定することはできませんので、一般アカウントからroot@localhostの権限をプロキシするような論理オブジェクトは作成できません。

　デフォルト（明示的にSQL SECURITY句を指定しなかった場合）では論理オブジェクトはDEFINERの権限を使って動作しますが、SQL SECURITY INVOKERを指定することで「DEFINERではなくその論理オブジェクトを利用しようとするアカウントそのものの権限」を使ってアクセスさせることも可能です。SQL SECURITY INVOKERの指定はストアドプロシージャ、ストアドファンクション、ビューでのみ可能です（トリガー、イベントスケジューラは常にDEFINERの権限で動作します。UDFは常にINVOKERの権限で動作します）。

▼INVOKER権限で動作するプロシージャ

```
CREATE DEFINER=root@localhost PROCEDURE d1.test2 () SQL SECURITY INVOKER
        DROP DATABASE d2;
CREATE DATABASE d2;

$ mysql -u test_procedure

DROP DATABASE d2;    --- 直接の削除は権限がない
ERROR 1044 (42000): Access denied for user 'test_procedure'@'%' to database 'd2'

CALL d1.test2();    --- INVOKER権限で動く場合test_procedure自身の権限を評価するために権限不足
ERROR 1044 (42000): Access denied for user 'test_procedure'@'%' to database 'd2'
```

```
CALL d1.test();          -- 当初に作成したDEFINER権限で動くもののみd2スキーマをDROPできる
Query OK, 0 rows affected (0.02 sec)
```

SQL SECURITY句を指定しなかった場合と同じく、明示的にDEFINERの権限で動作させたい場合はSQL SECURITY DEFINERを指定します。DEFINERの権限で動かす場合、DEFINERに指定されたアカウントが存在しなくなるとその論理オブジェクトは動作しなくなります（The user specified as a definer ('xxx'@'%') does not existのエラーが返ります）。DEFINER権限で動かすオブジェクトを作るときには注意してください。なお、DEFINERに指定されたオブジェクトが存在するアカウントをDROP USERするとワーニングまたはエラーが発生します。

運用上の論理オブジェクトの欠点

UDF以外のオブジェクトに関する共通点として、すべてSQLが内包されており、実行時（ビューはアクセス時）にそのSQLが実行されることです。

これ自体は当たり前のことですが、そのオブジェクトが実行されたときにはジェネラルログやスローログにはオブジェクトを実行したことのみが記録されます。たとえば3つのSQLを実行するストアドプロシージャをコールした場合、トータルでかかった時間のみがスローログに記録され、実際にどこで時間がかかったかは判定できません。トリガーも同様に、トリガー元のテーブルで問題があったのか、トリガー先のテーブルで問題があったのかを判定することはできません。要は、問題があったときにブラックボックスになりがちです。

また、それぞれ定義を変更するときに排他ロックが必要なので、「そのオブジェクトを実行しているクエリ」がある間はALTER PROCEDUREやALTER VIEWはメタデータロックを獲得するまで待たされます。アプリケーションサイドでクエリを変更する方法と違い、一部の機能だけのリリースや段階的にリリースを広げていくことはできず、1か0かでリリースすることになります。また、フロー制御程度はできるとはいえSQLでしか処理が表現できないため、アプリケーションサイドの表現に比べると圧倒的に見劣りがします。

一つのMySQLに対して複数（特に複数のプログラミング言語）のアプリケーションがアクセスしてくる場合、DAOのレイヤがどうしても複数になるため「特定のテーブルを更新したときに抜け漏れなく他のテーブルにも反映する」を実現したいときにトリガーを使いたくなる気分はわかりますが、トリガーにはALTERやCREATE OR REPLACEのような構文がないためトリガーの定義変更は必ずDROP TRIGGER、CREATE TRIGGERで再生成することになります。この間にテーブルに書き込まれると困るため（思い出してください。目的はそもそも「抜け漏れなく他のテーブルにも反映する」です）、メンテナンスタイムを設けるなどして更新がされない状態にしておかなければなりません。

ビューに関しては以前（MySQL 5.5やそれ以前、ビューはMySQL 5.0からの導入）よりもずっと使いやすくなりました。select_listに関数を使用したり、GROUP BYを使ったりしない限りは、ビューの外側のWHERE句をビュー展開時にプッシュダウンできます。

▼ビューと EXPLAIN

```
CREATE VIEW v1 AS
  SELECT user, host, db, db.select_priv
  FROM mysql.user LEFT JOIN
       mysql.db USING(user, host);

### 単純なEXPLAINでJOINの実行計画まで表示される
EXPLAIN SELECT * FROM v1\G
*************************** 1. row ***************************
           id: 1
  select_type: SIMPLE
        table: user
   partitions: NULL
         type: index
possible_keys: NULL
          key: PRIMARY
      key_len: 351
          ref: NULL
         rows: 7
     filtered: 100.00
        Extra: Using index
*************************** 2. row ***************************
           id: 1
  select_type: SIMPLE
        table: db
   partitions: NULL
         type: ALL
possible_keys: PRIMARY,User
          key: NULL
      key_len: NULL
          ref: NULL
         rows: 3
     filtered: 100.00
        Extra: Using where; Using join buffer (hash join)
2 rows in set, 1 warning (0.01 sec)


EXPLAIN SELECT * FROM v1 WHERE user = 'root';
*************************** 1. row ***************************
           id: 1
  select_type: SIMPLE
        table: user
   partitions: NULL
         type: index
possible_keys: NULL
          key: PRIMARY
      key_len: 351
          ref: NULL
         rows: 7
     filtered: 14.29
        Extra: Using where; Using index
*************************** 2. row ***************************
           id: 1
  select_type: SIMPLE
        table: db
   partitions: NULL
         type: ref
possible_keys: PRIMARY,User
          key: PRIMARY
      key_len: 351
```

```
              ref: mysql.user.Host,const
             rows: 1
         filtered: 100.00
            Extra: NULL
2 rows in set, 1 warning (0.00 sec)

### EXPLAINの追加メッセージを表示すると、ビュー展開時にWHERE句の指定がプッシュダウンされていることがわかる
SHOW WARNINGS\G
*************************** 1. row ***************************
  Level: Note
   Code: 1003
Message: /* select#1 */ select `mysql`.`user`.`User` AS `user`,`mysql`.`user`.`Host` AS `host`,
                        `mysql`.`db`.`Db` AS `db`,`mysql`.`db`.`Select_priv` AS `select_priv`
                  from `mysql`.`user`
                  left join `mysql`.`db` on(((`mysql`.`db`.`User` = 'root') and
                                             (`mysql`.`db`.`Host` = `mysql`.`user`.`Host`)))
                  where (`mysql`.`user`.`User` = 'root')
1 row in set (0.00 sec)
```

かつてのビューは「何かあるとすぐにビューの中身をテンポラリテーブルに落としてそれに対してWHEREやORDER BYをかけるため無駄に遅い」ところがありましたが、シンプルな（それこそ権限のプロキシ目的の）ビューであれば普段使いをしても問題がない程度になっています。ただし、select_listの関数演算やGROUP BY、UNIONに対してはテンポラリテーブルを作らざるを得ない（実行するまで値が確定しない）ため、可読性のために性能を犠牲にせざるを得ない側面は相変わらずです。余談ですが、FROM句にビューを指定したEXPLAINを実行するにはビューに対するSHOW VIEW権限が必要です。

ここまで説明してきた通り、これらのオブジェクトは運用上の強いクセがありますが使い方によっては上手なトリックになります。理想はデメリットを理解した上で、権限のプロキシ専用の機構としての使用、またはごく短期間（長くとも数日程度）の応急処置的な使い方に留めるのがベストプラクティスと言えます。

マテリアライズドビューを考える

MySQLにはマテリアライズドビュー[注3.34]がありません。先人たちはどうにかしてマテリアライズドビュー相当のものをMySQLで実現しようと頭を捻りました。依然、マテリアライズドビュー（特に高速リフレッシュ）の決め手は登場していませんが、ここまでで紹介したいくつかの機能を使って実現できないかを考えてみることにします。

まず、マテリアライズドビューはいわゆるビューではなくデータの実体を格納するので、MySQLで代替するにはテーブルを使うしかありません。永続テーブルのバルク更新はレプリケーション遅延の面で注意が必要になり、ユーザー定義テンポラリテーブルは他のセッションから参照できないため、並列数やコネクションの生存期間と相談して見合う方を選びます。

完全リフレッシュ相当の処理だけで良いのであれば、基本のイメージは次の通りです。

注3.34 https://docs.oracle.com/cd/E16338_01/server.112/b56299/statements_6002.htm

▼完全リフレッシュ相当の処理

```
TRUNCATE TABLE materialized_table;    -- 既存の内容を削除し
INSERT INTO materialized_table SELECT ..;    -- SELECTしたデータを装填する
```

　マテリアライズ後のサイズによってはレプリケーション遅延を避けるために INSERT INTO .. SELECT ..の部分を複数回に分割したくなりますが、そのSELECTの部分が遅いので高速化したいのに何度も実行していては本末転倒な気がします。また、TRUNCATEから INSERT INTO .. SELECT ..の完了までに時間がかかるのであればその間にテーブルの中身が空でも構わないのかという問題も生じるでしょう。

▼完全リフレッシュ相当の処理、改良版

```
CREATE TABLE new_materialized_table (..);    -- 新しいテーブルを作成する
CREATE TEMPORARY TABLE tmp_materialized_table LIKE new_materialized_table;    -- 同じ定義のテンポラリーテーブルを作
成する
INSERT INTO tmp_materialized_table SELECT ..;    -- テンポラリテーブルにSELECTでデータを装填する、この時点ではレプリケート
されないので遅延を気にせず書き込める

/* 何がしかの方法でループが必要 */
INSERT INTO new_materialized_table SELECT * FROM tmp_materialized_table ORDER BY .. LIMIT n;    -- 先頭n件(
レプリケーション遅延が起きない程度にnを調整)を永続テーブルにコピー
DELETE FROM tmp_materialized_table ORDER BY .. LIMIT n;    -- 永続テーブルに移した行は消してしまうとページネーションの
負荷が減る
/* ループ終端 */

RENAME TABLE current_materialized_table TO old_materialized_table,
             new_materialized_table TO current_materialized_table;    -- 新しいテーブルと既存のテーブルを入れ替える
DROP TABLE old_materialized_table;    -- 古いテーブルを削除する
```

　「ユーザー定義テンポラリテーブルへの書き込みはバイナリログに出力されないのでレプリケーションを遅延させない」特性を使ってテンポラリテーブルをバッファとして使い、小刻みに結果を永続テーブルに移していきます。ORDER BY .. LIMIT .. OFFSET ..の構文ではOFFSETが深くなるほど性能問題が発生することがありますが、そもそもテンポラリテーブルなので消してしまえばOFFSET問題は発生しません。また、ORDER BY .. LIMIT ..で行を一意に特定するためにはORDER BYのカラムはユニークである必要があるので、auto_increment属性のINT型をプライマリキーにするのがベストでしょうか。INT型ならLIMITを使わずに、WHERE id BETWEEN ? AND ?で表現することもできます。

　完全リフレッシュ相当としてMySQL単体で実現するにはこれが限度でしょうか。MySQLの外部からの処理をしても良ければ、マテリアライズしたいクエリの内容によりますが、GROUP BY DATE(some_datetime)のようなクエリでWHERE some_datetime BETWEEN ? AND ?に絞り込みのインデックスが綺麗に効くような状態であれば、WHEREの範囲を小さくしてテンポラリテーブルへのINSERT／テンポラリテーブルからのINSERTを並列実行すればもう少し速度が稼げる可能性があります。

　高速リフレッシュを頑張るとなると、本家の高速リフレッシュは「ベーステーブルに対する更新の差分を別領域に保管しておき、その部分だけを再計算して適用」ですので、それに近づけるならバイナリログをパースして適用することになるでしょう（事実、遠い遠い昔からそのコンセプトで開発されたFlexviews[注3.35] というサードパーティーツールがあります。日本で使われているのは見たことがありませんが）。

　バイナリログをパースするのは難易度が高いため、それ以外の方法で適用しようと思うと、アプリケーショ

注3.35 https://github.com/greenlion/swanhart-tools/tree/master/flexviews

ン側でトランザクションを使ってオリジナルのテーブルとマテリアライズしたテーブルを同時に更新することでしょうか。オリジナルにINSERTしたならば、マテリアライズドテーブルの対応する行のカウントを足したり、SUMなどの集約関数に準じた処理でUPDATEしたりする必要があります。このまま実装するとマテリアライズドテーブル側のロックが集中する（日付単位でGROUP BYした結果をマテリアライズするのであれば、日付が同じ間は1行に更新単位が集中する）ことが明らかです。よって、本来のプライマリキーであるGROUP BYカラムの他に、たとえば`CONNECTION_ID()`の下2桁、処理を行った時刻のミリ秒（`NOW(3)`の小数部）などでロックを分散させる必要があります。分散させた場合はもちろんマテリアライズドテーブル側から引くときにSUMする必要があります。

▼差分を都度リフレッシュする処理

```
-- オリジナルのクエリが SELECT group_by_date, group_by_other_col, COUNT(*), SUM(..) FROM .. WHERE .. のような↩
クエリと仮定
CREATE TABLE materialized_table (
  group_by_date DATE NOT NULL,
  group_by_other_col VARCHAR(32) NOT NULL,
  connection_id_mod_10 TINYINT NOT NULL,   -- ロック分散用
  count_rows INT NOT NULL DEFAULT 0,   -- UPDATE, DELETEのロジックで負になる可能性がある
  sum_values INT NOT NULL DEFAULT 0,   -- UPDATE, DELETEのロジックで負になる可能性がある
  PRIMARY KEY (group_by_date, group_by_other_col, connection_id_mod_10)
);

-- INSERTトリガーは純粋に足すだけ
CREATE TRIGGER insert_original_to_materialized AFTER INSERT ON original_table FOR EACH ROW
  INSERT INTO materialized_table
    SET group_by_date = NEW.date, group_by_other_col = NEW.other_col,
        connection_id_mod_10 = MOD(CONNECTION_ID(), 10), count_rows = 1,
        sum_values = NEW.value
  ON DUPLICATE KEY UPDATE
    count_rows = count_rows + 1, sum_values = sum_values + NEW.value;

-- UPDATEトリガーは古い行の属するマテリアライズド行を減算してから新しい値の属する行を加算
delimiter //
CREATE TRIGGER update_original_to_materialized AFTER UPDATE ON original_table FOR EACH ROW
  BEGIN
    UPDATE materialized_table
      SET count_rows = count_rows - 1, sum_values = sum_values - OLD.value
    WHERE group_by_date = OLD.date AND group_by_other_col = OLD.other_col AND
          connection_id_mod_10 = MOD(CONNECTION_ID(), 10);
    INSERT INTO materialized_table
      SET group_by_date = NEW.date, group_by_other_col = NEW.other_col,
          connection_id_mod_10 = MOD(CONNECTION_ID(), 10), count_rows = 1,
          sum_values = NEW.value
      ON DUPLICATE KEY UPDATE
        count_rows = count_rows + 1, sum_values = sum_values + NEW.value;
  END//
delimiter ;

-- DELETEトリガーも同様に

-- マテリアライズドテーブルから読み出すときにconnection_id_mod_10を吸収する
SELECT group_by_date, group_by_other_col,
       SUM(count_rows) AS count_rows, SUM(sum_values) AS sum_values
FROM materialized_table
/* 必要ならばWHERE句を */
GROUP BY group_by_date, group_by_other_col
ORDER BY group_by_date, group_by_other_col;
```

本書はMySQLの本であるためトリガーを使って表現しました。アプリケーションサイドでトランザクションを使った方が確実に思われますが、思考実験としてはこのあたりで十分ではないでしょうか（なお、それなりに問題なく動きます）。

第 **4** 章

ロックと
クエリ実行計画

本章ではMySQLのロックの種類、ロックの取り方とクエリ実行計画 (EXPLAIN) について説明します。

本章を読んでわかること

- **MySQLの複数の粒度のロック**
  - ロック競合状態の一時切り分けができるようになる
- **MySQLの行ロックの仕組み**
  - 行ロックのはずなのに意図しないレコードがロックされる理由がわかる
  - インデックス、実行計画が行ロックに影響する理由がわかる
  - 適切なインデックスがロック範囲を小さくできることがわかる
- **EXPLAINの読み方の基本**
  - EXPLAINの結果からMySQLがどの実行計画を選んだかがわかる
  - より望ましい実行計画を得るための考え方がわかる

本節ではMySQLのロックについて説明します。MySQLには複数レベルのロックがあり、内部的に（あるいは明示的に）それらを使い分けることでそれぞれの操作が最も小さいロックで一貫性を保護できるように設計されています。

▼MySQLのロックの種類

ロックの名前	ロックの単位	ロックの主な目的（一貫性保護の対象）
ギャップなしレコードロック	インデックスレコード	レコードの更新
レコードロック	インデックスレコードとその手前のギャップ	レコードの更新
ギャップロック	インデックスレコードの手前のギャップのみ	レコードの更新
ネクストキーロック	レコードロックと次のレコードの間のギャップロックの組み合わせ	レコードの更新
メタデータロック（MDL）	テーブル	テーブル定義情報
インテンションロック	テーブル	共有ロックから排他ロックへのエスカレーションの保護
グローバルリードロック	MySQL全体	トランザクション開始時点のサーバー全体の確実な一貫性
ユーザー定義ロック	ユーザー定義名前空間	アプリケーションでの任意ロック

InnoDBレイヤでのロック

MySQLのロックは2種類に分かれます。サーバーコア（MySQLサーバーの上位実装、すべてのストレージエンジンに共通）でのロックと、ストレージエンジン独自のロックです。

先に挙げたロックのうち、ギャップなしレコードロック、ギャップロック、ネクストキーロックはInnoDBストレージエンジンに実装されています。ストレージエンジンの比較をするときに「MyISAMはテーブルロック、InnoDBは行ロック」という言説を見かけますが、「InnoDBは独自のロック機構を持ちそれを使用、MyISAMは独自のロック機構を持たないため、それより上位（MySQLのサーバーコアでの実装、ストレージエンジンによらず共通で使える）のメタデータロックのみを使う（＝ゆえにロック単位がテーブル）」です。これはMyISAMに限らず、独自のロック機構を持たないストレージエンジンすべてに共通します。一般配布されているMySQLのうち、独自のロック機構を持つのはInnoDBのみです。

読者がすでに3章2節『物理的なデータ』を読んでいればそれを思い出してください（未読の方は先に目を通してみてください。さっぱりわからないかもしれませんが、本節に戻ってきたときに何を説明しているのかが少しわかりやすくなります）。InnoDBの行本体は「クラスタインデックス」としてB+Tree構造を取ります。クラスタインデックスのギャップなしレコードロック＝行ロックです。

文字だけで書いてもわかりづらいと思いますので、次ページのサンプルテーブルの PRIMARY KEY定義と SELECT * FROM t1の出力の4行を見てみた上で図を確認してください。

```
mysql> SHOW CREATE TABLE t1\G
*************************** 1. row ***************************
       Table: t1
Create Table: CREATE TABLE `t1` (
  `num` int NOT NULL,
  `val` varchar(32) CHARACTER SET utf8mb4 COLLATE utf8mb4_0900_ai_ci NOT NULL,
  `val_length` int unsigned NOT NULL,
  PRIMARY KEY (`num`),
  KEY `idx_vallength` (`val_length`)
) ENGINE=InnoDB DEFAULT CHARSET=utf8mb4 COLLATE=utf8mb4_0900_ai_ci
1 row in set (0.00 sec)

mysql> SELECT * FROM t1;
+-----+-------+------------+
| num | val   | val_length |
+-----+-------+------------+
| 1   | one   | 3          |
| 2   | two   | 3          |
| 3   | three | 5          |
| 5   | five  | 4          |
+-----+-------+------------+
4 rows in set (0.00 sec)
```

▼レコードロックとギャップロック

id=5のギャップなしロック

id	
infimum	
[gap]	
1	{"val": "one", "val_length":3}
[gap]	
2	{"val": "two", "val_length":3}
[gap]	
3	{"val": "three", "val_length":5}
[gap]	
5	{"val": "five", "val_length":4}
[gap]	
supremum	

id=5のレコードロック

id	
infimum	
[gap]	
1	{"val": "one", "val_length":3}
[gap]	
2	{"val": "two", "val_length":3}
[gap]	
3	{"val": "three", "val_length":5}
[gap]	
5	{"val": "five", "val_length":4}
[gap]	
supremum	

id=5のネクストキーロック

id	
infimum	
[gap]	
1	{"val": "one", "val_length":3}
[gap]	
2	{"val": "two", "val_length":3}
[gap]	
3	{"val": "three", "val_length":5}
[gap]	
5	{"val": "five", "val_length":4}
[gap]	
supremum	

クラスタインデックスとセカンダリインデックスはそれぞれ「supremum（上限）」と「infimum（下限）」という仮想レコードおよび各レコード間に「ギャップ」を定義します。InnoDBがperformance_schema.data_locksやSHOW ENGINE INNODB STATUSの中で単に「RECORD LOCK」と表示した場合、それは「該当するレコードとその手前のギャップのロック」を表します。ギャップなしロックの場合は「REC_NOT_GAPやrec but not gap」、ギャップのみのロックは「GAPまたはgap before rec」と表示され、ネクストキーロックの場合は複数のレコードロックとギャップのみのロックの組み合わせで表現されます。そのため、上記例のネクストキーロックは「id=5に対するレコードロック（id=5自身とid=5の直前のギャップ）」+「id=supremum（正の無限大）に対するギャップのみのロック」として表示されることになります。

　レコードロックおよびギャップなしロックはそれぞれ共有ロック（Sロック、Sharedロックの略）と排他ロック（Xロック、eXclusiveロックの略）の2つのモードを持ちます。それぞれ名前の通り共有ロックと共有ロックは競合しませんが、共有ロックと排他ロック、排他ロック同士のロックは競合しロック待ち状態になります。ギャップロックは表示上、共有ロックと排他ロックがありますが、ギャップの排他ロック同士は競合せず同時に存在できます（実質共有ロックと同じです）。

🐢 トランザクション分離レベル

　ロックの話をしている最中にトランザクション分離レベル（以下、分離レベル）の説明をするのは不自然に感じるかもしれませんが、InnoDBは分離レベルによってロックを使い分けるため先にこの話題が必要です。

　MySQLの分離レベルはREAD-UNCOMMITTED、READ-COMMITTED、REPEATABLE-READ、SERIALIZABLEの4種類が利用可能です。それぞれ次の特性を持ちます。

▼トランザクション分離レベル一覧

分離レベル	元の意味	一貫性の地点	SELECT時のロック	備考
READ-UNCOMMITTED	クエリ開始時点でコミットされていないデータも読む	クエリ開始時点	なし	利用してはいけない
READ-COMMITTED	クエリ開始時点でコミット済みデータを読む	クエリ開始時点	なし	ギャップロックを避けるために選ぶケースあり
REPEATABLE-READ	トランザクション開始時点でコミット済みデータを読む	トランザクション開始時点	なし	デフォルトの分離レベル
SERIALIZABLE	それぞれのトランザクションがコミット順に逐次実行されたときと同じ結果を返すように並列性を制御する	トランザクション開始時点	共有ロック	SELECTロックフリーでない唯一の分離レベル

　3章2節『物理的なデータ』の中で説明したように、InnoDBでは「後から読むトランザクションがロールバックポインタをたどって迂回することでSELECTにロックを不要にして」います。例外として挙げたSERIALIZABLEの分離レベルはロックを明示していないSELECTにも暗黙にFOR SHARE相当の共有ロックを置きます。つまり「その行を読んでいるトランザクションがある間は他のトランザクションに更新を許さない（排他ロックが必要で、共有ロックと競合する）」ことで直列性を保ちます。

🐢 トランザクション分離レベルとロック

　InnoDBは分離レベルとインデックスの種類、ロックに使うWHERE句の演算子によってロックを使い分けます。代表的な組み合わせを次の表にまとめました。

▼ロック範囲の一覧

インデックスの種類	ロックに使う演算子	READ-UNCOMMITTED／READ-COMMITTED	REPEATABLE-READ／SERIALIZABLE
クラスタインデックス	"=", IN	ギャップなしロック	ギャップなしロック
クラスタインデックス	">", "<", "<=", ">=", BETWEEN	ギャップなしロック	ネクストキーロック
ユニーク制約つきインデックス	"=", IN	ギャップなしロックおよび※1	ギャップなしロックおよび※1
ユニーク制約つきインデックス	">", "<", "<=", ">=", BETWEEN	ギャップなしロックおよび※1	ネクストキーロックおよび※1
非ユニークインデックス	"=", IN	ギャップなしロックおよび※1	ネクストキーロックおよび※1
非ユニークインデックス	">", "<", "<=", ">=", BETWEEN	ギャップなしロックおよび※1	ネクストキーロックおよび※1

※1…セカンダリインデックスの他に、そのセカンダリインデックスに対応するクラスタインデックスのギャップなしロック

　セカンダリインデックスを使った場合のロックは、セカンダリインデックスに対するロックと行そのものであるクラスタインデックスに対するロックを両方保持します。サンプルテーブルの例で`DELETE FROM t1 WHERE val_length = 3`とするなら、`idx_vallength`の`val_length=3`のレコードと、それに対応する`num = 1`、`num = 2`のクラスタインデックスがロックの対象となります。

▼セカンダリインデックスのネクストキーロックと対応するクラスタインデックスのギャップなしロック

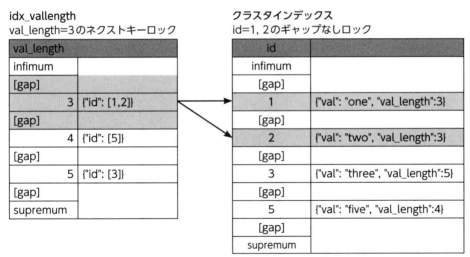

上記の図はデフォルトの分離レベルである`REPEATABLE-READ`で実行したときのロック範囲です。`DELETE`であるため排他ロックとなります。インデックスを使ってWHERE句を処理しているため、その検索に使った(非ユニークな)インデックスがネクストキーロックされています。クラスタインデックスは対応する行のみのギャップなしロックです。

　図の通り、`val_length`の`infimum`(無限小)と3の間のギャップがロックされているため、このロックが解放されるまでの間は`val_length`が0、1、2になるような(データ型がint unsignedなので負の値はありませんが、signedならば負の値も含まれます)INSERT、UPDATEはブロックされます。`REPEATABLE-READ`の

4

ロックとクエリ実行計画

ロック指定なしSELECTはロックを必要としません。そのため、ロック範囲に含まれるWHERE val_length = 3やWHERE val_length = 1（行は存在しないが）およびWHERE num = 1もロック待ちになることはありません。FOR SHAREやFOR UPDATE付きの場合、分離レベルがSERIALIZABLEのときはDELETEの排他ロックと競合するため待たされることになります。

DELETEのWHERE句がval_length = 3 AND val = 'one'の場合でも、ロック範囲は上記と**全く同じ**になります。これはInnoDBがB+Treeのリーフをたどる過程でロックを置いていくからです。val_length = 3を検索するときにidx_vallengthのインデックスをロックし、val = 'one'を評価するために必要なクラスタインデックスから行をフェッチするときにもロックを置きます。インデックスで解決できなかったときにInnoDBがどのようにフェッチするかは、本章2節『クエリ実行計画』で説明します。

▼テーブルスキャンによるクラスタインデックスのロック
クラスタインデックス
テーブルスキャンによる全レコードのネクストキーロック

id	
infimum	
[gap]	
1	{"val": "one", "val_length":3}
[gap]	
2	{"val": "two", "val_length":3}
[gap]	
3	{"val": "three", "val_length":5}
[gap]	
5	{"val": "five", "val_length":4}
[gap]	
supremum	

DELETEやUPDATEにインデックスが全く使えなかった場合、テーブルスキャンが選ばれます（INSERTは常にクラスタインデックスが定まるのでスキャンの必要はありません）。このとき、前述の「InnoDBがB+Treeのリーフをたどる過程でロックを置いていく」動作により、（infimumを除く）テーブル内のすべてのレコードがネクストキーロックされます。あくまで「すべてのレコードのロック」であって「テーブルロック」ではありません。そのため、レコードの数によってロックの数が増え、ロックの完了までにかかる時間も増加します。ここまで説明した通り、行更新のためのレコードロックはインデックスよって異なります。レコードロック競合によるパフォーマンス低下を避けるためにはなるべくカーディナリティーの高い（＝ギャップの少ない）インデックスを作成し、ロックの範囲を可能な限り小さくすることが大切です。

メタデータロック

InnoDBの行ロックは「実在するインデックスレコード（＝データ）」に対するロックでしたが、メタデータロック（以下、MDL）はデータではなく主にテーブル定義を保護するために置かれるデータに依存しないロックです。データに依存しないため、テーブルの実データサイズなどには影響を受けません。

MDLにも共有ロックと排他ロック（およびその他少数のバリエーション）があります。InnoDBのロック

と同様に共有ロック同士は競合しませんが、共有ロックと排他ロック、排他ロック同士は競合します。

　主な用途としてはトランザクション中にテーブルの構造が変更されることを防ぎます。トランザクションの実行中に`ALTER TABLE t1 ADD COLUMN ..`が許されてしまうと、`SELECT * FROM t1`の結果がトランザクション内で一貫性がなくなります。「そのテーブルに触れているトランザクションがある限りALTER TABLEなどのテーブル定義を変更する操作を待たせる」ために、次のようなバリエーションでMDLが取得されます。

▼ メタデータロックを取得する操作

操作	MDLの種類	MDL取得のタイミング	MDL解放のタイミング
SELECT	共有読み取りMDL	テーブルに初めてアクセスした時点	トランザクションの終了（コミットまたはロールバック）
InnoDBのINSERT、UPDATE、DELETE	共有書き込みMDL	テーブルに初めてアクセスした時点	トランザクションの終了（コミットまたはロールバック）
InnoDB以外のINSERT、UPDATE、DELETE	排他MDL	ステートメント開始時点	ステートメント終了時点
CREATE TABLE／DROP TABLE	排他MDL	ステートメント開始時点	ステートメント終了時点
ブロッキングALTER TABLE[注4.1]、[注4.2]	共有書き込み禁止MDL	ステートメント開始時点	ステートメント終了時点
オンラインALTER TABLE[注4.3]	排他MDL→共有MDL→排他MDL	ステートメント開始時点	ステートメント終了時点

　DML[注4.4]（Data Manupilation Language。注4.4にリストされている類のステートメント。ここからDMLとMDLが繰り返し複数回表記されるが違いに注意）とMDLによる「テーブルアクセス」は、外部キー制約やトリガーによる他のテーブルへのアクセスも含みます（外部キー制約はSELECTステートメントすら対象となります）。InnoDB（正しくは「ストレージエンジンレベルでロックを実装しており、MySQLサーバーコアに対してそれを宣言しているストレージエンジン」なのでNDBストレージエンジンもInnoDBと同様）は、書き込みを伴うDMLも共有書き込みMDLです。それ以外の、MyISAMストレージエンジンやCSVストレージエンジンなどは、書き込みは排他MDLを取ります（このため、これらのストレージエンジンは「書いている間に読めない（排他MDLに共有MDLが待たされる）」、「読んでいる間に書けない（共有MDLに排他MDLが待たされる）」、いわゆるテーブルロックのみのサポートとなります）。

　CREATE、DROP、ALTERなどテーブル定義を書き換える操作が排他MDLを取るのは直観の通りだと思いますが、InnoDBのオンラインALTER TABLEのみ例外的に「排他MDL→共有MDL→排他MDL」とその処理中にロックの強度を変更します。ステートメント開始直後の排他MDLは、先行しているトランザクションがないこと、他のDDLがそのテーブルを処理中でないことを確認するために使われます。これがクリアになると、ALTER TABLEは一度共有MDLにフォールバックします。これにより他のALTER TABLEなどの干渉を防ぎつつ、INSERTなどの書き込み操作とMDLが競合しない状態になり、オンラインALTER TABLEを実現します。最終ステップで再び排他MDLにロックレベルを上げ、先行トランザクションがすべて終了するのを待ちつつ、MDL待ちの間に他のトランザクションが新たにそのテーブルに触れないようにしてからテーブル定義を完全に入れ替えます。

注4.1　Permits Concurrent DMLがNoになっているALTER TABLE。ALTER TABLE中は行の読み取りはできるが書き込みはできない。
注4.2　https://dev.mysql.com/doc/refman/8.0/en/innodb-online-ddl-operations.html
注4.3　Permits Concurrent DMLがYesになっているALTER TABLE。ALTER TABLE中にも読み書きが可能。
注4.4　https://dev.mysql.com/doc/refman/8.0/en/sql-data-manipulation-statements.html

オンラインALTER TABLEはその二度の排他MDLがあることに気をつけてください。排他MDLが待ちになっている間（他の排他MDLまたは共有MDLに待たされている間）、排他MDLリクエストより後にリクエストされた共有MDLはすべて排他MDLの後ろの待ち行列に並びます。つまり、排他MDLが先行のMDLにブロックされている間はそれ以降のすべてのテーブルアクセスが排他MDLに待たされます。ブロッキングALTER TABLEに比べてはるかに柔軟とはいえ、全くのノーリスクではありません。また、気を遣うタイミングは「ステートメントの実行直後」と「ステートメントの終了直前」であることを知っておくのは良い指標になると思います。

InnoDBのロックは`innodb_lock_wait_timeout`秒[注4.5]でタイムアウト、MDLは`lock_wait_timeout`秒[注4.6]でタイムアウトします。パラメータが違うことに注意してください。MDLの競合はレコードロックと異なり主にALTER TABLE操作の時に問題になります。MDLの範囲を変えることはできず、トランザクションの間中ずっと保持されてしまうので、必要な処理を実行したらすぐにCOMMITを発行しMDLを解放させる必要があります。負荷が低い時間帯だからとバッチ処理で長期間テーブルを使用する処理との相性が悪いことに注意してください。

その他のロック

InnoDBのロックとMDL以外のロックを紹介します。

▼その他のロック

ロックを取得するステートメント	ロック範囲	ロック強度	利用用途
FLUSH TABLES WITH READ LOCK (FTWRL)	サーバー全体	書き込み禁止ロック	バックアップ時にバイナリログとInnoDBの一貫したスナップショットを取る
LOCK INSTANCE FOR BACKUP	サーバー全体	共有MDL	バックアップ取得中にDDLの実行を防ぐ
SELECT get_lock(?)	引数で指定した識別子	排他ロック	アプリケーションから使うためのロック機構

FTWRLはしばしば`mysqldump`が利用します[注4.7]。InnoDBはそれ単体では正確なスナップショットをロックなしに開始できますが、バイナリログと合わせて一貫性のある状態を保護するためにはサーバー全体のロックが必要です（`START TRANSACTION WITH CONSISTENT SNAPSHOT`でInnoDBのデータはトランザクション開始時のデータを読み取れますが、その間にも`SHOW MASTER STATUS`の`File`、`Position`、`Executed_Gtid_Set`は進行します）。FTWRLでロックを取った状態で`SHOW MASTER STATUS`の内容を記録し、トランザクションを開始した上でFTWRLのロックを解除します。

LOCK INSTANCE FOR BACKUP（バックアップロック）はオンライン物理バックアップ（MySQL Enterprise Backup[注4.8]、Percona XtraBackup[注4.9]）中にテーブル定義の変更を防ぐためのロックです（これらはibdファイルを直接コピーするため、途中でテーブル定義（ibdファイルのヘッダ部に記録）が変更されるとバックアップに支障があります）。

注4.5　https://dev.mysql.com/doc/refman/8.0/en/innodb-parameters.html#sysvar_innodb_lock_wait_timeout
注4.6　https://dev.mysql.com/doc/refman/8.0/en/server-system-variables.html#sysvar_lock_wait_timeout
注4.7　https://bugs.mysql.com/bug.php?id=109685
注4.8　https://www.mysql.com/jp/products/enterprise/backup.html
注4.9　https://www.percona.com/software/mysql-database/percona-xtrabackup

get_lock関数[注4.10]は引数の文字列を識別子として排他ロックを実現します。リリース用のrelease_lock関数[注4.11]、すでにロックがかかっているかを判定するis_free_lock関数[注4.12]、is_used_lock関数[注4.13]が用意されており、アドバイザリロックとして利用できます。バッチ処理などで「後続のバッチに追い抜かれないようにロックを置く」ような場合に使うことができます。次の項目にも続きますが、InnoDBのロックとget_lockによるロックはデッドロックしてもMySQLによっては検出されません。

デッドロック

デッドロックは2つ以上のトランザクションが「お互いがお互いの持つロックを待つ状態になりそれ以上処理が進まなくなった状態」です。たとえば「トランザクション1はレコード1の排他ロックを持っており、レコード2の排他ロックを取得しようとしているがトランザクション2がすでにレコード2のロックを持っているためロック待ちになる」「トランザクション2はレコード2の排他ロックをすでに持っており、レコード1の排他ロックを取得しようとしているがトランザクション1がすでにレコード1のロックを持っているためロック待ちになる」、この状態がデッドロックです。

▼デッドロックの状態

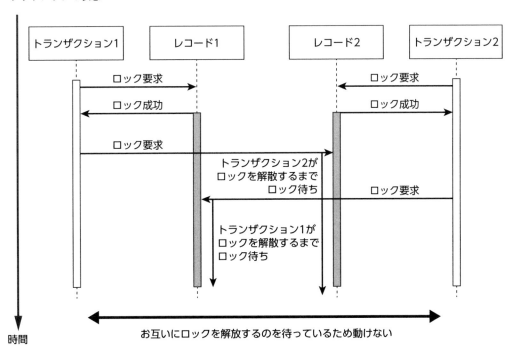

タイムアウトやデッドロック検出などの外部からの干渉がない限り、トランザクション1とトランザクショ

注4.10 https://dev.mysql.com/doc/refman/8.0/en/locking-functions.html#function_get-lock
注4.11 https://dev.mysql.com/doc/refman/8.0/en/locking-functions.html#function_release-lock
注4.12 https://dev.mysql.com/doc/refman/8.0/en/locking-functions.html#function_is-free-lock
注4.13 https://dev.mysql.com/doc/refman/8.0/en/locking-functions.html#function_is-used-lock

ン2は待ち続けるだけで処理が進行できません。例では2つのトランザクションで説明しましたが、3つ以上のトランザクションが関与してデッドロックになるケースもあります。ロック待ちの線を図示したときに、線が輪になってしまうとデッドロックです（ドキュメントにもサンプルがあります注4.14）。

デッドロックを防ぐための機構は2つです。一つはInnoDB組み込みの「デッドロック検出機能」、もう一つはシンプルに`innodb_lock_wait_timeout`注4.15です。デッドロック検出もロックタイムアウトも同じ`lock_wait_timeout_thread`というバックグラウンドスレッドによって行われます。`lock_wait_timeout_thread`はロック待ちのトランザクションを監視し、タイムアウトエラー（ERROR 1205, ER_LOCK_WAIT_TIMEOUT）やデッドロック検出エラー（ERROR 1213, ER_LOCK_DEADLOCK）を知らせます。

デッドロック検出の表示

ひとたびデッドロック検出機能が働いてデッドロックを検出したとき、InnoDBは「最もロールバックの影響が少ないと想定されるトランザクション」を強制ロールバックします。通常のロック待ちと違い、デッドロックは外部から干渉してロックの輪を切らない限り解消されないので、他の単発のエラーと異なり（ただしロック待ちタイムアウトが発生したときに強制ロールバックをさせるためのオプション注4.16も存在する）トランザクションをロールバックします。つまり、アプリケーションはデッドロック検出エラーの場合はトランザクションを最初から再開しなければならず、中途半端なところで例外をキャッチしてリトライする実装はいけません（どのようなエラーであっても、例外をキャッチしたらロールバックする実装が一般的だと思われます）。

InnoDBのロックによる「デッドロック」はアプリケーションの発行したSQLからのロック要求に従った結果起こる事象であり、MySQLとしては正常な動作です。また、バックグラウンドで動く「デッドロック検出」も、ロック待ちの輪が成立したので1つのトランザクションをロールバックするための機構であり、検出そのものも正常な動作です。ただし、もちろんトランザクションが外部からロールバックされたことをアプリケーションに伝えなければならないため、そのときにSQLの結果を待っていたクライアントに対して送るエラー内容が「デッドロック検出エラー」です。データの一貫性を保つためとはいえ、頻発するデッドロックはアプリケーションのスループットを低下させます。InnoDBのロックの節で説明したように、（ギャップを含む）ロックの範囲は利用するインデックスによって変わりますので、ここでもロックの粒度を小さくする（＝選択性の高い、カーディナリティーの高いインデックスを使用する）ことでデッドロック検出の発生確率を下げることができます。

デッドロックが検出されたとき、InnoDBは「デッドロック検出時の情報」を`lock_latest_err_file`というテンポラリファイル（ファイルの名前がこうなのではなく、`lock_latest_err_file`というポインタにFILE構造体を持っている）に書き込みます。名前から想像がつくように、これはデッドロック検出時に常に上書きされるため、最も現在時刻に近い過去に起こったデッドロック検出の内容のみが記録されています。`SHOW ENGINE INNODB STATUS`はこのテンポラリファイルの内容を`LATEST DETECTED DEADLOCK`というセクションに表示します。そのときの出力例はドキュメント注4.17を参照してください。

`innodb_print_all_deadlocks`オプション注4.18を有効にすると、`lock_latest_err_file`を書き込むタイミングで同時にエラーログにも同じ内容を書き込むようになります。最新以外の情報が失われてしまう

注4.14 https://dev.mysql.com/doc/refman/8.0/en/innodb-deadlock-example.html
注4.15 https://dev.mysql.com/doc/refman/8.0/en/server-system-variables.html#sysvar_lock_wait_timeout
注4.16 https://dev.mysql.com/doc/refman/8.0/en/innodb-parameters.html#sysvar_innodb_rollback_on_timeout
注4.17 https://dev.mysql.com/doc/refman/8.0/en/innodb-deadlock-detection.html
注4.18 https://dev.mysql.com/doc/refman/8.0/en/innodb-parameters.html#sysvar_innodb_print_all_deadlocks

`SHOW ENGINE INNODB STATUS`を定期的に確認する方法よりもこちらの方が頻度や回数の計測に便利なので、有効にすることをお勧めします（ただしあまりにデッドロックが頻発してエラーログが巨大化しないように注意してください）。

　なお、デッドロック検出はInnoDBの機能であり、InnoDBロック同士のデッドロック検出はできても、InnoDBロックとMDL間のデッドロックやInnoDBロックとユーザー定義ロック間のデッドロックは検出できません。これらの組み合わせは適切なタイムアウトを設定してアプリケーションがハンドルする必要があります。ユーザー定義ロック間のデッドロック検出機能はありますが、InnoDBとは違い後からロックを取ろうとして円を作ってしまう側にエラーが返るのみで、取得済みのロックを開放するための自動処理はされません（アプリケーションで明示的にrelease_lockする必要があります）。また、返るエラー番号もInnoDBのデッドロック検出エラーとは違うものが返ります（ERROR 3058, ER_USER_LOCK_DEADLOCK）。

》》 本物のデッドロック

　デッドロック検出エラーとは別に、MySQLが本当にデッドロックする事例もあります。MySQLもソフトウェアなので実装内部のロック操作（主にmutexやラッチ処理）を間違えればデッドロックに至りますが、多くの場合発見されたデッドロックはバグ報告され[注a, 注b, 注c, 注d]やがて修正されます。たとえの一つを挙げると、FLUSH PRIVILEGES（ACL_tableからACL_cacheの再生成、本書第2章を参照）の適用にはACL_cacheの排他ロックとmysql.userテーブル（ACL_tableの一部）のロックが必要ですが、CREATE USERはmysql.userをロックしてからACL_cacheをロックしようとします。そのため、この2つのステートメントがほぼ同時に実行されるとACL_cacheとmysql.userのロックを互いに待つ状態になり、互いに「相手のロックが開放されるまで自分のロックを持ったまま待つ」ため、他のすべてのコネクションもACL_cacheやmysql.userを使った処理ができなくなります。

　この種類の「MySQLのバグによるデッドロック」は「新規接続要求もクエリの実行もすべてブロックされて応答を全く返さない」「ただしTCP3306ポートはSYNに対してACKを返すためTCPヘルスチェックは通り抜ける」などの特徴を持っています。バグ報告されるデッドロック事例の多くは再現手順が添えられている（再現手順がなければバグ認定できない）ため、手元の環境で「本物のデッドロック」を再現することもできます。

....

注a) https://bugs.mysql.com/bug.php?id=95863
注b) https://bugs.mysql.com/bug.php?id=110494
注c) https://bugs.mysql.com/bug.php?id=96374
注d) https://bugs.mysql.com/bug.php?id=91941

ロックの観測

　InnoDBのロックおよびMDLはいくつかの方法で外部から観測できます。

　`performance_schema.data_locks`テーブル[注4.19]は現在のInnoDBロック状況を、`performance_schema.metadata_locks`テーブル[注4.20]は現在のMDL状況をそれぞれ出力します。今現在ロックが競

....

注4.19 https://dev.mysql.com/doc/refman/8.0/en/performance-schema-data-locks-table.html
注4.20 https://dev.mysql.com/doc/refman/8.0/en/performance-schema-metadata-locks-table.html

合している状態で innodb_status_output_locks オプション[注4.21] を有効にしていれば、SHOW ENGINE INNODB STATUS の TRANSACTIONS セクション[注4.22] にも InnoDB ロックの状況が表示されます（ロックが競合しておらず、待ちになっているトランザクションがない場合はロックを取得済みでも表示されません）。

　SHOW ENGINE INNODB STATUS の結果は視認性が悪く、競合していない場合はどれだけロックを取っていても表示されないため、ほとんどの場合 data_locks テーブルの方が有用でしょう（競合していないロックであっても表示されます。ただし、逆にロックの数が膨大になればこのテーブルへのクエリはパフォーマンス劣化の可能性があります）。ただしこのテーブルはロックが競合しているかどうかの情報は持ちません。また、識別に使えそうな情報は InnoDB 内のトランザクション ID のみが出力されるため、対応するコネクションがどんなものかは別途 information_schema.INNODB_TRX テーブル[注4.23] と結合して取り出す必要があります。

　ロック競合の状態を確認したい場合は performance_schema.data_lock_waits テーブル[注4.24] が使われます。こちらはロックが競合して待ちになっているロックだけが出力されますが、識別子は ENGINE_LOCK_ ID というカラムのみなので、これも data_locks テーブル、innodb_trx テーブルと結合して情報を取り出す必要があります。

　これら 3 つのテーブルを JOIN した sys.innodb_lock_waits ビュー[注4.25] があらかじめ用意されているので、多くの場合はこのビューをクエリすることで有用な情報が得られます。いつからロックを待っているのか（wait_ started）、どれだけの時間ロック待ち状態になっているのか（wait_age）、ロックが競合している場所はどこなのか（locked_table_schema、locked_table_name、locked_index）などに加え、待っている側と待たせている側のプロセスリスト ID やそれぞれ保持しているロックの行数などが一覧できます。

　注意点として innodb_lock_waits ビューは blocking_query を表示しますが、これは「ロックを待たせている原因になったクエリ」ではなく、「ロックを待たせているトランザクションが現在実行しているクエリ」です。何らかのロックを取ってコミットもロールバックもせずにスリープしているコネクションが待たせている場合、このカラムには何も表示されません（クエリを何も実行していないためです）。また、ロックとは無関係なクエリでも「現在実行中」であれば blocking_query として表示されます。実際にどのクエリが該当の InnoDB ロックを取得したかを特定する方法はありません。必要に応じて performance_schema. threads テーブル[注4.26] または sys.processlist ビュー[注4.27] を用いてプロセスリスト ID からスレッド ID を特定し、performance_schema.events_statements_history テーブル[注4.28]（デフォルトで有効）または performance_schema.events_statements_history_long テーブル[注4.29]（デフォルトは無効）をたどって過去のクエリを探索する必要があります（これらのテーブルはクエリが何行をロックしたかの情報は持たないため、クエリの内容から推測する必要があります）。

注4.21 https://dev.mysql.com/doc/refman/8.0/en/innodb-parameters.html#sysvar_innodb_status_output_locks
注4.22 https://dev.mysql.com/doc/refman/8.0/en/innodb-standard-monitor.html
注4.23 https://dev.mysql.com/doc/refman/8.0/en/information-schema-innodb-trx-table.html
注4.24 https://dev.mysql.com/doc/refman/8.0/en/performance-schema-data-lock-waits-table.html
注4.25 https://dev.mysql.com/doc/refman/8.0/en/sys-innodb-lock-waits.html
注4.26 https://dev.mysql.com/doc/refman/8.0/en/performance-schema-threads-table.html
注4.27 https://dev.mysql.com/doc/refman/8.0/en/sys-processlist.html
注4.28 https://dev.mysql.com/doc/refman/8.0/en/performance-schema-events-statements-history-table.html
注4.29 https://dev.mysql.com/doc/refman/8.0/en/performance-schema-events-statements-history-long-table.html

4-2 クエリ実行計画

クエリ実行計画は、MySQLがストレージエンジンから返される統計情報を基に「クエリをどのように書き換え、どの順番でどのインデックスを使って処理をするのが最適か」を見積もった結果です。実際にデータをフェッチし始めるより前に計算され、実行計画の通りの順番でデータをフェッチし、フィルタし、ソートして結果を返します。RDBMSによってはクエリを書き換える機能をオプティマイザ（処理をオプティマイズ）、実行計画を計算する機能をプランナ（処理をプランニング）と呼んだりもしますが、MySQLはどちらも合わせてオプティマイザと呼ばれる機能が担当します。オプティマイザの動作の詳細についてはドキュメントを参照してください[注4.30]。

インデックスアクセスとテーブルアクセス

InnoDBにおいて（セカンダリ）インデックスはそのリーフノードにクラスタインデックスの値を格納し、クラスタインデックスはそのリーフノードに行全体のデータを持ちます。インデックスはテーブル内のカラム（1つまたはそれ以上）の「ソート済みの部分複製」であり、インデックスアクセスで処理に必要なクラスタインデックスの値を得たあと、（必要であれば）クラスタインデックスを検索して行本体のデータを得ます。

インデックスは一般に行全体よりも小さなサイズを持つため、ページ当たりの充填数が行本体よりも多くできます。InnoDBはページ単位でBPとibdファイルを管理するので、ページ当たりの充填数が大きければキャッシュヒット率の向上、読み取りI/Oの削減ができます。

オプティマイザの気持ちになる

▼本章で使う用語

用語	意味
行コスト[注4.31]	MySQLが1行をフェッチするために必要と定義したコスト。実際に行を取り出す際に必要な読み取るバイト数や処理時間とは関連しない
インデックスコスト	MySQLが1行をインデックスから検索するために必要と定義したコスト。実際にインデックスを取り出す際に必要な読み取りバイト数や処理時間とは関連しない
テーブル行数	InnoDBが「今現在テーブルに格納されているすべての行の数」と認識している数値。サンプリングにより計算されるため正確ではない
カーディナリティー	InnoDBが「そのインデックスに含まれるユニークな値の数」と認識している数値。サンプリングにより計算されるため正確ではない
インデックスダイブ[注4.32]	InnoDBがインデックスを使った統計情報を返す際に実際にインデックスを検索していくつの行がマッチするかを検査する操作

注4.30 https://dev.mysql.com/doc/refman/8.0/en/optimization.html
注4.31 バッファプールヒット率やページの充填率に応じてMySQL起動中であってもコスト値が変わることがある。インデックスコストも同じ。
注4.32 インデックスダイブを行う際、そのインデックスアクセスがN_PAGES_READ_LIMIT（ハードコードで10）ページ未満であれば実際に完全な検索を行う。N_PAGES_READ_LIMIT以上の場合は、インデックスの先頭のページ番号、インデックス末尾のページ番号、（ダイブを行いたかったページの総数）＊（実際の10ページダイブの中で見つかった行の数 ／ 10ページ）で近似した値を返す。

ネステッドループJOIN (NLJ) [注4.33]	MySQLがJOINに用いるメインのアルゴリズム。foreachループをイメージすると理解しやすい
カバリングインデックス[注4.34]	インデックスを構成するカラムのみからクエリに必要なカラムがすべて取得可能で、行本体にアクセスせずに結果セットを完成させる実行計画
派生テーブル	クエリの途中で実体化された内部テンポラリテーブル
駆動表	NLJにおける「外側のループに使われているテーブル」のこと
内部表	NLJにおける「内側のループに使われているテーブル」のこと

　長くMySQLに触れていると「オプティマイザの気持ちがわかる（そのクエリをどんな実行計画に仕立てあげるかの推測ができる）」ようになります。オプティマイザが基本的に考えることはとどのつまり「可能な限りデータのフェッチが少なくなるような実行計画」です（MySQLはコストベースオプティマイザ[注4.35]のみを使用するため、コストが最低になる実行計画を選択します）。

　結合もサブクエリもないケースで考えてみましょう。テーブルt1には100行が格納されており、idというカラムにプライマリキーだけが存在します。idは1から100までの連番で歯抜けはないとしましょう。`SELECT * FROM t1`のコストは「行コスト * 100」です。`SELECT * FROM t1 WHERE id = 1`のコストは「インデックスコスト * 1行 + 行コスト * 1」になります。簡単ですね。

　一方、インデックスのないnameカラムを検索する場合、`SELECT * FROM t1 WHERE name = 'MySQL'`のコストはいかほどでしょうか。インデックスがない以上、行をフィルタするヒントはどこにも存在しないため、テーブルをスキャンしてその結果をあとからフィルタリングするよりありません。よって、nameカラムを検索するコストは「行コスト * 100」です。実際の結果セットの大きさによらず、コスト（および実際にフェッチされるデータの量）はテーブルスキャンと変わりません。

　nameカラムにインデックスを追加した状況を考えます。インデックスがある場合、コストを計算する際にInnoDBがインデックスダイブを行います。実際にそのインデックスを検索し、何行がそのインデックスにマッチするかを返します。この時点でインデックスアクセスが発生します。インデックスダイブによって得られた値に基づいてコストが決定されます。`name = 'MySQL'`を満たす件数が1件であれば「インデックスコスト * 1 + 行コスト * 1」が、（100行しかないテーブルですが）`name = 'MySQL'`を満たす件数が100行あれば「インデックスコスト * 100 + 行コスト * 100」がトータルのコストになります。

　さらに、nameカラム（インデックス済み）とageカラム（インデックスなし）のAND検索をするパターンです。ageカラムを評価するには行全体を読み取る必要があるので、nameのインデックスを使った「インデックスコスト * nameが返す行の数 + 行コスト * nameが返す行の数」または「行コスト * 100」の小さい方が選ばれます。ageカラムにインデックスが定義されていた場合、単に「（インデックスコスト + 行コスト）* nameカラムが返す行の数」と「（インデックスコスト + 行コスト）* ageカラムが返す行の数」が小さくなる方のインデックスを使い、インデックスに使わなかった方の条件は行をフェッチしたあとにフィルタします。

　JOINの場合は、MySQLがNLJを使うため「駆動表のコスト + （駆動表のフィルタ済み行数）* 内部表のコスト」が最小になるような実行計画を選びます。

注4.33 https://dev.mysql.com/doc/refman/8.0/en/nested-loop-joins.html
注4.34 https://dev.mysql.com/doc/refman/8.0/en/glossary.html#glos_covering_index
注4.35 https://dev.mysql.com/doc/refman/8.0/en/cost-model.html

▼駆動表と内部表の関係性

	駆動表		
	name	bought_at	
	冷蔵庫	2012/2/25	
	テレビ	2021/10/1	
	洗濯機	2018/9/4	

❶駆動表から
1行フェッチ
する

❸駆動表の必要
な行の回数これ
を繰り返す

❷取り出した
行にマッチす
る行を内部表
から検索する

	内部表		
name	category	price
冷蔵庫	家電	¥100,000
テレビ	家電	¥30,000
洗濯機	家電	¥20,000
エアコン	家電	¥80,000
PC	家電	¥150,000
時計	装飾	¥10,000
自動車	移動	¥1,000,000
自転車	移動	¥15,000

MySQL公式ページからダウンロードできるworldデータベース[注4.36]を使用して確かめてみます。

▼worldデータベースのcityテーブルとcountryテーブルを結合する

```
mysql> SHOW CREATE TABLE city\G
*************************** 1. row ***************************
       Table: city
Create Table: CREATE TABLE `city` (
  `ID` int NOT NULL AUTO_INCREMENT,
  `Name` char(35) NOT NULL DEFAULT '',
  `CountryCode` char(3) NOT NULL DEFAULT '',
  `District` char(20) NOT NULL DEFAULT '',
  `Population` int NOT NULL DEFAULT '0',
  PRIMARY KEY (`ID`),
  KEY `CountryCode` (`CountryCode`),
  CONSTRAINT `city_ibfk_1` FOREIGN KEY (`CountryCode`) REFERENCES `country` (`Code`)
).ENGINE=InnoDB AUTO_INCREMENT=4080 DEFAULT CHARSET=utf8mb4 COLLATE=utf8mb4_0900_ai_ci
1 row in set (0.00 sec)

mysql> SHOW CREATE TABLE country\G
*************************** 1. row ***************************
       Table: country
Create Table: CREATE TABLE `country` (
  `Code` char(3) NOT NULL DEFAULT '',
  `Name` char(52) NOT NULL DEFAULT '',
  `Continent` enum('Asia','Europe','North America','Africa','Oceania','Antarctica','South America')
      NOT NULL DEFAULT 'Asia',
  `Region` char(26) NOT NULL DEFAULT '',
  `SurfaceArea` decimal(10,2) NOT NULL DEFAULT '0.00',
  `IndepYear` smallint DEFAULT NULL,
  `Population` int NOT NULL DEFAULT '0',
  `LifeExpectancy` decimal(3,1) DEFAULT NULL,
  `GNP` decimal(10,2) DEFAULT NULL,
  `GNPOld` decimal(10,2) DEFAULT NULL,
  `LocalName` char(45) NOT NULL DEFAULT '',
  `GovernmentForm` char(45) NOT NULL DEFAULT '',
  `HeadOfState` char(60) DEFAULT NULL,
  `Capital` int DEFAULT NULL,
  `Code2` char(2) NOT NULL DEFAULT '',
  PRIMARY KEY (`Code`)
) ENGINE=InnoDB DEFAULT CHARSET=utf8mb4 COLLATE=utf8mb4_0900_ai_ci
1 row in set (0.00 sec)
```

注4.36 https://dev.mysql.com/doc/world-setup/en/

```
mysql> SELECT COUNT(*) FROM city;
+----------+
| COUNT(*) |
+----------+
| 4079     |
+----------+
1 row in set (0.03 sec)

mysql> SELECT COUNT(*) FROM country;
+----------+
| COUNT(*) |
+----------+
| 239      |
+----------+
1 row in set (0.01 sec)

-- このクエリのコスト計算を考える
SELECT * FROM city JOIN country ON city.CountryCode = country.Code WHERE city.Name = 'Tokyo';
```

　このときに考えられる主な組み合わせは「city (駆動表) のテーブルスキャン + city.Name のフィルタ + 左記でマッチした行ごとに country.Code (内部表) のインデックス検索」または「country (駆動表) のテーブルスキャン + country テーブル1行ごとに city.Code (内部表) のインデックス検索 + city.Name でのフィルタアウト」の2つです。

　前者であれば「4079行コスト + city.Name='Tokyo'によるフィルタで1行 (ただしどの程度フィルタできるかは MySQL は厳密に知らない) + country.Code の1*(インデックスコスト + 行コスト)」、後者であれば「239行コスト + 239 * 内部表でマッチする件数 (city.Code はユニークキーではないため1行とは限らず、またこの例では内部表を絞り込む条件がプッシュダウンできないため実質4079行すべて) * (インデックスコスト + 行コスト) + フィルタで1行に絞り込まれる」なので、効率としては前者の方が良さそうです。

▼EXPLAIN の結果

```
mysql> EXPLAIN SELECT * FROM city JOIN country ON city.CountryCode = country.Code
                    WHERE city.Name = 'Tokyo';
+----+-------------+---------+------------+--------+---------------+---------+-->
| id | select_type | table   | partitions | type   | possible_keys | key     |->
+----+-------------+---------+------------+--------+---------------+---------+-->
| 1  | SIMPLE      | city    | NULL       | ALL    | CountryCode   | NULL    |->
| 1  | SIMPLE      | country | NULL       | eq_ref | PRIMARY       | PRIMARY |->
+----+-------------+---------+------------+--------+---------------+---------+-->

     ->+---------+------------------------+------+----------+-------------+
     ->| key_len | ref                    | rows | filtered | Extra       |
     ->+---------+------------------------+------+----------+-------------+
     ->| NULL    | NULL                   | 4035 | 10.00    | Using where |
     ->| 12      | world.city.CountryCode | 1    | 100.00   | NULL        |
     ->+---------+------------------------+------+----------+-------------+
```

　推測の通り、MySQL は city テーブルを駆動表に選びました (NLJ で id が同じ場合、先に出力された方が駆動表、後に出力された方が内部表となります)。type: ALL はテーブルスキャンを表しており、rows: 4035 なのでテーブルスキャンにより4035行をフェッチする見積もりです (「テーブル行数」はランダムダイブによるサンプリングなので実際の値と誤差があることは前述の通りです)。それを追加の city.Name のフィ

ルタリングで filtered: 10.00% まで削減できると MySQL は読みました。内部表の country テーブルは PRIMARY インデックス (country.Code はプライマリキー) による1行アクセスなので、「駆動表4035*行コスト + 内部表403行 * (インデックスコスト+行コスト)」がこのクエリの最小コストです。

▼JOIN_ORDER ヒントで駆動表と内部表を逆にした場合の EXPLAIN

```
mysql> EXPLAIN SELECT /*+ JOIN_ORDER(country, city) */ * FROM city JOIN country ON city.CountryCode = 🔁
 country.Code WHERE city.Name = 'Tokyo';
+----+-------------+---------+------------+------+---------------+-------------+-->
| id | select_type | table   | partitions | type | possible_keys | key         |-->
+----+-------------+---------+------------+------+---------------+-------------+-->
| 1  | SIMPLE      | country | NULL       | ALL  | PRIMARY       | NULL        |-->
| 1  | SIMPLE      | city    | NULL       | ref  | CountryCode   | CountryCode |-->
+----+-------------+---------+------------+------+---------------+-------------+-->

   -->+---------+--------------------+------+----------+-------------+
   -->| key_len | ref                | rows | filtered | Extra       |
   -->+---------+--------------------+------+----------+-------------+
   -->| NULL    | NULL               | 239  | 100.00   | NULL        |
   -->| 12      | world.country.Code | 17   | 10.00    | Using where |
   -->+---------+--------------------+------+----------+-------------+
```

MySQLが選ばなかった方の、country テーブルを駆動表にする実行計画は上記のようになりました。JOIN_ORDER ヒント句[注4.37] を使って country が駆動表になるように実行計画を固定します。

country が type: ALL のテーブルスキャン、rows: 239、filtered: 100.00% なので、239行そのままが後段に流れます (country テーブルにはフィルタリング条件がないので自明です)。239行それぞれのループに対して内部表の city で1回あたり17行 (rows: 17) のマッチ、追加フィルタリングが filtered: 10.00% なので、「駆動表239*行コスト + 内部表 239 * 17 * (行コスト+インデックスコスト)」と、統計情報の誤差とフィルタリングの見積もりを除いては人間が想像するものとおおむね同じ値になりました。

▼オプティマイザトレースの取得

```
mysql> SET SESSION optimizer_trace = 'enabled=on';
Query OK, 0 rows affected (0.00 sec)

mysql> SELECT * FROM city JOIN country ON city.CountryCode = country.Code
              WHERE city.Name = 'Tokyo';
..

mysql> SELECT * FROM information_schema.OPTIMIZER_TRACE\G    -- 実際に計算されたコストはOPTIMIZER_TRACEで確認できる
..
```

オプティマイザトレース[注4.38] を有効にすることで、実行されたクエリがオプティマイズの中で「どんなプランとどんなプランを計算し、最終的にどれを選んだか」を確認できます。EXPLAIN は厳密には「そのクエリをこれから実行するとしたら今この段階ではこの実行計画になる」という内容を出力しているだけなので、1秒後に同じクエリを実行してもその実行計画通りになるとは限りませんが、オプティマイザトレースは「クエリ実行中にオプティマイザが実行計画を比較検討した結果」をあとから返すため正確です。

注4.37 https://dev.mysql.com/doc/refman/8.0/en/optimizer-hints.html#optimizer-hints-join-order
注4.38 https://dev.mysql.com/doc/refman/8.0/en/server-system-variables.html#sysvar_optimizer_trace

≫ filteredの表示

インデックス付けされた、またはヒストグラム統計[注e]が収集されたカラム以外では、MySQLはそのカラムでどの程度フィルタリングができるかの情報を一切持ちません。そのため、filteredの情報は比較に使用される演算子によって一定の値を返しているだけで、信用できる値を返すことはまずありません。

▼演算子ごとに決まる filtered

```
### "=" の場合は 10.00
mysql> EXPLAIN SELECT * FROM city JOIN country ON city.CountryCode = country.Code
                     WHERE city.Name = 'Tokyo';
+----+-------------+---------+------------+--------+---------------+---------+---------+-->
| id | select_type | table   | partitions | type   | possible_keys | key     | key_len |-->
+----+-------------+---------+------------+--------+---------------+---------+---------+-->
| 1  | SIMPLE      | city    | NULL       | ALL    | CountryCode   | NULL    | NULL    |-->
| 1  | SIMPLE      | country | NULL       | eq_ref | PRIMARY       | PRIMARY | 12      |-->
+----+-------------+---------+------------+--------+---------------+---------+---------+-->

    ->+-----------------------+------+----------+-------------+
    ->| ref                   | rows | filtered | Extra       |
    ->+-----------------------+------+----------+-------------+
    ->| NULL                  | 4035 | 10.00    | Using where |
    ->| world.city.CountryCode | 1   | 100.00   | NULL        |
    ->+-----------------------+------+----------+-------------+

### ">" の場合は33.33
mysql> EXPLAIN SELECT * FROM city JOIN country ON city.CountryCode = country.Code
                     WHERE city.Name > 'Tokyo';
+----+-------------+---------+------------+--------+---------------+---------+---------+-->
| id | select_type | table   | partitions | type   | possible_keys | key     | key_len |-->
+----+-------------+---------+------------+--------+---------------+---------+---------+-->
| 1  | SIMPLE      | city    | NULL       | ALL    | CountryCode   | NULL    | NULL    |-->
| 1  | SIMPLE      | country | NULL       | eq_ref | PRIMARY       | PRIMARY | 12      |-->
+----+-------------+---------+------------+--------+---------------+---------+---------+-->

    ->+-----------------------+------+----------+-------------+
    ->| ref                   | rows | filtered | Extra       |
    ->+-----------------------+------+----------+-------------+
    ->| NULL                  | 4035 | 33.33    | Using where |
    ->| world.city.CountryCode | 1   | 100.00   | NULL        |
    ->+-----------------------+------+----------+-------------+

### BETWEENの場合は11.11
mysql> EXPLAIN SELECT * FROM city JOIN country ON city.CountryCode = country.Code
                     WHERE city.Name BETWEEN 'Tokyo' AND 'Kyoto';
+----+-------------+---------+------------+--------+---------------+---------+---------+-->
| id | select_type | table   | partitions | type   | possible_keys | key     | key_len |-->
+----+-------------+---------+------------+--------+---------------+---------+---------+-->
| 1  | SIMPLE      | city    | NULL       | ALL    | CountryCode   | NULL    | NULL    |-->
| 1  | SIMPLE      | country | NULL       | eq_ref | PRIMARY       | PRIMARY | 12      |-->
+----+-------------+---------+------------+--------+---------------+---------+---------+-->

    ->+-
```

注e) https://dev.mysql.com/doc/refman/8.0/en/analyze-table.html#analyze-table-histogram-statistics-analysis

```
->| ref                     | rows | filtered | Extra        |
->+-------------------------+------+----------+--------------+
->| NULL                    | 4035 | 11.11    | Using where  |
->| world.city.CountryCode  | 1    | 100.00   | NULL         |
->+-------------------------+------+----------+--------------+
```

　WHERE句の値、`filtered`の割合によって駆動表と内部表を入れ替える方が効率的な実行計画が手に入ると思える場合、カラムにヒストグラム統計をセットすることを検討してください（ただしこれほど簡単なクエリであれば、そのカラムにインデックスを定義する方が効果的です）。

▼city.nameカラムにヒストグラム統計をセット

```
ANALYZE TABLE city UPDATE HISTOGRAM ON Name;

-- ヒストグラム統計によりfilteredの値が改善する
mysql> EXPLAIN SELECT * FROM city JOIN country ON city.CountryCode = country.Code
                     WHERE city.Name = 'Tokyo';
+----+-------------+---------+------------+--------+---------------+---------+---------+-->
| id | select_type | table   | partitions | type   | possible_keys | key     | key_len |-->
+----+-------------+---------+------------+--------+---------------+---------+---------+-->
| 1  | SIMPLE      | city    | NULL       | ALL    | CountryCode   | NULL    | NULL    |-->
| 1  | SIMPLE      | country | NULL       | eq_ref | PRIMARY       | PRIMARY | 12      |-->
+----+-------------+---------+------------+--------+---------------+---------+---------+-->


   ->+-------------------------+------+----------+--------------+
   ->| ref                     | rows | filtered | Extra        |
   ->+-------------------------+------+----------+--------------+
   ->| NULL                    | 4035 | 0.10     | Using where  |
   ->| world.city.CountryCode  | 1    | 100.00   | NULL         |
   ->+-------------------------+------+----------+--------------+

ANALYZE TABLE city DROP HISTOGRAM ON Name;    -- クリーンアップ
```

EXPLAINを読み解く

　引き続きworldデータベースを使ってEXPLAINの例を見ていきます。なるべく多くの出力を見て、EXPLAINの出力とオプティマイザの気持ちに慣れてください。

単一テーブルのWHERE句のないGROUP BY

▼インデックスのないGROUP BY

```
mysql> EXPLAIN SELECT Continent, COUNT(*) FROM country GROUP BY Continent;
+----+-------------+---------+------------+------+---------------+------+---------+-->
| id | select_type | table   | partitions | type | possible_keys | key  | key_len |-->
+----+-------------+---------+------------+------+---------------+------+---------+-->
| 1  | SIMPLE      | country | NULL       | ALL  | NULL          | NULL | NULL    |-->
+----+-------------+---------+------------+------+---------------+------+---------+-->


   ->+------+------+----------+-----------------+
   ->| ref  | rows | filtered | Extra           |
   ->+------+------+----------+-----------------+
   ->| NULL | 239  | 100.00   | Using temporary |
   ->+------+------+----------+-----------------+
```

インデックスのないカラムでグルーピングした場合は内部テンポラリテーブル[注4.39]を使用します。Extra: Using temporaryがそれを示しますが、内部テンポラリテーブルがどの形態を取るかはここからは推測できません（EXPLAINはクエリ実行プランを表示するだけで、実際のディスク変換操作などは実行時に確定するためです）。

　country.Continentカラムにインデックスを足すことで、内部テンポラリテーブルは回避できます[注4.40]。key: idx_continentの表示から、作成したインデックスが使われていることを確認します。type: indexは（インデックスによる絞り込みが行われなかった）インデックス全体のスキャンを示し、Extra: Using indexが「カバリングインデックス（インデックスのリーフにはクラスタインデックスの値が書かれているため、COUNT()関数は行本体にアクセスしなくとも数え上げが可能）」であったことを示しています。

▼インデックスを使ったGROUP BY

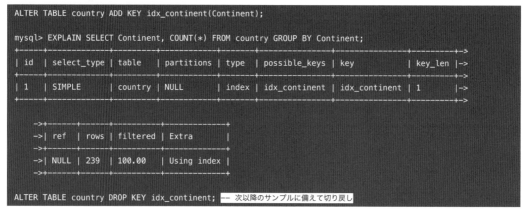

```
ALTER TABLE country ADD KEY idx_continent(Continent);

mysql> EXPLAIN SELECT Continent, COUNT(*) FROM country GROUP BY Continent;
+----+-------------+---------+------------+-------+---------------+--------------+---------+->
| id | select_type | table   | partitions | type  | possible_keys | key          | key_len |->
+----+-------------+---------+------------+-------+---------------+--------------+---------+->
| 1  | SIMPLE      | country | NULL       | index | idx_continent | idx_continent | 1      |->
+----+-------------+---------+------------+-------+---------------+--------------+---------+->

   ->+------+------+----------+-------------+
   ->| ref  | rows | filtered | Extra       |
   ->+------+------+----------+-------------+
   ->| NULL | 239  | 100.00   | Using index |
   ->+------+------+----------+-------------+

ALTER TABLE country DROP KEY idx_continent;  -- 次以降のサンプルに備えて切り戻し
```

　「GROUP BYのカラムにインデックスがない場合は内部テンポラリテーブル」と覚えるよりは、「GROUP BYのカラムが事前ソートされていない場合は内部テンポラリテーブル」と覚える方法もあります。Linuxコマンドでuniqは事前にsortがされていないとうまく動けないのと似ていると考えると覚えやすくないでしょうか。

単一テーブルのWHERE句およびGROUP BY

▼インデックスのないWHERE句およびGROUP BY

```
mysql> EXPLAIN SELECT Region, COUNT(*) FROM country WHERE Continent = 'Asia' GROUP BY Region;
+----+-------------+---------+------------+------+---------------+------+---------+->
| id | select_type | table   | partitions | type | possible_keys | key  | key_len |->
+----+-------------+---------+------------+------+---------------+------+---------+->
| 1  | SIMPLE      | country | NULL       | ALL  | NULL          | NULL | NULL    |->
+----+-------------+---------+------------+------+---------------+------+---------+->

   ->+------+------+----------+----------------------------+
   ->| ref  | rows | filtered | Extra                      |
   ->+------+------+----------+----------------------------+
   ->| NULL | 239  | 14.29    | Using where; Using temporary |
   ->+------+------+----------+----------------------------+
```

注4.39 本書3章2節『物理的なデータ』を参照。
注4.40 https://dev.mysql.com/doc/refman/8.0/en/group-by-optimization.html

インデックスのないWHERE句の処理は行本体をフェッチしたあとにフィルタ処理でした（Extra: Using whereがフィルタ処理を示します）。country.Continentカラムにインデックスはないため（前記のサンプルは切り戻してあることに注意）、type: ALLでテーブルスキャンしながらContitnent = 'Asia'をフィルタし、フィルタ後はfiltered: 14.29%が内部テンポラリテーブルに格納されてGROUP BY処理をするつもりのようです（"="演算にも関わらずfilteredが10.00でないのは、country.ContinentがENUMで7つの値を取るため、1 / 7 * 100が計算されました）。

まずは country.Continentカラムにインデックスを定義し、フィルタ処理を除去します。

▼WHERE句のみインデックスで処理させたGROUP BY

```
ALTER TABLE country ADD KEY idx_continent(Continent);

mysql> EXPLAIN SELECT Region, COUNT(*) FROM country WHERE Continent = 'Asia' GROUP BY Region;
+----+-------------+---------+------------+------+---------------+---------------+---------+-->
| id | select_type | table   | partitions | type | possible_keys | key           | key_len |-->
+----+-------------+---------+------------+------+---------------+---------------+---------+-->
| 1  | SIMPLE      | country | NULL       | ref  | idx_continent | idx_continent | 1       |-->
+----+-------------+---------+------------+------+---------------+---------------+---------+-->

      -->+-------+------+----------+----------------------------------------+
      -->| ref   | rows | filtered | Extra                                  |
      -->+-------+------+----------+----------------------------------------+
      -->| const | 51   | 100.00   | Using index condition; Using temporary |
      -->+-------+------+----------+----------------------------------------+
```

フィルタではなくインデックスを使った行アクセスの最小化により、rows: 51とフェッチした行の数が減っています。WHERE句はインデックスで完全に解決されているためExtra: Using whereの表示は消え、filtered: 100.00%になりました。Using index conditionはインデックスアクセスおよび行本体のフェッチが行われたことを示しています。GROUP BYを処理する分のインデックスはないので、Extra: Using temporaryで内部テンポラリテーブルが使われています。

GROUP BY対象のカラムにインデックスを足すことで、内部テンポラリテーブルを回避することは可能でした。WHERE句用のidx_continentを一度DROPしてから、country.Regionカラムにインデックスを足してみます。

▼GROUP BY句のみインデックスで処理させるケース

```
ALTER TABLE country DROP KEY idx_continent;
ALTER TABLE country ADD KEY idx_region(Region);

mysql> EXPLAIN SELECT Region, COUNT(*) FROM country WHERE Continent = 'Asia' GROUP BY Region;
+----+-------------+---------+------------+-------+---------------+------------+---------+-->
| id | select_type | table   | partitions | type  | possible_keys | key        | key_len |-->
+----+-------------+---------+------------+-------+---------------+------------+---------+-->
| 1  | SIMPLE      | country | NULL       | index | idx_region    | idx_region | 104     |-->
+----+-------------+---------+------------+-------+---------------+------------+---------+-->

      -->+------+------+----------+-------------+
      -->| ref  | rows | filtered | Extra       |
      -->+------+------+----------+-------------+
      -->| NULL | 239  | 14.29    | Using where |
      -->+------+------+----------+-------------+
```

rows: 239行をインデックススキャン（type: index）しながら行本体にもアクセスし、filtered: 14.29%まで行数を減らしつつ、GROUP BYの集約操作は内部テンポラリテーブルを使うことなく行われています。

WHERE句を解決するインデックスとGROUP BY句を解決するインデックスが両方存在した場合は、それぞれコストを計算してコストが小さくなる方の実行計画を選びます。

▼複数のインデックスが選択可能な場合の出力

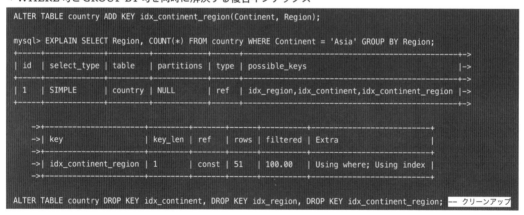

possible_keys: idx_region,idx_continentが両方のインデックスが選択可能であったことを示し、key: idx_continentが実際に利用すると見込んだインデックスです。

▼WHERE句とGROUP BY句を同時に解決する複合インデックス

```
ALTER TABLE country ADD KEY idx_continent_region(Continent, Region);

mysql> EXPLAIN SELECT Region, COUNT(*) FROM country WHERE Continent = 'Asia' GROUP BY Region;
+----+-------------+---------+------------+------+---------------------------------------------+->
| id | select_type | table   | partitions | type | possible_keys                               |->
+----+-------------+---------+------------+------+---------------------------------------------+->
|  1 | SIMPLE      | country | NULL       | ref  | idx_region,idx_continent,idx_continent_region|->
+----+-------------+---------+------------+------+---------------------------------------------+->

    ->+-----------------------+---------+-------+------+----------+------------------------+
    ->| key                   | key_len | ref   | rows | filtered | Extra                  |
    ->+-----------------------+---------+-------+------+----------+------------------------+
    ->| idx_continent_region  | 1       | const | 51   | 100.00   | Using where; Using index |
    ->+-----------------------+---------+-------+------+----------+------------------------+

ALTER TABLE country DROP KEY idx_continent, DROP KEY idx_region, DROP KEY idx_continent_region;  -- クリーンアップ
```

インデックスを使った絞り込み（Continent）をしてなお、GROUP BYのカラム（Region）があらかじめソート済みであることが満たせるので、このケースは必要な行だけにアクセスし（rows:51、filtered: 100.00）かつ、行本体にアクセスすることなく（Extra: Using index）インデックスのみで完結しています。追加のフィルタリングが発生していないのでExtra: Using whereには消えてほしいところですが、なぜか残っています（Extra: Using index conditionといまいち一貫性のない出力ですが、原因はわかりません）。

単一テーブルの ORDER BY LIMIT 最適化

▼WHERE句、ORDER BY句、LIMIT句の組み合わせ

```
mysql> EXPLAIN SELECT * FROM country WHERE Continent = 'Asia' ORDER BY Population DESC LIMIT 10;
+----+-------------+---------+------------+------+---------------+------+---------+->
| id | select_type | table   | partitions | type | possible_keys | key  | key_len |->
+----+-------------+---------+------------+------+---------------+------+---------+->
| 1  | SIMPLE      | country | NULL       | ALL  | NULL          | NULL | NULL    |->
+----+-------------+---------+------------+------+---------------+------+---------+->

   ->+------+------+----------+----------------------------+
   ->| ref  | rows | filtered | Extra                      |
   ->+------+------+----------+----------------------------+
   ->| NULL | 239  | 14.29    | Using where; Using filesort |
   ->+------+------+----------+----------------------------+
```

インデックスが一つもない状態でのEXPLAINはもうすぐ想像できるでしょうか。type: ALL、rows: 239、Extra: Using whereに加えて、フィルタ後の追加ソートを示すExtra: Using filesortが出力されます。ファイルソートと書いてはありますが、必ずしもテンポラリファイルを使うとは限りません。オンメモリでソートバッファ[注4.41]だけを使って追加ソートするケースの方がほとんどです（内部テンポラリテーブルと同じく実行時に確定するためEXPLAINの出力からは推測できません）。

いずれにせよ、行をフェッチし、フィルタをかけ、残った行を追加ソートしてから初めてORDER BY Population DESC LIMIT 10のトップ10が確定するため、行読み取りの他にソートの処理がボトルネックになります。

WHERE句を解決するINDEX(Continent)だけを足した例も想像してみてください。rowsが減り、filteredが100.00になり、Using whereが消えてUsing index conditionになり、Using filesortはそのまま残るでしょう。今までと風が変わるのは、ORDER BYを処理するINDEX(Population)だけを追加したケースです。

▼ORDER BY LIMIT 最適化

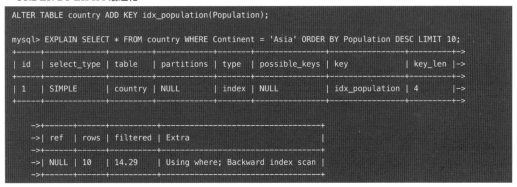

```
ALTER TABLE country ADD KEY idx_population(Population);

mysql> EXPLAIN SELECT * FROM country WHERE Continent = 'Asia' ORDER BY Population DESC LIMIT 10;
+----+-------------+---------+------------+-------+---------------+----------------+---------+->
| id | select_type | table   | partitions | type  | possible_keys | key            | key_len |->
+----+-------------+---------+------------+-------+---------------+----------------+---------+->
| 1  | SIMPLE      | country | NULL       | index | NULL          | idx_population | 4       |->
+----+-------------+---------+------------+-------+---------------+----------------+---------+->

   ->+------+------+----------+---------------------------------+
   ->| ref  | rows | filtered | Extra                           |
   ->+------+------+----------+---------------------------------+
   ->| NULL | 10   | 14.29    | Using where; Backward index scan |
   ->+------+------+----------+---------------------------------+
```

rows: 10に注目してください。idx_populationによってPopulationはすでに昇順（暗黙のソート順はASC）にソートされており、B+Tree形式をしているためこのインデックスを昇順にたどるのと逆順にたどるのはほぼ等価に可能です（よってインデックスを使って逆順に処理したことを示すExtra: Backward

注4.41 https://dev.mysql.com/doc/refman/8.0/en/server-system-variables.html#sysvar_sort_buffer_size index scanが追加されています。この表示はMySQL 8.0からです)。すでにソート済み(インデックスは「ソート済みの部分複製」)なのでソートを待つことなくパイプラインで結果セットを確定させることができます。最良のケース(すべてContinent = 'Asia'を満たす場合)でインデックスから10行取り出して行をフェッチするだけで処理が終わります。最悪ケースはContinent = 'Asia'を満たす行が10行未満の場合で、そのときはインデックスフルスキャンが終わるまで結果セットが確定できません。

filtered: 14.29%によってフィルタをすり抜ける確率は1/7だとしているので、この見積もりが正しければ(コラム6を参照。インデックス定義もヒストグラム統計も収集されていないカラムのfilteredは正確ではない)「Populationの降順に70行フェッチすればそのうち14.29%がContinent='Asia'にマッチし結果セットの10行が完成する」とMySQLが見込んだのがこの実行計画です。WHEREを優先した実行計画はrowsがそのまま「アクセスが必要な行の概算数」でそのあと追加フィルタリングがかかるのに対し、ORDER BY LIMIT最適化がかかった実行計画のrowsはかなり曖昧で、実際にアクセスされる行はフィルタリングに依存します(インデックスによるWHEREの絞り込みはマッチする行数が少なければ少ないほど速いですが、ORDER BY LIMIT最適化はフィルタリングにマッチする行が多ければ多いほど速いです)。

▼ORDER BY LIMIT最適化とWHERE句の比較

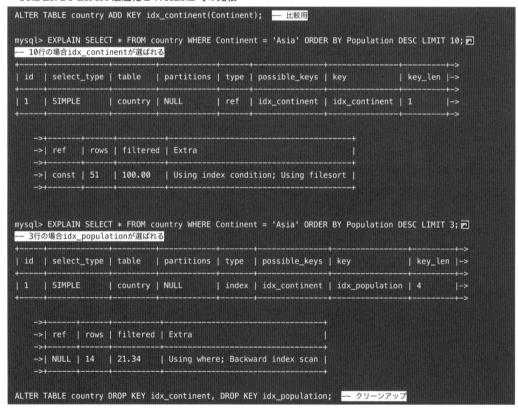

LIMITの件数によってどちらのインデックスが使われるかが変わります。このとき、Continentはインデックスが定義されているため、filteredの値はある程度正確になります(idx_continentを検査することによって、Continent='Asia'がどの程度の割合で存在するかを知ることができます)。

なお、WHERE と ORDER BY LIMIT 最適化を同時に満たすインデックスは、INDEX(Continent, Population)でこれが最速になります。

🐢 単一テーブルの GROUP BY と集計結果カラムの HAVING、ORDER BY

　GROUP BY と集計結果カラム（COUNT、SUM などを適用したカラム）を使った HAVING および ORDER BY はインデックスでは処理できません。GROUP BY が終わって初めて集計結果カラムの内容が確定するため、HAVING では追加のフィルタ、ORDER BY では内部テンポラリテーブルと追加ソートが必要になります（GROUP BY の結果を一度内部テンポラリテーブルに書き込んで、内部テンポラリテーブルから読み出した内容をソートします）。よって、GROUP BY 後のレコードの数が性能を大きく左右します。

▼INDEX(Continent, Region) があり集計結果カラムで ORDER BY

```
mysql> EXPLAIN SELECT Continent, Region, SUM(Population) FROM country GROUP BY Continent, Region ORDER ⏎
    BY SUM(Population) ASC;
+----+-------------+---------+------------+-------+---------------------+---------------------+-->
| id | select_type | table   | partitions | type  | possible_keys       | key                 |->
+----+-------------+---------+------------+-------+---------------------+---------------------+-->
| 1  | SIMPLE      | country | NULL       | index | idx_continent_region| idx_continent_region|->
+----+-------------+---------+------------+-------+---------------------+---------------------+-->

    ->+---------+------+------+----------+--------------------------------+
    ->| key_len | ref  | rows | filtered | Extra                          |
    ->+---------+------+------+----------+--------------------------------+
    ->| 105     | NULL | 239  | 100.00   | Using temporary; Using filesort|
    ->+---------+------+------+----------+--------------------------------+
```

　集計結果カラムでソートが必要な場合、GROUP BY に渡る以前のレコードを WHERE で絞り込めないか、一度サマリテーブル（またはユーザー定義テンポラリテーブル）などに登録して ORDER BY を省略できないかを検討します（サマリテーブルには本来必要だった ORDER BY 用のインデックスを作成しておきます）。内部テンポラリテーブルはサイズが大きくなればディスク上に固定化される可能性が高くなるので、オンメモリのみで複数回実行した合計時間の方が速くなることがあります（集計処理などで、「1日分は数秒で返ってくるのに30日分にすると1時間以上かかる」ような経験があるとしたらこれが原因の可能性があります）。

　ギリギリまで I/O を削るためにカバリングインデックスを使う手段（SUM のカラムをインデックスに含めることで行アクセスを回避する）もあります。完全にオーバーヘッドが内部テンポラリテーブルにある場合（行 I/O が削減されても内部テンポラリテーブルに読む／書くサイズは変わらない場合）には効果がありませんが、試してみる価値はあるかもしれません。

▼INDEX(Continent, Region, Population) を足してカバリングインデックスを狙う

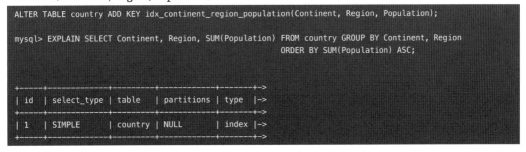

```
ALTER TABLE country ADD KEY idx_continent_region_population(Continent, Region, Population);

mysql> EXPLAIN SELECT Continent, Region, SUM(Population) FROM country GROUP BY Continent, Region
                                                    ORDER BY SUM(Population) ASC;


+----+-------------+---------+------------+-------+-->
| id | select_type | table   | partitions | type  |->
+----+-------------+---------+------------+-------+-->
| 1  | SIMPLE      | country | NULL       | index |->
```

```
->+-----------------------------------------------------+------>+-->
->| possible_keys                                       | key   |->
->+-----------------------------------------------------+------>+-->
->| idx_continent_region,idx_continent_region_population | idx_continent_region_population |->
->+-----------------------------------------------------+------>+-->


    ->+---------+------+------+----------+---------------------------------------+
    ->| key_len | ref  | rows | filtered | Extra                                 |
    ->+---------+------+------+----------+---------------------------------------+
    ->| 109     | NULL | 239  | 100.00   | Using index; Using temporary; Using filesort |
    ->+---------+------+------+----------+---------------------------------------+

ALTER TABLE country DROP KEY idx_continent_region, DROP KEY idx_continent_region_population;   -- クリーンアップ
```

　その他の値は変わりませんが、**Extra: Using index**が増えて、カバリングインデックスが効いていることを示します。繰り返しますが、オーバーヘッドが完全に内部テンポラリテーブルにある場合は、効果はありません。

🐟 シンプルな2テーブルJOIN

　本節にある『オプティマイザの気持ちになる』で説明したクエリです。インデックスを足さない前提では「city（駆動表）のテーブルスキャン + city.Nameのフィルタ + 左記でマッチした行ごとにcountry.Code（内部表）のインデックス検索」または「country（駆動表）のテーブルスキャン + countryテーブル1行ごとにcity.Code（内部表）のインデックス検索 + city.Nameでのフィルタアウト」の2つしか考えられませんでしたが、インデックスを足す前提であれば前者のcityテーブルはスキャンを避けWHERE句をインデックスで絞り込むことができます。

▼WHERE句にインデックスが使えることで駆動表が変わる

```
ALTER TABLE city ADD KEY idx_name (Name);

mysql> EXPLAIN SELECT * FROM city JOIN country ON city.CountryCode = country.Code
                   WHERE city.Name = 'Tokyo';
+----+-------------+---------+------------+--------+--------------------+----------+---------+----->
| id | select_type | table   | partitions | type   | possible_keys      | key      | key_len |->
+----+-------------+---------+------------+--------+--------------------+----------+---------+----->
|  1 | SIMPLE      | city    | NULL       | ref    | CountryCode,idx_name | idx_name | 140   |->
|  1 | SIMPLE      | country | NULL       | eq_ref | PRIMARY            | PRIMARY  | 12      |->
+----+-------------+---------+------------+--------+--------------------+----------+---------+----->


    ->+-----------------------+------+----------+-----------------------+
    ->| ref                   | rows | filtered | Extra                 |
    ->+-----------------------+------+----------+-----------------------+
    ->| const                 | 1    | 100.00   | Using index condition |
    ->| world.city.CountryCode | 1   | 100.00   | NULL                  |
    ->+-----------------------+------+----------+-----------------------+

ALTER TABLE city DROP KEY idx_name;   -- クリーンアップ
```

　city（駆動表）からの1インデックスコスト + 行コスト、country（内部表）からの1インデックスコスト + 行コストまで劇的に減らすことができました。select_listが「*」でなければ、さらにカバリングインデックスを使う実行計画を考えることもできます。

🪐 2テーブルJOIN + WHERE + ORDER BY LIMIT 最適化（同テーブル）

▼2テーブルをJOINしつつORDER BY LIMIT最適化（同テーブル版）

```
mysql> EXPLAIN SELECT city.* FROM city JOIN country ON city.CountryCode = country.Code WHERE country.↵
Continent = 'Asia' ORDER BY country.Population LIMIT 10;
+-----+-------------+---------+------------+------+---------------+-------------+---------+->
| id  | select_type | table   | partitions | type | possible_keys | key         | key_len |->
+-----+-------------+---------+------------+------+---------------+-------------+---------+->
| 1   | SIMPLE      | country | NULL       | ALL  | PRIMARY       | NULL        | NULL    |->
| 1   | SIMPLE      | city    | NULL       | ref  | CountryCode   | CountryCode | 12      |->
+-----+-------------+---------+------------+------+---------------+-------------+---------+->

   ->+--------------------+------+----------+-----------------------------+
   ->| ref                | rows | filtered | Extra                       |
   ->+--------------------+------+----------+-----------------------------+
   ->| NULL               | 239  | 14.29    | Using where; Using filesort |
   ->| world.country.Code | 17   | 100.00   | NULL                        |
   ->+--------------------+------+----------+-----------------------------+
```

　同じテーブルに対するWHEREとORDER BYがある場合、単一テーブルのときと同じ考え方ができます。「駆動表でWHEREをインデックス処理し、そのままORDER BY LIMIT最適化にパイプラインすることで結果を最小化し、最小化された結果セットにのみJOINを適用する」です（ただし単一テーブルと違い、JOINの結合先が見つからなければフィルタされてLIMITが完成するまでのステップが増えます）。

▼同じテーブルに設定されたWHEREとORDER BY LIMIT最適化を1つのインデックスで解決する

```
ALTER TABLE country ADD KEY idx_continent_population(Continent, Population);

mysql> EXPLAIN SELECT city.* FROM city JOIN country ON city.CountryCode = country.Code
                         WHERE country.Continent = 'Asia' ORDER BY country.Population LIMIT 10;

+-----+-------------+---------+------------+------+-------------------------------+->
| id  | select_type | table   | partitions | type | possible_keys                 |->
+-----+-------------+---------+------------+------+-------------------------------+->
| 1   | SIMPLE      | country | NULL       | ref  | PRIMARY,idx_continent_population |->
| 1   | SIMPLE      | city    | NULL       | ref  | CountryCode                   |->
+-----+-------------+---------+------------+------+-------------------------------+->

   ->+--------------------------+---------+--------------------+->
   ->| key                      | key_len | ref                |->
   ->+--------------------------+---------+--------------------+->
   ->| idx_continent_population | 1       | const              |->
   ->| CountryCode              | 12      | world.country.Code |->
   ->+--------------------------+---------+--------------------+->

      ->+------+----------+-------------------------+
      ->| rows | filtered | Extra                   |
      ->+------+----------+-------------------------+
      ->| 51   | 100.00   | Using where; Using index |
      ->| 17   | 100.00   | NULL                    |
      ->+------+----------+-------------------------+

ALTER TABLE country DROP KEY idx_continent_population;   -- クリーンアップ
```

　rowsはあたかもWHEREのみ解決されORDER BY LIMITが効いていないような表示ですが、`Extra: Using filesort`がないのでORDER BYは追加ソートなしで処理されています。`SHOW SESSION STATUS LIKE 'Handler\_read%'`（MySQLサーバーがストレージエンジンから行を読みだす際にカウントアップ

される）を実行すると、予測通り行の読み込みはORDER BY LIMITの最適化が効いて51行よりも少ない行を読み込んでいることが確認できます。

🛰 2テーブルJOIN + ORDER BY LIMIT最適化（別テーブル）

ORDER BY対象のカラムが駆動表にない場合（for which the ORDER BY or GROUP BY contains columns from tables other than the first table in the join queue[注4.42]）、MySQLは内部テンポラリテーブルを使用します。JOINの結果までを一度内部テンポラリテーブルに詰めてから改めてORDER BY部分を追加ソートする形です。追加ソートが発生する場合はORDER BY LIMITの最適化が効かないことは、これまで説明した通りです。

▼2テーブルをJOINしつつORDER BY LIMIT最適化（別テーブル版）

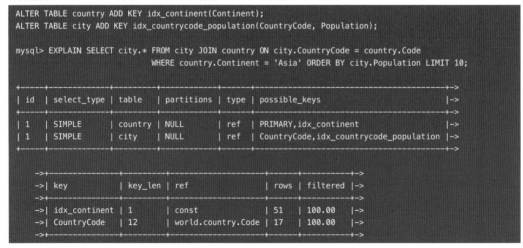

```
mysql> EXPLAIN SELECT city.* FROM city JOIN country ON city.CountryCode = country.Code
                        WHERE country.Continent = 'Asia' ORDER BY city.Population LIMIT 10;
+----+-------------+---------+------------+------+---------------+------------+---------+-->
| id | select_type | table   | partitions | type | possible_keys | key        | key_len |->
+----+-------------+---------+------------+------+---------------+------------+---------+-->
|  1 | SIMPLE      | country | NULL       | ALL  | PRIMARY       | NULL       | NULL    |->
|  1 | SIMPLE      | city    | NULL       | ref  | CountryCode   | CountryCode | 12     |->
+----+-------------+---------+------------+------+---------------+------------+---------+-->

  ->+-------------------+------+----------+----------------------------------------------+
  ->| ref               | rows | filtered | Extra                                        |
  ->+-------------------+------+----------+----------------------------------------------+
  ->| NULL              | 239  | 14.29    | Using where; Using temporary; Using filesort |
  ->| world.country.Code | 17  | 100.00   | NULL                                         |
  ->+-------------------+------+----------+----------------------------------------------+
```

country.continentカラムで絞り込みをかけてcountryテーブルを駆動表にし、結合のためcity.CountryCode、ソートのためにcity.Populationをつなげたインデックスを作るとします（速くなると誤解する人が多い戦略です）。

▼内部表にORDER BY対象カラムがある場合のよくある誤解したやり方

```
ALTER TABLE country ADD KEY idx_continent(Continent);
ALTER TABLE city ADD KEY idx_countrycode_population(CountryCode, Population);

mysql> EXPLAIN SELECT city.* FROM city JOIN country ON city.CountryCode = country.Code
                        WHERE country.Continent = 'Asia' ORDER BY city.Population LIMIT 10;

+----+-------------+---------+------------+------+-------------------------------------+-->
| id | select_type | table   | partitions | type | possible_keys                       |->
+----+-------------+---------+------------+------+-------------------------------------+-->
|  1 | SIMPLE      | country | NULL       | ref  | PRIMARY,idx_continent               |->
|  1 | SIMPLE      | city    | NULL       | ref  | CountryCode,idx_countrycode_population |->
+----+-------------+---------+------------+------+-------------------------------------+-->

  ->+----------------+---------+-------------------+------+----------+
  ->| key            | key_len | ref               | rows | filtered |->
  ->+----------------+---------+-------------------+------+----------+
  ->| idx_continent  | 1       | const             | 51   | 100.00   |->
  ->| CountryCode    | 12      | world.country.Code | 17  | 100.00   |->
  ->+----------------+---------+-------------------+------+----------+
```

注4.42 https://dev.mysql.com/doc/refman/8.0/en/internal-temporary-tables.html

```
      ->+------------------------------------------------------------+
      ->| Extra                                                      |
      ->+------------------------------------------------------------+
      ->| Using where; Using index; Using temporary; Using filesort |
      ->| NULL                                                       |
      ->+------------------------------------------------------------+


ALTER TABLE country DROP KEY idx_continent;              -- クリーンアップ
ALTER TABLE city DROP KEY idx_countrycode_population;     -- クリーンアップ
```

　狙い通りcountryの絞り込みはインデックスで済ませられましたが、**Extra: Using temporary**は解消しません。これは依然ORDER BY対象のcity.Populationが内部表にあるからです。では、「cityを駆動表にしてcity.Populationをインデックスで解決し、内部表のcountryのCode（ON句述語）、Continent（WHERE句述語）をインデックスで絞り込む」戦略を試してみます。

▼Using temporaryを解消するためのインデックスを追加するが……

▼Using temporaryを解消するためのインデックスを追加するが……

```
ALTER TABLE city ADD KEY idx_population(Population);
ALTER TABLE country ADD KEY idx_code_continent(Code, Continent);

mysql> EXPLAIN SELECT city.* FROM city JOIN country ON city.CountryCode = country.Code
                       WHERE country.Continent = 'Asia' ORDER BY city.Population LIMIT 10;

+----+-------------+---------+------------+-------+-------------------------+-->
| id | select_type | table   | partitions | type  | possible_keys           |-->
+----+-------------+---------+------------+-------+-------------------------+-->
| 1  | SIMPLE      | country | NULL       | index | PRIMARY,idx_code_continent |-->
| 1  | SIMPLE      | city    | NULL       | ref   | CountryCode             |-->
+----+-------------+---------+------------+-------+-------------------------+-->


    ->+-------------------+---------+--------------------+------+----------+-->
    ->| key               | key_len | ref                | rows | filtered |-->
    ->+-------------------+---------+--------------------+------+----------+-->
    ->| idx_code_continent | 13     | NULL               | 239  | 14.29    |-->
    ->| CountryCode       | 12      | world.country.Code | 17   | 100.00   |-->
    ->+-------------------+---------+--------------------+------+----------+-->


        ->+------------------------------------------------------------+
        ->| Extra                                                      |
        ->+------------------------------------------------------------+
        ->| Using where; Using index; Using temporary; Using filesort |
        ->| NULL                                                       |
        ->+------------------------------------------------------------+

mysql> FLUSH LOCAL STATUS;     -- SHOW SESSION STATUSの値をリセットできる

mysql> SELECT city.* FROM city JOIN country ON city.CountryCode = country.Code
                  WHERE country.Continent = 'Asia' ORDER BY city.Population LIMIT 10;   -- 実行する

mysql> SHOW SESSION STATUS LIKE 'Handler\_read%';
+----------------------+-------+
| Variable_name        | Value |
+----------------------+-------+
| Handler_read_first   | 1     |
| Handler_read_key     | 52    |
| Handler_read_last    | 0     |
| Handler_read_next    | 2005  |
```

4

ロックとクエリ実行計画

4

ロックとクエリ実行計画

```
| Handler_read_prev      | 0      |
| Handler_read_rnd       | 0      |
| Handler_read_rnd_next  | 0      |
+------------------------+--------+
```

こちらの思うようにはインデックスを使用してくれませんでした。INDEXオプティマイザヒント[注4.43]で作ったインデックスを強制的に使わせてみます。

▼INDEXオプティマイザヒントでidx_populationの使用を強制する

```
mysql> EXPLAIN SELECT /*+ INDEX(city idx_population) */ city.*
            FROM city JOIN country ON city.CountryCode = country.Code
            WHERE country.Continent = 'Asia'
            ORDER BY city.Population LIMIT 10;
+------+-------------+---------+------------+--------+------------------------+->
| id   | select_type | table   | partitions | type   | possible_keys          |->
+------+-------------+---------+------------+--------+------------------------+->
| 1    | SIMPLE      | city    | NULL       | index  | NULL                   |->
| 1    | SIMPLE      | country | NULL       | eq_ref | PRIMARY,idx_code_continent |->
+------+-------------+---------+------------+--------+------------------------+->

    ->+----------------+---------+-----------------------+------+----------+-------------+
    ->| key            | key_len | ref                   | rows | filtered | Extra       |
    ->+----------------+---------+-----------------------+------+----------+-------------+
    ->| idx_population | 4       | NULL                  | 69   | 100.00   | NULL        |
    ->| PRIMARY        | 12      | world.city.CountryCode | 1   | 14.29    | Using where |
    ->+----------------+---------+-----------------------+------+----------+-------------+

mysql> FLUSH LOCAL STATUS;    ← SHOW SESSION STATUSの値をリセットできる

mysql> SELECT /*+ INDEX(city idx_population) */ city.*
     FROM city JOIN country ON city.CountryCode = country.Code
     WHERE country.Continent = 'Asia'
     ORDER BY city.Population LIMIT 10;  ← 実行する

mysql> SHOW SESSION STATUS LIKE 'Handler\_read%';
+------------------------+--------+
| Variable_name          | Value  |
+------------------------+--------+
| Handler_read_first     | 1      |
| Handler_read_key       | 104    |
| Handler_read_last      | 0      |
| Handler_read_next      | 106    |
| Handler_read_prev      | 0      |
| Handler_read_rnd       | 0      |
| Handler_read_rnd_next  | 0      |
+------------------------+--------+

ALTER TABLE city DROP KEY idx_population, DROP KEY idx_countrycode_population;  ← クリーンアップ
ALTER TABLE country DROP KEY idx_code_continent, DROP KEY idx_continent;  ← クリーンアップ
```

　使うインデックスを切り替えさせました。SHOW SESSION STATUSから読み取った行の減少も確認でき、満足です。ただし、WHERE句のContinentがAsiaの場合はこちらの方が速かったですが、Antarctica（南極）にすると1つも都市がない（cityテーブルに行がない）ので、LIMIT 10を揃えることができず却って遅くな

注4.43 https://dev.mysql.com/doc/refman/8.0/en/optimizer-hints.html#optimizer-hints-index-level

ります (ORDER BY LIMITの最適化はマッチする行が多いほど早く、少ないほど遅くなります)。Webサービスでもライトユーザーとヘビーユーザーで劇的に速さが違うクエリはあり、オプティマイザヒントで実行計画を固定する場合は逆のパターン (ライトユーザーの速度を改善するためのヒントなら、ヘビーユーザーのWHERE句でも試してみる) も計測することをお勧めします。

最適なインデックスを選択できないことはそれだけでクエリのパフォーマンスを低下させますが、使用するインデックスによってロックの範囲が変わることで更なるパフォーマンスの低下を発生させることがあります。特にUPDATE/DELETEでは「少しくらい遅いけれどまあいいか」としたロック同士が競合し大きな問題になることもあります。特に、アクセス頻度の高いトップページでの最終アクセス時刻の更新などはロックが正しく最小の単位になっていない場合は大変なことになりますので、挙動に違和感を感じた場合はEXPLAINで試してみてください。

🐟 ベーステーブル + FROM句のサブクエリ (1)

SQLの便利な特性として、「FROM句に書いたサブクエリをあたかもテーブルのように扱う」ことができます (本書3章の用語で「テーブルリファレンス」と呼びます)。MySQLのSQLの制限にあたってしまった場合、または可読性のためにFROM句の内側に条件を記述して「それをさらにフィルタして結果セットを得たいんだよ」というSQLの読み手に意志を伝えたい場合にFROM句サブクエリはよく使われます。

長くMySQLに親しんでいる人にとっては「FROM句サブクエリは常に内部テンポラリテーブルが使われるため極力使うべきではない」という信条をお持ちの方もいることと思います。それはMySQL 5.6とそれ以前の話です。MySQL 5.7とそれ以降ではこのFROM句サブクエリに対する外側の条件の最適化 (optimizer_switch='derived_merge=on'[注4.44]) がデフォルトで導入されているため、内部テンポラリテーブルを避けるためだけにFROM句サブクエリ (WITH句) を避ける必要はありません (ただし、サブクエリにGROUP BYやWindow関数が含まれている場合には依然として内部テンポラリテーブルを要しますが、これらは本質的に結果が「確定してからでないと後続の処理ができない」ため、内部テンポラリテーブルを避けて結果を得ること自体ができません)。

▼ベーシックなFROM句サブクエリ。英語話者のいる国の情報を列挙する

```
mysql> SELECT * FROM country JOIN (SELECT CountryCode FROM countrylanguage WHERE Language = 'English') AS↩
 country_using_english ON country.Code = country_using_english.CountryCode;
```

FROM句サブクエリは必要になる都度、その場にサブクエリを直接記述するため、視認性が悪いことがあります。MySQL 8.0とそれ以降ではWITH句 (CTE (CommonTable Expressions) の記法)[注4.45]でサブクエリを先頭に記述でき、視認性を高めることができます。

▼同じクエリをWITH句を使って書き換えたもの

```
mysql> WITH country_using_english AS (SELECT CountryCode FROM countrylanguage WHERE Language = 'English')
    -> SELECT * FROM country JOIN country_using_english ON country.Code = country_using_english.CountryCode;
```

この例ではどちらの書き方でも実行計画は変わりませんでした。

注4.44 https://dev.mysql.com/doc/refman/8.0/en/server-system-variables.html#sysvar_optimizer_switch
注4.45 https://dev.mysql.com/doc/refman/8.0/en/with.html

```
mysql> EXPLAIN WITH country_using_english AS (
            SELECT CountryCode FROM countrylanguage WHERE Language = 'English')
         SELECT *
         FROM country JOIN
            country_using_english ON country.Code = country_using_english.CountryCode;
+------+-------------+---------------+------------+--------+-------------------+---------+->
| id   | select_type | table         | partitions | type   | possible_keys     | key     |->
+------+-------------+---------------+------------+--------+-------------------+---------+->
| 1    | SIMPLE      | country       | NULL       | ALL    | PRIMARY           | NULL    |->
| 1    | SIMPLE      | countrylanguage | NULL     | eq_ref | PRIMARY,CountryCode | PRIMARY |->
+------+-------------+---------------+------------+--------+-------------------+---------+->


    ->+---------+----------------------------+------+----------+-------------------------+
    ->| key_len | ref                        | rows | filtered | Extra                   |
    ->+---------+----------------------------+------+----------+-------------------------+
    ->| NULL    | NULL                       | 239  | 100.00   | NULL                    |
    ->| 132     | world.country.Code,const   | 1    | 100.00   | Using where; Using index |
    ->+---------+----------------------------+------+----------+-------------------------+
```

　上記の出力を見て、「シンプルな2テーブルJOINのときと結果が変わらなくないか?」と思えたなら、だいぶオプティマイザの気持ちになれています。実際その通り、このFROM句サブクエリはシンプルな2テーブルJOINとして扱われています。駆動表がcountryでテーブルスキャンをしながら、countrylanguageを内部表にしてプライマリキー(CountryCode、Language)でON句とWHERE句をまとめて処理しています。

```
mysql> EXPLAIN WITH country_using_english AS (
            SELECT CountryCode FROM countrylanguage WHERE Language = 'English')
         SELECT *
         FROM country JOIN
            country_using_english ON country.Code = country_using_english.CountryCode;
+------+-------------+---------------+------------+--------+-------------------+---------+->
| id   | select_type | table         | partitions | type   | possible_keys     | key     |->
+------+-------------+---------------+------------+--------+-------------------+---------+->
| 1    | SIMPLE      | country       | NULL       | ALL    | PRIMARY           | NULL    |->
| 1    | SIMPLE      | countrylanguage | NULL     | eq_ref | PRIMARY,CountryCode | PRIMARY |->
+------+-------------+---------------+------------+--------+-------------------+---------+->


    ->+---------+----------------------------+------+----------+-------------------------+
    ->| key_len | ref                        | rows | filtered | Extra                   |
    ->+---------+----------------------------+------+----------+-------------------------+
    ->| NULL    | NULL                       | 239  | 100.00   | NULL                    |
    ->| 132     | world.country.Code,const   | 1    | 100.00   | Using where; Using index |
    ->+---------+----------------------------+------+----------+-------------------------+

2 rows in set, 1 warning (0.01 sec)
            ^^^^^^^^^^

mysql> SHOW WARNINGS\G
*************************** 1. row ***************************
  Level: Note
   Code: 1003
Message: /* select#1 */ select `world`.`country`.`Code` AS `Code`,
                         `world`.`country`.`Name` AS `Name`,
                         `world`.`country`.`Continent` AS `Continent`,
                         <省略>
                         from `world`.`country` join
```

```
                                    `world`.`countrylanguage`
                        where (
                            (`world`.`countrylanguage`.`Language` = 'English') and
                            (`world`.`countrylanguage`.`CountryCode` = `world`.`country`.`Code`))
1 row in set (0.00 sec)
```

　ここまでの出力例ではすべて省略してきましたが、SELECT文に直接付けたEXPLAINの結果は常に1行以上のワーニングを返します。ワーニングの中身は「オプティマイザがこのようにクエリを書き換えたよ」というものです（2行以上だった場合、1つ以外は本物のワーニングである可能性があります（2つ以上のLevel: Noteがあることもあります））。

　オプティマイザ書き換え後の出力は必ずしもそのままMySQLで実行可能なSQLではないことがありますが（関数キャッシュが行われた場合の<cache>や準結合最適化^{注4.46}が行われた場合のsemi joinなど）、これを観察することで「今、オプティマイザがどうしようとしているのか」「それは最適のようなのか、それともヒントを与えてさらに効率化が可能なのか」を判断する材料になります。

🌏 ベーステーブル + FROM句のサブクエリ (2)

　前項の最後で触れた、内部テンポラリテーブルを避けられないパターンのEXPLAINも見ておきましょう。まずはサブクエリ抜きでWindow関数のRANK^{注4.47}を使って「ある国で一番使われている言語」を抽出したいとします。

▼ある国でもっとも使用人口が多い言語をリストしたい

```
mysql> SELECT CountryCode,
              RANK() OVER(PARTITION BY CountryCode ORDER BY Percentage DESC) AS language_rank,
              Language,
              Percentage
       FROM countrylanguage;    -- すべての言語が表示されてしまう

## 1位だけを導出したいが、WHERE句、HAVING句はいずれも拒否されてしまう
mysql> SELECT CountryCode,
              RANK() OVER(PARTITION BY CountryCode ORDER BY Percentage DESC) AS language_rank,
              Language,
              Percentage
       FROM countrylanguage
       HAVING language_rank = 1;
ERROR 3594 (HY000): You cannot use the alias 'language_rank' of an expression containing a window
 function in this context.'

mysql> SELECT CountryCode,
              RANK() OVER(PARTITION BY CountryCode ORDER BY Percentage DESC) AS language_rank,
              Language,
              Percentage
       FROM countrylanguage
       WHERE RANK() OVER(PARTITION BY CountryCode ORDER BY Percentage DESC) = 1;
ERROR 3593 (HY000): You cannot use the window function 'rank' in this context.'
```

　このようにWindow関数^{注4.48}の結果のフィルタリングはサブクエリを使って記述する（もしくはアプリケーションにフィルタを委譲する）しかありません。

注4.46 https://dev.mysql.com/doc/refman/8.0/en/semijoins.html
注4.47 https://dev.mysql.com/doc/refman/8.0/en/window-function-descriptions.html#function_rank
注4.48 https://dev.mysql.com/doc/refman/8.0/en/window-functions.html

▼FROM句サブクエリまたはWITH句を使ったWindow関数の結果のフィルタリング

```
mysql> SELECT *
       FROM (
         SELECT CountryCode,
                RANK() OVER(PARTITION BY CountryCode ORDER BY Percentage DESC) AS language_rank,
                Language, Percentage
         FROM countrylanguage) AS tmp
       WHERE language_rank = 1;

mysql> WITH tmp AS (
         SELECT CountryCode,
                RANK() OVER(PARTITION BY CountryCode ORDER BY Percentage DESC) AS language_rank,
                Language,
                Percentage
         FROM countrylanguage)
    -> SELECT * FROM tmp WHERE language_rank = 1;

### 今回もどちらも実行計画は同じだった
mysql> EXPLAIN SELECT *
                FROM (
                  SELECT CountryCode,
                         RANK() OVER(PARTITION BY CountryCode ORDER BY Percentage DESC) AS language_rank,
                         Language,
                         Percentage
                  FROM countrylanguage) AS tmp
                WHERE language_rank = 1;
```

id	select_type	table	partitions	type	possible_keys	key |->
1	PRIMARY	\<derived2\>	NULL	ref	\<auto_key0\>	\<auto_key0\> |->
2	DERIVED	countrylanguage	NULL	ALL	NULL	NULL |->

key_len	ref	rows	filtered	Extra
8	const	10	100.00	NULL
NULL	NULL	984	100.00	Using filesort

　これが内部テンポラリテーブルを使用した際のEXPLAINの例です。NLJの場合は「idが同じ場合、先に出力された方が駆動表であり後に出力された方が内部表」でしたが、派生テーブル（DERIVED）の場合は「idが大きい方が先に処理されたテーブルで、idが小さい方に進むにつれて先に処理された派生テーブルを使う」です。この例の場合はcountrylanguageのサブクエリを先にtype: ALLテーブルスキャンとExtra: Using filesort追加ソートで処理した結果を派生テーブルselect_type: DERIVEDとして一時保管し、その結果table: \<derived2\>をkey: \<auto_key0\>なるもので絞り込んだ結果セットrows:10行を生成するつもりでいるようです。id: 2の処理中にlanguage_rankを計算している最中にその結果を自動的にインデックス付けしており、それがauto_keyとして利用されます。派生テーブル全体では984行がありますが、language_rankの評価の際には241行までフェッチする行を減らしています（SHOW SESSION STATUS LIKE 'Handler_read_%'またはEXPLAIN FORMAT=JSONで確認できます）。
　いかにauto_keyがある程度自動で絞り込みをかけてくれるといえど、派生テーブルが内部テンポラリテーブルとして実体化される以上、（オンメモリで済むこともありますが、少なくともメモリへの）書き込みが発生することと読み出しが発生することを考えると、派生テーブル自身のサイズを小さくすることはクエリの

高速化に寄与します。

ベーステーブル + WHERE句のサブクエリ

最後にWHERE句のサブクエリですが、多くの場合がこのようにJOIN（特にsemijoin[注4.49]）に書き換えられます。

▼英語話者が100万人を超える国の一覧を得るためのWHERE句

```
mysql> EXPLAIN SELECT *
              FROM country
              WHERE Code IN (
                SELECT CountryCode
                FROM countrylanguage
                WHERE Language = 'English' AND
                      countrylanguage.Percentage * country.Population > 1000000);
+----+-------------+-----------------+------------+--------+-----------------------+---------+->
| id | select_type | table           | partitions | type   | possible_keys         | key     |->
+----+-------------+-----------------+------------+--------+-----------------------+---------+->
|  1 | SIMPLE      | country         | NULL       | ALL    | PRIMARY               | NULL    |->
|  1 | SIMPLE      | countrylanguage | NULL       | eq_ref | PRIMARY,CountryCode   | PRIMARY |->
+----+-------------+-----------------+------------+--------+-----------------------+---------+->


 ->+---------+-------------------------+------+----------+-------------+
 ->| key_len | ref                     | rows | filtered | Extra       |
 ->+---------+-------------------------+------+----------+-------------+
 ->| NULL    | NULL                    |  239 |   100.00 | NULL        |
 ->| 132     | world.country.Code,const |   1 |   100.00 | Using where |
 ->+---------+-------------------------+------+----------+-------------+
```

MySQL 5.5とそれ以前ではIN+サブクエリであれEXISTS+サブクエリであれ、盛んに「相関サブクエリ（DEPENDENT SUBQUERY）」に書き換えられパフォーマンスを損なう事態が頻発していましたが、MySQL 5.6とそれ以降でIN+サブクエリの最適化が、MySQL 8.0とそれ以降でEXISTS+サブクエリの最適化が強化され、多くのケースを準結合への書き換えで済ませられるようになりました。

以下はoptimizer_switchパラメータ[注4.50]を変更して、無理に同じクエリを最適化させなかったものです。DEPENDENT SUBQUERYの出力例として記載します。

▼select_type: DEPENDENT SUBQUERY

```
mysql> SET SESSION optimizer_switch= 'semijoin=off';   -- IN, EXISTSサブクエリを最適化するスイッチをOFF

mysql> EXPLAIN SELECT *
              FROM country
              WHERE Code IN (
                SELECT CountryCode
                FROM countrylanguage
                WHERE Language = 'English' AND
                      countrylanguage.Percentage * country.Population > 1000000);
+----+--------------------+-----------------+------------+-----------------+---------------------+->
| id | select_type        | table           | partitions | type            | possible_keys       |->
+----+--------------------+-----------------+------------+-----------------+---------------------+->
|  1 | PRIMARY            | country         | NULL       | ALL             | NULL                |->
|  2 | DEPENDENT SUBQUERY | countrylanguage | NULL       | unique_subquery | PRIMARY,CountryCode |->
```

注4.49 https://dev.mysql.com/doc/refman/8.0/en/semijoins.html
注4.50 https://dev.mysql.com/doc/refman/8.0/en/server-system-variables.html#sysvar_optimizer_switch

```
+-----+---------+---------+----------+------+----------+-------------+-->
+->+--------+---------+------------+------+----------+-------------+
->| key     | key_len | ref        | rows | filtered | Extra       |
+->+--------+---------+------------+------+----------+-------------+
->| NULL    | NULL    | NULL       | 239  | 100.00   | Using where |
->| PRIMARY | 132     | func,const | 1    | 100.00   | Using where |
+->+--------+---------+------------+------+----------+-------------+
```

数ある実行計画の中でも、select_type: DEPENDENT SUBQUERYは特に結果セットの行数によって急速に実行速度が低下するため、嫌われます。シンプルなNLJや派生テーブルの数え方と辻褄が合いませんが、相関サブクエリはidが若いものが実行されたあとに都度評価されます。上記の出力例であれば、id: 1のcountryテーブルのフィルタリングがかかったあとの行に対して1行に1回ずつサブクエリが実施されるイメージです。

相関サブクエリは「サブクエリ外のカラムの値がサブクエリ内部で評価に使用される (例文中ではcountrylanguage.Percentage * country.Population)」ことで起こります。外と内が交わらないように、適宜JOINに書き換える、ユーザー定義テンポラリテーブルを使う、アプリケーション側で一度結果を取得してWHERE IN (?, ?, ?, ..)のリテラル評価に列挙し直すというテクニックがよく使われました。お目にかかる機会は少なくなりましたが、遭遇したときには「外と内」の関係を意識して分解すると性能向上が見込めることを覚えておいてください。

コラム 7 ≫ インデックスマージ最適化

「MySQLは単一テーブルに1つのインデックスしか使えない」という話を聞いたことはないでしょうか。確かにMySQLは「単一テーブルに1つのインデックスを好む (＝コストを低く見積もる)」ことが多いですが、決して使えないわけではありません。ドキュメントのインデックスマージ最適化[注f]を参照すると、MySQLがいくつか実装している「単一テーブルに2つのインデックスを使う」方法が紹介されています。

ただし、インデックスマージ最適化よりも複合インデックス (複数のカラムからなるインデックス)の方が効率が良いため、目にする機会は少ないかもしれません。なお、UPDATEやDELETEでインデックスマージを利用した場合、マージに使った両方のインデックスレコードをそれぞれロックするためロック範囲が大きくなります。パフォーマンスを保つためにはインデックスマージを使わなくて済むような複合インデックスを作成した方がロック競合が少なくできます。

注f) https://dev.mysql.com/doc/refman/8.0/en/index-merge-optimization.html

---

🐬 EXPLAIN SELECT .. 以外のEXPLAIN

EXPLAINは文の先頭に付けることで、その実行計画を出力させます。一番ベーシックで、一番多く使われる方法です (MySQL 5.6とそれ以降はUPDATE、INSERT、DELETE、REPLACEにも対応しています)。その他いくつかのバリエーションを軽く紹介します[注4.51]。

注4.51 https://dev.mysql.com/doc/refman/8.0/en/explain.html

文の始まり方	出力される情報	備考
EXPLAIN <テーブル名>	DESC <テーブル名> と同じ	実はEXPLAINとDESCは同義なので、DESC SELECT ..と書いても実行計画が出力される
EXPLAIN FOR CONNECTION <プロセスリストID>	プロセスリストIDが現在実行中のクエリ実行計画を返す	通常のEXPLAINに比べて最適化後のクエリがSHOW WARNINGSで出力されないなど、ある程度情報が欠落するので、SHOW FULL PROCESSLISTで全文を確認したあとに改めて単独でEXPLAINにかけるのが確実
EXPLAIN FORMAT=TRADITIONAL <クエリ>	FORMATを指定しなかったときと同じ	いわゆるMySQLのテーブル形式のEXPLAIN
EXPLAIN FORMAT=JSON <クエリ>	実行計画を出力するが結果がJSON形式になり、情報が多少増える	optimizer_traceのように他の実行計画のコストを列挙するわけではない
EXPLAIN FORMAT=TREE <クエリ>	他のDBMSで見慣れたツリー形式で実行計画を出力。情報が増える	相関サブクエリや派生テーブルの順番の確認が非常にしやすい
EXPLAIN ANALYZE <SELECTクエリ>	実際にクエリを実行し、選ばれた実行計画をツリー形式で出力。情報が多い	FORMAT=TREEと同様だが実際にSELECTを実行することに注意

4

ロックとクエリ実行計画

　本章で使ったサンプルクエリ（Window関数を使っているため内部テンポラリテーブルが使用されるもの）でEXPLAIN ANALYZEを実行した出力結果が以下です。他のDBMSに比べればまだまだ情報が足りないという意見もあるようですが、視認性の良さとしては抜群なのではないでしょうか。

▼ベーステーブル＋FROM句のサブクエリ（2）で使用したクエリのEXPLAIN ANALYZEの結果

```
mysql> EXPLAIN ANALYZE SELECT *
                  FROM (
                    SELECT CountryCode,
                           RANK() OVER(PARTITION BY CountryCode
                                       ORDER BY Percentage DESC) AS language_rank,
                       Language,
                       Percentage
                    FROM countrylanguage) AS tmp
                  WHERE language_rank = 1\G
*************************** 1. row ***************************
EXPLAIN: -> Index lookup on tmp using <auto_key0> (language_rank=1)
          (cost=0.35..3.51 rows=10) (actual time=25..25.8 rows=241 loops=1)
    -> Materialize
          (cost=0..0 rows=0) (actual time=25..25 rows=984 loops=1)
      -> Window aggregate: rank() OVER (PARTITION BY countrylanguage.CountryCode
                                        ORDER BY countrylanguage.Percentage desc )
          (actual time=12.6..17.6 rows=984 loops=1)
        -> Sort: countrylanguage.CountryCode, countrylanguage.Percentage DESC
          (cost=99.9 rows=984) (actual time=12.6..13.1 rows=984 loops=1)
          -> Table scan on countrylanguage
          (cost=99.9 rows=984) (actual time=0.934..9.52 rows=984 loops=1)
```

実行計画とロックの関連

本章1節にある『InnoDBレイヤでのロック』と関連のある話です。そこではInnoDBのロックが「インデックスレコードロック」であることを説明しました。また本節の冒頭では「(セカンダリ)インデックスはクラスタインデックスの値を格納し、インデックスアクセスで処理に必要なクラスタインデックスの値を得たあと、クラスタインデックスを検索して目的の行のデータを得る」ことを、ここまでのEXPLAINの実行結果の読解の中で「インデックスで絞り込みができなかった条件に対しては、行のデータを読み取ってから追加でフィルタをかける」ことを説明してきました。

InnoDBは「WHERE句を適用する際に使った(セカンダリ)インデックスレコード」と「実際にアクセスした行のクラスタインデックスレコード」にロックをかけます。次の例を見てください。

▼EXPLAINからロックを推測する

```
mysql> EXPLAIN SELECT city.* FROM city JOIN country ON city.CountryCode = country.Code
            WHERE country.Continent = 'Asia' ORDER BY city.Population LIMIT 10 FOR UPDATE;

+----+-------------+---------+------------+-------+-----------------------+-->
| id | select_type | table   | partitions | type  | possible_keys         |-->
+----+-------------+---------+------------+-------+-----------------------+-->
| 1  | SIMPLE      | country | NULL       | index | PRIMARY,idx_code_continent |-->
| 1  | SIMPLE      | city    | NULL       | ref   | CountryCode           |-->
+----+-------------+---------+------------+-------+-----------------------+-->

    ->+-------------------+---------+------------------+-------+----------+-->
    ->| key               | key_len | ref              | rows  | filtered |-->
    ->+-------------------+---------+------------------+-------+----------+-->
    ->| idx_code_continent | 13     | NULL             | 239   | 14.29    |-->
    ->| CountryCode        | 12     | world.country.Code | 17  | 100.00   |-->
    ->+-------------------+---------+------------------+-------+----------+-->

        ->+--------------------------------------------------------+
        ->| Extra                                                  |
        ->+--------------------------------------------------------+
        ->| Using where; Using index; Using temporary; Using filesort |
        ->| NULL                                                   |
        ->+--------------------------------------------------------+
```

この例であれば、駆動表のcountryでは**idx_code_continent**インデックスの239レコードをロック(分離レベルがREPEATABLE-READまたはSERIALIZABLEであればネクストキーロック)および`Using index`のためクラスタインデックスレコードのロックはなし、プラスして内部表のcityテーブルのCountryCodeインデックスを`country.Continent = 'Asia'`だった行と結合したものに限ってロックし、さらに結合した行のクラスタインデックスもロックします。

▼EXPLAINからロックを推測する(その2)

```
mysql> EXPLAIN SELECT /*+ INDEX(city idx_population) */ city.*
            FROM city JOIN country ON city.CountryCode = country.Code
            WHERE country.Continent = 'Asia'
            ORDER BY city.Population LIMIT 10 FOR UPDATE;
+----+-------------+---------+------------+-------+-----------------------+-->
| id | select_type | table   | partitions | type  | possible_keys         |-->
+----+-------------+---------+------------+-------+-----------------------+-->
```

```
| 1  | SIMPLE    | city    | NULL  | index   | NULL                       |->
| 1  | SIMPLE    | country | NULL  | eq_ref  | PRIMARY,idx_code_continent |->
+----+-----------+---------+-------+---------+----------------------------+-->


    ->+----------------+---------+-----------------------+------+----------+-------------+
    ->| key            | key_len | ref                   | rows | filtered | Extra       |
    ->+----------------+---------+-----------------------+------+----------+-------------+
    ->| idx_population | 4       | NULL                  | 69   | 100.00   | NULL        |
    ->| PRIMARY        | 12      | world.city.CountryCode| 1    | 14.29    | Using where |
    ->+----------------+---------+-----------------------+------+----------+-------------+
```

　上記の例では駆動表のcityではidx_populationインデックスを先頭から69件ほどロックし（あくまで実行見積もりなので実際の値とはズレている）、その69件はクラスタインデックスもロックし、内部表のcountryでは外部表から渡された値で結合したフィルタ（インデックスで解決できないWHERE country.Continent = 'Asia'）前の行をすべてプライマリキー(=クラスタインデックス=セカンダリインデックスをロックせず行本体のみ) ロックする心づもりと読むことができます。

▼実際にロックを取得させてperformance_schema.data_locksでロックされた行を確認する

```
mysql> BEGIN;
mysql> SELECT /*+ INDEX(city idx_population) */ city.*
       FROM city JOIN country ON city.CountryCode = country.Code
       WHERE country.Continent = 'Asia'
       ORDER BY city.Population LIMIT 10 FOR UPDATE;

mysql> SELECT object_schema, object_name, index_name, lock_type, lock_mode, COUNT(*) AS locked_rows
       FROM performance_schema.data_locks
       WHERE lock_type = 'RECORD'
       GROUP BY object_schema, object_name, index_name, lock_type, lock_mode
       ORDER BY object_schema, object_name, index_name, lock_type, lock_mode;
+---------------+-------------+----------------+-----------+---------------+-------------+
| object_schema | object_name | index_name     | lock_type | lock_mode     | locked_rows |
+---------------+-------------+----------------+-----------+---------------+-------------+
| world         | city        | idx_population | RECORD    | X             | 107         |
| world         | city        | PRIMARY        | RECORD    | X,REC_NOT_GAP | 107         |
| world         | country     | PRIMARY        | RECORD    | X             | 1           |
| world         | country     | PRIMARY        | RECORD    | X,REC_NOT_GAP | 84          |
+---------------+-------------+----------------+-----------+---------------+-------------+
4 rows in set (0.04 sec)
```

　cityのロック行数 > countryのロック行数となっているのは、cityには同じCountryCodeを持つレコードが複数あるため、ユニークなcountry.Codeに比べてロックされる行数が多いためです。

　このようにEXPLAINとperformance_schema.data_locks（または本章1節で紹介したその他のステートメント）を合わせて確認することで、InnoDBのロックとEXPLAINとを合わせて身に付けていきましょう。

第 **5** 章

レプリケーション

本章ではMySQLの重要な機能のレプリケーションについて説明します。

これから紹介する環境は、OSはLinuxを使用し、ユーザーのデータベースはすべてInnoDBストレージエンジンで構成されているのを前提とします。

本章を読んでわかること

- レプリケーションの仕組みと種類
- レプリケーションの構築方法
- レプリケーションが構築されたMySQLクラッシュ時の挙動
- レプリケーションを利用したアップグレード方法

　はじめに、レプリケーションとは、MySQLサーバーのデータを別のMySQLサーバーへとコピーする機能です。「ソース」と呼ばれるレプリケーション元のMySQLサーバーから「レプリカ」と呼ばれるレプリケーション先のMySQLサーバーへデータを伝搬します。かつてはソースは「マスター」、レプリカは「スレーブ」と呼ばれていました[注5.1]。

　この節ではレプリケーションを使用する目的について説明していきます。レプリケーションを使用してレプリカを作成する目的としては、次のようなものがあります。

- 読み取り専用
- バッチ処理／分析
- バックアップ
- 複数のMySQLを集約
- アップグレード
- シャーディング構成の準備
- フェイルオーバー

▼目的全体

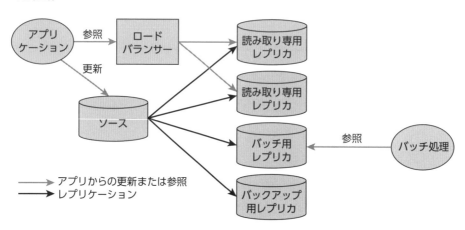

読み取り専用

　これはよく利用される方式です。ソースだけでは処理しきれないトラフィック量があるときは読み取り専用のレプリカを作成します。レプリケーションは一つのソースに複数のレプリカを組むことができます。読み取り専用レプリカを複数台作成して、ロードバランサーなどで負荷分散が可能です。

　注意としてはレプリケーションは完全同期ではないため、レプリケーション遅延が発生することを意識し

注5.1　https://dev.mysql.com/blog-archive/mysql-terminology-updates/

なくてはいけません。必ず直近のコミットされたデータを取得しなければいけない要件があれば、ソースから取得する必要があります。

バッチ処理／分析

　バッチ処理専用のレプリカを作成します。バッチ処理は基本的に集計や全データを取得するような実行時間の長いクエリを実行すると思います。そのようなクエリの実行中は他のセッションに影響することがあります。CPUを専有することになりますし、MVCC (multiversion concurrency control) [注5.2] のためにundoログに多くの書き込みを保存することになります。そのため、undoログの肥大化や同時実行の性能の劣化の問題を引き起こすこともあります。それを防ぐために、バッチ処理専用のレプリカを用意してバッチ処理はそのレプリカのみを利用するという使い方があります。

バックアップ

　論理バックアップではバッチ処理と同じく全データ取得するために他のセッションへの影響があります。また、物理バックアップにおいてもバックアップの一貫性を確保するための静止点をとるため、一時的に書き込みを停止するステートメント（FLUSH TABLE WITH READ LOCKステートメント）を発行します。そのため、他のセッションへ影響がでることがあります。　それを防ぐために、バックアップ専用のレプリカを用意する使い方があります。

　バックアップについては第6章で紹介します。

複数のMySQLを集約

▼複数MySQLの集約

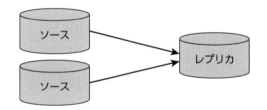

　複数のソースから一つのレプリカにデータを集約するマルチソースレプリケーションという機能があります。たとえば、シャーディングされたMySQLサーバーであったり、異なる用途で使用されているMySQLサーバー間のデータをJOINしてデータを抽出したいことがあると思います。そのときは、マルチソースレプリケーションを使って異なるMySQLサーバーのデータを一つにまとめることができます。

　マルチソースレプリケーションについては、本章2節『レプリケーションのアーキテクチャー』で説明します。

注5.2　https://dev.mysql.com/doc/refman/8.0/ja/innodb-multi-versioning.html

5
レプリケーション

アップグレード

MySQLのアップグレードにレプリケーションを使う方法があります。最新バージョンのMySQLサーバーを新規インストールして、mysqldumpなどの論理バックアップからリストア、レプリケーションを組んでデータを最新に保ちます。サービスをメンテナンスに入れ、最新バージョンのMySQLサーバーをソースに昇格させることで最小限の時間でアップグレードできます。ダウンタイムを最小化できるため、この方法は好んで用いられます。

アップグレードについては本章5節『レプリケーションとマイグレーション』でも説明します。

シャーディング構成の準備

シャーディング構成の準備にも使用できます。たとえば、MySQLサーバーのデータサイズが大きくなり過ぎてしまい、水平シャーディングが必要になったとします。シャード化するMySQLサーバーを用意して、レプリケーションしてデータを同期します。サービスをメンテナンスに入れ、それぞれのシャードをソースに昇格させることで対応できます。それぞれのシャードはすべてのデータを保持している状態なので、必要なデータ以外は後ほど消し込むとダウンタイムは短くなります。シャーディングのロジックはアプリケーション側で実装する必要があります。

▼水平シャード

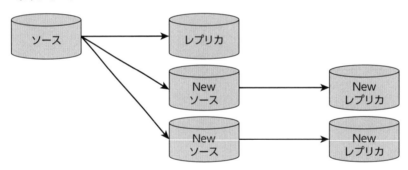

フェイルオーバー

ソースの障害時にレプリカをソースに昇格（フェイルオーバー）することで高可用性を実現できます。　非同期レプリケーションにおいて、MySQL自体は自動で障害を検知してレプリカの一つをソースに昇格する機能を持っていないため、これを自動で行いたい場合には、ツールを自作するかOSSを利用することになります。

orchestrator[注5.3]、MHA[注5.4]やMMM[注5.5]といったOSSがあります。MySQL公式では高可用性ソリューションのMySQL InnoDB Cluster[注5.6]を利用することを推奨しています。

注5.3　https://github.com/openark/orchestrator
注5.4　https://github.com/yoshinorim/mha4mysql-manager
注5.5　https://mysql-mmm.org/
注5.6　https://dev.mysql.com/doc/refman/8.0/ja/mysql-innodb-cluster-introduction.html

5-2 レプリケーションのアーキテクチャー

　レプリケーションのアーキテクチャーについて説明します。レプリケーションを構成するといくつかのスレッドが起動しファイルに更新内容を書き込み、それを伝搬する仕組みになっています。ソースとレプリカのそれぞれのスレッドは独立して動作するので、特定のスレッドが遅れても他のスレッドに影響しません。

　レプリケーションはシングルスレッドで動作するというイメージを持つ方が多いと思いますが、MySQL 8.0.27とそれ以降はマルチスレッドで動作するMTA（マルチスレッドアプライヤー）がデフォルトになりました。そのため、アーキテクチャーについてはMySQL 8.0.26以前のシングルスレッド方式とMySQL 8.0.27とそれ以降のMTA方式のそれぞれを説明します。

シングルスレッド方式

　古くからMySQLに馴染みのある方はこの方式をよくご存知だと思います。シングルスレッド方式でレプリケーションを構成すると、ソースはバイナリログダンプスレッドを起動し、レプリカはレプリケーションレシーバーI/Oスレッド（以下、I/Oスレッド）とレプリケーションSQLアプライヤースレッド（以下、SQLスレッド）を起動します。 レプリケーションは、次のように動作します。

▼シングルスレッド方式

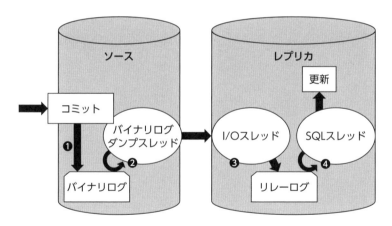

❶ ユーザーがINSERTやUPDATEなどの更新をコミットするとバイナリログに書く
❷ バイナリログダンプスレッドがバイナリログの内容を読み取り、レプリカに送信
❸ レプリカのI/Oスレッドは受け取ったバイナリログの内容をリレーログへ書く
❹ SQLスレッドはリレーログから内容を読み取り、更新をレプリカに適用

　それぞれのコンポーネントについて簡単に説明します。

🐢 バイナリログ

バイナリログはMySQLサーバーのテーブルへのINSERTやUPDATEといったデータ変更 (DML)、CREATE TABLEやTRUNCATE TABLEなどのデータ定義変更 (DDL) やCREATE USERやGRANT USERのアクセス制御 (DCL) などの変更内容 (以下、イベント) を格納したファイルです。バイナリログは2つの目的があります。

- レプリケーション
- ポイントインタイムリカバリ

レプリケーションはソースでのイベントがバイナリログに書き出されて、それをレプリカが受け取り、適用することでソースと同じデータを持つレプリカを実現できます。

ポイントインタイムリカバリはフルバックアップからリストアしたあと、指定したイベントまでロールフォワードするためにバイナリログを利用します。

バイナリログを出力するにはオプション `log_bin` にファイル名のプレフィックスを指定すると有効になります。そのプレフィックスに `0000001` といった連番が付与されたファイル名となります。MySQL 8.0以降からはオプション `log_bin` を指定しなくてもデフォルトで有効になっていて、プレフィックスは `binlog` になります。MySQL 5.7とそれ以前ではデフォルトは無効になっているので、有効にするにはこのオプションを指定する必要があります。`SHOW BINARY LOGS` ステートメントから現在保持しているバイナリログのファイル一覧を取得できます。

▼バイナリログのファイル名の例

```
mysql> SHOW BINARY LOGS;
+---------------+-----------+-----------+
| Log_name      | File_size | Encrypted |
+---------------+-----------+-----------+
| binlog.000001 |   3101251 | No        |
| binlog.000002 |     50161 | No        |
+---------------+-----------+-----------+
```

バイナリログはバイナリー形式なのでテキストエディタでは内容を確認できません。`mysqlbinlog` コマンドを使うことでテキスト形式で出力されます。

🐢 バイナリログダンプスレッド

レプリケーションが構成されると、ソースはバイナリログダンプスレッドを起動します。このスレッドはイベントがバイナリログに書かれると、呼び出されバイナリログを読み、イベントをレプリカに転送します。このスレッドではチューニングするポイントはないので、こういった動きをするスレッドなんだと理解しておけば良いでしょう。

🐢 レプリケーションレシーバーI/Oスレッド (I/Oスレッド)

レプリケーションが構成されると、レプリカはI/Oスレッドを起動します。このスレッドはバイナリログダンプスレッドから送られてきたバイナリログのイベントを受け取り、リレーログに書き出します。このスレッドもバイナリログダンプスレッドと同じくチューニングするポイントはありません。

●リレーログ

リレーログはI/Oスレッドが受け取ったバイナリログのイベントを保存しているファイルです。よって、リレーログの中身はバイナリログと同じ内容です。リレーログのファイル名はデフォルトでは{hostname}-relay-binプレフィックスとバイナリログと同じ連番が付与されます。mysqlbinlogコマンドを使ってテキスト形式で内容を確認できます。

●レプリケーションSQLアプライヤースレッド（SQLスレッド）

レプリケーションが構成されると、レプリカはSQLスレッドを起動します。このスレッドはリレーログからイベントを読み取りレプリカに適用します。レプリケーション遅延が問題になるときのほとんどの原因はここにあります。この遅延についてはこのあと説明します。

MTA方式

▼MTA方式

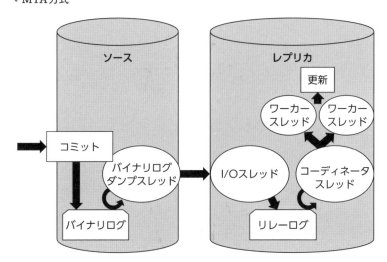

MTA方式でレプリケーションを構成すると、ソースはバイナリログダンプスレッドを起動し、レプリカはI/Oスレッド、コーディネータスレッドと複数のワーカースレッドを起動します。

流れはシングルスレッド方式と同じですが、SQLスレッドの部分が異なります。コーディネータスレッドがリレーログを読み取り、複数起動されたワーカースレッドのいずれかに振り分けます。そのワーカースレッドが更新をレプリカに適用します。

シングルスレッド方式と違い、レプリカに適用するスレッドがマルチスレッドで動作するようになっています。MTA方式については後ほどもう少し詳しく説明します。

バイナリログのイベントは保存する形式を選択できます。オプション`binlog_format`で管理される値STATEMENT、MIXED、ROWという3つの形式を持っています。レプリカはこのいずれかの形式で保存されたバイナリログのイベントを受け取り、適用することになります。

MySQL 5.6とそれ以前はSTATEMENTがデフォルトで、MySQL 5.7とそれ以降はROWがデフォルトです。また、MySQL 8.0.34からオプション`binlog_format`は非推奨になり、将来のバージョンでは削除される予定です。

それぞれの形式の違いは、次の通りです。

- STATEMENTはバイナリログのイベントにSQL文を格納
- MIXEDはSTATEMENTとROWの混合形式
- ROWはバイナリログのイベントに行データを格納

⚓ STATEMENT

バイナリログのイベントに実行されたSQL文をそのまま保存します。その他の形式と比べるとバイナリログへの書き込み量が減るので、ディスク容量を節約できます。この設定でのレプリケーションは「ステートメントベースレプリケーション」と呼ばれます。

ステートメントベースレプリケーションは、次のような条件下ではソースとレプリカでデータ不整合がでてしまう可能性があるため注意が必要です。

- 非決定的SQLが実行される
- トランザクション分離レベルをREAD COMMITTEDまたはREAD UNCOMMITTEDで運用している

非決定的SQLとは実行されたSQL文をレプリカで実行すると、ソースと同一のデータにならない可能性のあるSQLを指します。たとえば、ORDER BY句のないLIMIT句がついたDELETEやUPDATE文、UUID()など実行のたびに値が変わる関数が含まれるINSERTやUPDATE文があります。このような制限があるため、現行のMySQLを運用しているならばSTATEMENTに設定することはないでしょう。

⚓ MIXED

基本的にはステートメントベースレプリケーションのように動作します。非決定的SQL文が含まれている場合やトランザクション分離レベルをREAD COMMITTEDまたはREAD UNCOMMITTEDで運用している場合は行ベースレプリケーションにフォールバックするようになっています。そのため、レプリケーションでソースとレプリカが同じデータを持っていることが保証されます。

⚓ ROW

バイナリログのイベントに更新された行データを保存します。こちらは非決定的SQLであってもレプリケーションでソースとレプリカが同じデータを持っていることが保証されます。この設定でのレプリケーションは「行ベースレプリケーション」と呼ばれます。

1つのSQL文で複数行更新すると、更新した行の値すべてがバイナリログに保存されます。そのため、そ

のSQL文だけを書くSTATEMENTと比べると、書き込み量が増えバイナリログのファイルサイズの肥大化やネットワーク使用量が増えてしまう問題があります。

　行ベースレプリケーションでは、それを制御するオプションや確認すべきいくつかのオプションがありますので紹介します。

▼行ベースレプリケーションの有効なオプション

オプション名	デフォルト	説明
binlog_row_image	FULL	バイナリログのイベントに書き込む行データの種類を選択
binlog_row_value_options	'' (空)	行ベースレプリケーションのときのオプションを選択。現在取り得る値はPARTIAL_JSONのみ
binlog_rows_query_log_events	OFF	バイナリログにSQL文の情報も保存するかどうか
binlog_row_metadata	MINIMAL	バイナリログに追加されるテーブルメタデータの量を選択

　オプションbinlog_row_imageは指定した値によって、バイナリログのイベントの行データの内容が変わってきます。

▼オプションbinlog_row_imageの値と内容

値	説明
FULL	すべてのカラムの更新前の値と更新後の値
MINIMAL	変更された値とWHERE句に指定された行を識別できる一意のカラム
NOBLOB	変更されなかったBLOB型とTEXT型カラムを除外

　FULLは更新前と更新後のすべての行の値をバイナリログに保存します。そのため、1つのSQL文に対してのバイナリログへ書き込む量は多くなります。

　MINIMALはプライマリキーを使ったUPDATEなど、行を特定できる条件が含まれる更新の場合は更新前の値にはそのプライマリキーのみ書き込みます。そのため、FULLと比べるとバイナリログへ書き込む量を抑えることができます。しかし、プライマリキーがないテーブルなど行を特定できる条件がないとFULLと同じ動作になります。必ずテーブルには行を特定できるプライマリキーまたはNOT NULL制約を持ったユニークキーがある方が良いでしょう。

　FULLとMINIMALのそれぞれの出力結果を見てみましょう。mysqlbinlogコマンドに-vvオプションを付けてバイナリログを見ると、行データのイベントをSQL文のような形式(疑似SQL)で表示します。次の例は、UPDATE t1 SET col1=100 WHERE id=1;というSQL文でcol1の値を0から100に変更しています。行データの内容の違いがわかると思います。

▼FULLの出力例

```
#230114 14:48:29 server id 1  end_log_pos 426 CRC32 0x35f9bcfa  Update_rows: table id 95 flags: STMT_END_F

BINLOG '
LULCYxMBAAAAMQAAAHABAAAAAF8AAAAAAEAA2RiMQACdDEAAwgDAwAGAQEA6ApHMA==
LULCYx8BAAAAOgAAAKoBAAAAAF8AAAAAAEAAgAD//8GAQAAAAAAAAEAQAAAAAAAABkAAAA+rz5
NQ==
'/*!*/;
### UPDATE `db1`.`t1`
### WHERE
###   @1=1 /* LONGINT meta=0 nullable=0 is_null=0 */
###   @2=0 /* INT meta=0 nullable=1 is_null=0 */
```

```
###    @3=0 /* INT meta=0 nullable=1 is_null=0 */
### SET
###    @1=1 /* LONGINT meta=0 nullable=0 is_null=0 */
###    @2=100 /* INT meta=0 nullable=1 is_null=0 */
###    @3=0 /* INT meta=0 nullable=1 is_null=0 */
```

▼MINIMALの出力例

```
#230114 14:52:22 server id 1  end_log_pos 418 CRC32 0xea035af7  Update_rows: table id 95 flags: STMT_END_F

BINLOG '
FkPCYxMBAAAAMQAAAHABAAAAAF8AAAAAAEAA2RiMQACdDEAAwgDAwAGAQEAavgXcw==
FkPCYx8BAAAAMgAAAKIBAAAAAF8AAAAAAEAgADAQIAAQAAAAAAAAAAZAAAAPdaA+o=
'/*!*/;
### UPDATE `db1`.`t1`
### WHERE
###    @1=1 /* LONGINT meta=0 nullable=0 is_null=0 */
### SET
###    @2=100 /* INT meta=0 nullable=1 is_null=0 */
```

　NOBLOBは基本的にはFULLと同じ動作です。ただし、その更新でテーブルにBLOB型またはTEXT型のカラムが含まれていて、かつそのカラムへの更新がなかった場合はバイナリログへの書き込みは行われません。BLOB型やTEXT型のカラムには大きなデータの値が入ることが多いと思うので、それを抑えるだけでもバイナリログの書き込み量は減らすことができると思います。

　バイナリログがディスクを圧迫する場合はMINIMALやNOBLOBを検討するのが良いでしょう。また、最近ではDebezium[注5.7]などのChange Data Capture (CDC) のためのツールが出てきました。そのようなツールはFULLの設定のみ対応していることが多いです。

　オプションbinlog_row_value_optionsは、現在取り得る値はPARTIAL_JSONしかありません。デフォルトは"(空) で未設定になっています。PARTIAL_JSONを設定すると、JSON型カラムの値の一部の変更に対して、全体の値ではなく一部の更新した値のみをバイナリログに書き込むようになります。そのため、バイナリログの書き込み量を抑えることができます。

　オプションbinlog_rows_query_log_eventsのデフォルトはOFF(無効)です。ON(有効)にすると行データだけでなく、そのイベントに対応する実際に実行されたSQL文もバイナリログに書き込みます。バイナリログからどのようなSQL文が実行されたのかを確認できるようになります。mysqlbinlogコマンドに–vvオプションを付けることで、Rows_queryイベント部分からSQL文を確認できます。また、レプリカのSHOW PROCESSLISTステートメントから現在SQLスレッドが適用している行データの元のSQL文が表示されるようになります。

▼binlog_rows_query_log_eventsがONの出力例

```
#230114 15:10:30 server id 1  end_log_pos 1027 CRC32 0x15fdbe9e  Rows_query
# UPDATE t1 SET col1=100 WHERE id=1 ← 実際に実行されたSQL文
# at 1027
#230114 15:10:30 server id 1  end_log_pos 1076 CRC32 0x0d127ec1  Table_map: `db1`.`t1` mapped to number 95
# at 1076
#230114 15:10:30 server id 1  end_log_pos 1138 CRC32 0x67261e3e  Update_rows: table id 95 flags: STMT_END_F
```

注5.7　https://debezium.io/

```
BINLOG '
VkfCYx0BAAAA0QAAAAMEAACAACFVUERBVEUgdDEgU0VUIGNvbDE9MTAwIFdIRVJFIGlkPTEgevv0V
VkfCYxMBAAAAMQAAADQEAAAAAF8AAAAAAAEAA2RiMQACdDEEAAwgDAwAGAQEAwX4SDQ==
VkfCYx8BAAAAPgAAAHIEAAAAF8AAAAAAEAAgAD//8EAQAAAAAAAAABAAAABAEAAAAAAAAAAZAAA
AD4eJmc=
'/*!*/;
### UPDATE `db1`.`t1`
### WHERE
###   @1=1 /* LONGINT meta=0 nullable=0 is_null=0 */
###   @2=0 /* INT meta=0 nullable=1 is_null=0 */
###   @3=0 /* INT meta=0 nullable=1 is_null=0 */
### SET
###   @1=1 /* LONGINT meta=0 nullable=0 is_null=0 */
###   @2=100 /* INT meta=0 nullable=1 is_null=0 */
###   @3=0 /* INT meta=0 nullable=1 is_null=0 */
```

オプション`binlog_row_metadata`についてです。`MINIMAL`は少量のメタデータのみを書き込みます。`FULL`はカラム名やENUMの列値など、テーブルのすべてのメタデータを書き込みます。

ポジションとGTID

MySQLのレプリケーションにはバイナリログのポジションを利用したレプリケーション（以下、ポジションレプリケーション）とGTIDを利用したレプリケーション（以下、GTIDレプリケーション）の2種類の方式があります。デフォルトはポジションレプリケーションになっています。

ポジションレプリケーション

レプリカからソースのバイナリログのポジションを指定して、そのポジションからレプリケーションを開始できます。ポジションというのは正確にはバイナリログのファイルのバイト位置です。レプリカはレプリケーションを開始する際に、ソースのバイナリログとポジションを指定します。

ポジションレプリケーションは非常に柔軟です。受け取ったバイナリログのイベントが一意制約違反などのエラーにならない限り動作し続けます。よって、誤ったポジションを指定したとしても、たまたまエラーがなく気づかずにソースとレプリカ間でデータがズレていたなんてことも起こり得るのでご注意ください。

GTIDレプリケーション

はじめに、GTIDとは何かを説明します。

- Global Transaction Identifierの略
- ソースでコミットされたトランザクションの一意を識別するためのID
- 対象のMySQLサーバーだけではなく、すべてのMySQLサーバー内でも一意
- トランザクションとGTIDは1:1

GTIDは`server_uuid:transaction_id`という形で`server_uuid`と`transaction_id`で構成されていて:で区切って表されます。

server_uuidとは……

- MySQL サーバーに割り当てられる UUID
- MySQL サーバーの起動時に自動生成
- MySQL サーバーのデータディレクトリ配下に auto.cnf ファイルに値を格納

transaction_idとは……

- コミットされたトランザクションの連番

次の例では、server_uuid が bcbed6d2-a7ed-11eb-a89d-005056862c6b の16番目のトランザクションを表しています。

▼GTIDの表記例
```
bcbed6d2-a7ed-11eb-a89d-005056862c6b:16
```

続いて、GTID セット[注5.8]について説明します。GTID セットとはコミットされたトランザクションを束ねた GTID の集合です。

▼1番目から90番目のトランザクションまでのGTIDセットの表記例
```
bcbed6d2-a7ed-11eb-a89d-005056862c6b:1-90
```

このように GTID は管理されています。

GTID はデフォルトは無効です。有効にするためにはオプションの変更が必要です。

- オプション gtid_mode を ON に設定
- オプション enforce_gtid_consistency を ON に設定

▼GTIDのオプション

オプション名	デフォルト	説明
gtid_mode	OFF	GTID モードの設定
enforce_gtid_consistency	OFF	GTID 整合性の強制化

この GTID を使ってレプリケーションを構成できます。GTID レプリケーションはポジションレプリケーションとは違い、ソースのバイナリログとポジションを指定する必要がありません。オプション gtid_executed[注5.9]にて自身が適用済みの GTID セットを管理しています。gtid_executed 以降のイベントからレプリケーションが開始されます。

また、明示的にオプション gtid_purged[注5.10]に GTID セットを設定すると、それ以降のイベントからレプリケーションが開始されます。gtid_executed や gtid_purged が空の場合は最初のトランザクションからレプリケーションを開始します。

注5.8　https://dev.mysql.com/doc/refman/8.0/en/replication-gtids-concepts.html#replication-gtids-concepts-gtid-sets
注5.9　https://dev.mysql.com/doc/refman/8.0/en/replication-options-gtids.html#sysvar_gtid_executed
注5.10 https://dev.mysql.com/doc/refman/8.0/en/replication-options-gtids.html#sysvar_gtid_purged

ただし、GTIDレプリケーションには次の制限事項があります。

- MySQL 8.0.21とそれ以前のみ、CREATE TABLE ... SELECTステートメントの実行不可
- トランザクション内のトランザクションと非トランザクションテーブルの両方の更新不可
- MySQL 8.0.13とそれ以前のみ、トランザクション内のCREATE TEMPORARY TABLEステートメントは使用不可（ステートメントベースでは8.0.36現在も不可）

　GTIDレプリケーションはソースとレプリカがすべてで同じGTIDセットを持つことで、運用管理が楽になります。ポジションレプリケーションはソースとレプリカのバイナリログファイル名のプレフィックスは合わせることができますが、同じイベントに対してポジションが異なることがあります。そのため、レプリカを追加するときやフェイルオーバーするときにはバイナリログとポジションを確認するといった作業が必要でしたが、GTIDレプリケーションでは必要ありません。

応用アーキテクチャー

MTA方式

　MTAのアーキテクチャーを確認しましょう。MTA自体はMySQL 5.6とそれ以降から追加された機能ですが、MySQL 8.0.27とそれ以降からデフォルトになりました。オプション replica_parallel_workers[注5.11] を0より大きい値に変更することでシングルスレッド方式からMTA方式にする変更ができます。MySQL 8.0.27とそれ以降からはこのオプションのデフォルト値が変更されたため、MTA方式がデフォルトで動作するようになったのです。

▼MTA関連のオプションのデフォルト

オプション名	MySQL 8.0.26以前のデフォルト	MySQL 8.0.27とそれ以降のデフォルト
replica_parallel_workers	0	4
replica_parallel_type	DATABASE	LOGICAL_CLOCK
replica_preserve_commit_order	OFF	ON

　MTAのオプションについて確認していきます。ワーカースレッドの数はオプション replica_parallel_workers で制御します。デフォルトは4なので、4つのワーカースレッドが起動し、トランザクションを4並列で実行します。オプション replica_parallel_type によって並列実行方式を変更できます。

▼オプション replica_parallel_type の取り得る値

値	内容
DATABASE	論理データベース単位で並列化
LOGICAL_CLOCK	タイムスタンプ単位で並列化

　DATABASEを設定すると、論理データベース単位で並列化されます。ワーカースレッドは論理データベースに1:1で対応するため、最大の並列度は存在する論理データベース数となります。論理データベース数が

注5.11 MySQL 8.0.25とそれ以前では slave_parallel_workers を利用する。https://dev.mysql.com/doc/refman/8.0/en/replication-options-replica.html#sysvar_replica_parallel_workers

一つであれば、MTAを設定してもマルチスレッドの恩恵を受けることができません。MySQL 8.0.29とそれ以降でDATABASEは非推奨になったので、敢えて選ぶ必要はないでしょう。

また、いくつかの制限があるので注意が必要です。

- 論理データベース間（クロスデータベース）をまたいだ更新は不可
- ソースでのコミット順序を意識しないので、ソースとレプリカでタイミングによってはデータが異なる可能性がある

LOGICAL_CLOCKはMySQL 8.0.27とそれ以降のデフォルト値であり、タイムスタンプ単位で並列化されます。ソースで同時刻のコミットが複数あればそれらをワーカースレッドが並列で処理します。同時刻のコミットというのは正確にいうと、バイナリログのグループコミット単位となります。

バイナリログのグループコミットとは、ディスクへの同期回数を減らすために同期前に待機して複数のコミットをまとめて同期する機能です。このまとめて同期された単位で並列実行されます。

バイナリログの同期前に待機する時間はオプションbinlog_group_commit_sync_delayで管理されています。デフォルトは0マイクロ秒なので待機はしません。同時にコミットされた更新のみがバイナリログのグループコミット対象になります。

この値を0よりも大きくすると、レプリカで並列化できるトランザクションが増えます。しかし、ソースでコミットの待機時間が発生するので同時実行性の高いトラフィックがあるとパフォーマンスに影響があります。ワークロードによって最適な設定にするのが望ましいでしょう。

オプションreplica_preserve_commit_orderはオプションreplica_parallel_typeがLOGICAL_CLOCKのときに影響します。MySQL 8.0.27とそれ以降のデフォルトはONです。

ONの場合、ソースで実行された同じコミット順序でレプリカに実行するようになります。実行中のワーカースレッドは、コミットできる状態であっても以前のトランザクションがコミットされるまで待機してからコミットします。そのため、ソースとレプリカでタイミングによるデータの不一致は起こらないようになっています。

いろいろとMTAについて説明しましたが、設定としてはまずはデフォルトのまま運用するのが良いでしょう。主に変更するところはワーカースレッドの数の調整になると思います。

🐬 カスケードレプリケーション

▼カスケードレプリケーション

MySQLはソース→中間レプリカ→末端レプリカというように数珠つなぎで多段のレプリケーションを組むことができます。これをカスケードレプリケーションといいます。

オプションlog_replica_updatesはSQLスレッドやワーカースレッドの更新をレプリカのバイナリログに書き込むかどうかを制御します。カスケードレプリケーションを実現するには中間レプリカに対してONに変更する必要があります。MySQL 8.0からのデフォルトはONです。

カスケードレプリケーションは、次の使い所があります。

- 一つのソースに対してレプリカの数が多い場合、レプリケーションによるソースの負荷を抑えるために利用する
- バージョンアップのために利用する。ソース（MySQL 5.7）→中間レプリカ（MySQL 8.0）→末端レプリカ（MySQL 8.0）と用意して、中間レプリカをソースに昇格することで、新たにレプリカを組み直す必要がなくなる
- シャーディング構成の準備に利用する

カスケードレプリケーションの注意点としては、次の通りです。

- 中間レプリカがダウンすると、末端レプリカが更新されない
- 2ホップのため、ソースと末端レプリカでレプリケーション遅延が大きくなる可能性がある

✦ マルチソースレプリケーション

　複数のソースから一つのレプリカに集約できます。それをマルチソースレプリケーションといいます。レプリカはソースを複数設定してレプリケーションできるということです。ソースごとのレプリケーション単位にレプリケーションチャネルを作成して、それぞれのチャネルにこれまでに説明したI/Oスレッドやリレーログなどのレプリケーション構成が構築されます。

　マルチソースレプリケーションは、次の使い所があります。

- 分析のために異なるMySQLサーバー間でのJOINしたSELECTを実施したいときに利用する
- シャード構成の複数のMySQLサーバーのテーブルをマージするために利用する

　注意点としては、次の通りです。

- 異なるソースが同一データベース名とテーブルを持っているとデータ不整合が起こる可能性がある
- ユーザー管理。ソースで新規ユーザーアカウント作成時に別のソースでそのユーザーがすでに存在している場合にレプリカでユーザー重複エラーが起こる

✦ 循環レプリケーション

▼循環レプリケーション

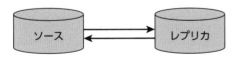

　ソースとレプリカを相互にレプリケーション設定することが可能です。これを循環レプリケーションといいます。うまく設計すればマルチマスターのように運用できそうですが、これを運用することはお勧めしません。auto_incrementやレプリケーション遅延など考慮しなくてはいけない点が多いので運用が難しくなる可能性が高いでしょう。

　ちなみに、オプションlog_replica_updatesがONの場合にソースの更新がレプリカに送られ、さらに

その更新がソースに返ってきて無限ループになるのではないかと思った方がいるでしょう。それはオプションreplicate-same-server-idで管理されていて、これがOFFに設定されていると自身が更新した内容（自身と同じserver_idの更新）を受け取っても無視するようになっています。デフォルトはOFFです。

レプリケーション遅延

　レプリケーション遅延とは、レプリカでの適用がソースよりも遅れることをいいます。レプリケーション遅延が発生すると、読み取り専用レプリカにアクセスしたときにソースにはデータが存在するのにレプリカにはまだ存在していない状態となり、サービスの実装によっては障害を引き起こす可能性があります。

　レプリケーション遅延が発生する理由は、次が挙げられます。

- 同時実行性の高いトラフィック
- 一度に大量の行を更新するトランザクション
- 行ベースレプリケーションの特性による遅延

同時実行性の高いトラフィック

　シングルスレッド方式の場合、ソースが同時実行性の高い環境下であるとレプリカのSQLスレッドの処理が遅れてレプリケーション遅延が発生することがあります。スレッドが一つしかないので、受け取ったイベントをシリアルで処理するためです。

　解決策としては、MTA方式に変更することです。ワークロードに合わせて、ワーカースレッドの数を調整することをお勧めします。

一度に大量の行を更新するトランザクション

　トランザクションはコミットすることでバイナリログに書き出します。よって、ソースはトランザクションがコミットしてから、初めてそのイベントをレプリカに伝搬することになります。そのため、一度に大量の行を更新するトランザクションはレプリケーション遅延の原因になります。

　たとえば、不要なデータを削除するためにDELETE文を検討するとします。InnoDBのネクストキーロックを回避するために、プライマリキーをWHERE句の条件にしてDELETE文を一千万件発行することにしました。これを一つのトランザクションで実施すると、大きなレプリケーション遅延が発生してしまいます。

　小さな単位のSQL文であれば問題ないと勘違いしてる方もいると思いますが、この場合はコミット後に一千万件のイベントが送信されることになります。遅延を防ぐにはDELETE文の発行ごとにコミットする必要があります。MySQLではなるべくトランザクションは小さく保つように心がけましょう。

行ベースレプリケーションの特性による遅延

　こちらはこれまでと違ったレプリケーション遅延の例です。

　行ベースレプリケーションは行データを保存すると先ほど説明しました。レプリカはその行データを適用するのに、テーブルからその行を探す必要があります。そのときにプライマリキーが利用されます。もし、テーブルにプライマリキーが存在しないとなると、テーブル全体から一致する行を探すことになるのです。

　それにより、レプリケーション遅延が発生することがあります。予期せぬレプリケーション遅延を防ぐために行ベースレプリケーションの場合は必ずすべてのテーブルにプライマリキーを作成することをお勧めし

ます。

レプリケーション遅延の確認方法

レプリケーションは非同期で行われるため、ソースからレプリカの遅延状態を確認できません。レプリカにステートメントを実行することでレプリケーションの状態がわかります。

レプリケーションが遅延しているか確認する方法はいくつかあります。もっとも一般的な方法はSHOW REPLICA STATUSステートメントのSeconds_Behind_Sourceの値を確認することです。この値はその更新がソースで適用された時間と現在の時間の差を秒単位で表示してくれます。

▼SHOW REPLICA STATUS の表示例（一部表示割愛）

```
mysql> SHOW REPLICA STATUS\G
*************************** 1. row ***************************
             Replica_IO_State: Waiting for source to send event
            Replica_IO_Running: Yes
           Replica_SQL_Running: Yes
         Seconds_Behind_Source: 0
1 row in set (0.00 sec)
```

Seconds_Behind_Sourceの値についてはシングルスレッド方式のためのレプリケーション遅延確認方法であり、MTA方式には適していません。MySQL 8.0からはperformance_schemaのreplication_applier_status_by_workerテーブルを利用することで各ワーカースレッドごとに、さらにミリ秒単位で遅延を確認できます。

replication_applier_status_by_workerテーブルはワーカースレッドごとに行が表示されます。シングルスレッド方式であれば、1行表示されます。

▼replication_applier_status_by_worker テーブルのカラム

カラム名	説明
WORKER_ID	ワーカースレッドのID。シングルスレッド方式であれば値は0
LAST_APPLIED_TRANSACTION	ワーカースレッドが最後に適用したトランザクション (GTID)
LAST_APPLIED_TRANSACTION_ORIGINAL_COMMIT_TIMESTAMP	ソースでコミットされた最後のトランザクションの時間
LAST_APPLIED_TRANSACTION_END_APPLY_TIMESTAMP	レプリカでコミットされた最後のトランザクションの時間

これらのカラムを基にソースとレプリカでのレプリケーション遅延を確認できます。

次の例では、replica_parallel_workers=3で稼働しているレプリカからレプリケーションを確認しています。LAST_APPLIED_TRANSACTION_END_APPLY_TIMESTAMPの値からLAST_APPLIED_TRANSACTION_ORIGINAL_COMMIT_TIMESTAMPの値を引くことで遅延している時間を導き出すことができます。

▼replication_applier_status_by_worker テーブルからレプリケーション遅延の確認例

```
mysql> SELECT WORKER_ID,LAST_APPLIED_TRANSACTION,LAST_APPLIED_TRANSACTION_END_APPLY_TIMESTAMP-LAST_APPLI⏎
ED_TRANSACTION_ORIGINAL_COMMIT_TIMESTAMP delay from replication_applier_status_by_worker;
+-----------+----------------------------------------------------+----------+
| WORKER_ID | LAST_APPLIED_TRANSACTION                           | delay    |
+-----------+----------------------------------------------------+----------+
|         1 | cd18c4bc-5c7c-11eb-ksjf-fa16482400b7:1874435628    | 0.002472 |
|         2 | cd18c4bc-5c7c-11eb-ksjf-fa16482400b7:1867824308    | 0.027740 |
|         3 | cd18c4bc-5c7c-11eb-ksjf-fa16482400b7:1874435629    | 0.002746 |
+-----------+----------------------------------------------------+----------+
```

また、このテーブルはカスケードレプリケーション環境下のレプリケーション遅延を正確に把握できます。末端レプリカ (中間レプリカのレプリカ) ではSHOW REPLICA STATUSでレプリケーション遅延を正しく把握できません。遅延を確認するにはLAST_APPLIED_TRANSACTION_IMMEDIATE_COMMIT_TIMESTAMPカラムを利用します。ソースとレプリカだけの環境であればこのカラムの値はLAST_APPLIED_TRANSACTION_ORIGINAL_COMMIT_TIMESTAMPと同様になります。中間レプリカがある場合はこのカラムには中間レプリカでコミットされた時間が格納されます。そのため、末端レプリカからは次の確認が可能です。

- ソースと中間レプリカの遅延
  LAST_APPLIED_TRANSACTION_ORIGINAL_COMMIT_TIMESTAMP - LAST_APPLIED_TRANSACTION_
  IMMEDIATE_COMMIT_TIMESTAMP
- 中間レプリカと末端レプリカの遅延
  LAST_APPLIED_TRANSACTION_IMMEDIATE_COMMIT_TIMESTAMP - LAST_APPLIED_TRANSACTION_
  END_APPLY_TIMESTAMP
- ソースと末端レプリカの遅延
  LAST_APPLIED_TRANSACTION_ORIGINAL_COMMIT_TIMESTAMP - LAST_APPLIED_TRANSACTION_
  END_APPLY_TIMESTAMP

5-3 レプリケーションの構築

それでは、レプリケーションを構築してみましょう。ソースからフルバックアップを取得して、別のMySQLサーバーにリストアし、レプリカとします。そして、そのソースとレプリカでレプリケーションを構築してみます。ポジションレプリケーションとGTIDレプリケーションをそれぞれ例を交えながら構築方法を紹介します。

レプリケーション構築の流れは、次の通りです。

1. 設定の確認 (ソース)
2. ユーザーアカウントの作成 (ソース)
3. フルバックアップの取得 (ソース)
4. リストア (レプリカ)

5. レプリケーションの設定（レプリカ）
6. レプリケーションの開始（レプリカ）
7. レプリケーションの状態確認（レプリカ）
8. 読み取り専用に設定（レプリカ）

▼利用するサーバーの情報

役割	IPアドレス	ポート	MySQLバージョン	データベースの文字コード
ソース	192.168.0.1	3306	MySQL 8.0.36	utf8mb4
レプリカ	192.168.0.2	3306	MySQL 8.0.36	utf8mb4

設定の確認（ソース）

　レプリケーションを構築するためには、ソースでいくつかのオプションを設定します。

　まず、オプションserver_idを設定します。server_idはサーバーに対して一意の1から2の32乗−1の範囲の整数を設定します。この値がソースとレプリカで同じだと、レプリケーションを構築できないのでそれぞれ違う値にしましょう。デフォルトは1なので、ソースとレプリカのいずれかで必ず変更しなくてはいけません。このオプションをmy.cnfの[mysqld]セクションに設定し、MySQLサーバーを再起動しましょう。

▼my.cnf記述例

```
[mysqld]
server_id=1000
```

　GTIDレプリケーションを構築する場合は、先ほどのオプションに加えてオプションgtid_modeとオプションenforce_gtid_consistencyをONにして、MySQLサーバーを再起動する必要があります。

▼GTIDレプリケーションのmy.cnf記述例

```
[mysqld]
gtid_mode=ON
enforce_gtid_consistency=ON
```

ユーザーアカウントの作成（ソース）

　レプリケーション用のユーザーアカウントをソースに作成します。今回はレプリカ（192.168.0.2）のレプリケーション用ユーザーアカウント（repl_user@'192.168.0.2）を作成します。レプリケーションに必要な権限はREPLICATION SLAVE権限です。

　レプリケーション専用のユーザーアカウントは必須ではありませんが、専用ユーザーアカウントを作成する方が管理面やセキュリティ面から見ても好ましいでしょう。

▼ユーザーアカウントの作成例

```
CREATE USER `repl_user`@'192.168.0.2' IDENTIFIED BY 'repl_password';
GRANT REPLICATION SLAVE ON *.* TO `repl_user`@'192.168.0.2';
```

フルバックアップの取得（ソース）

　フルバックアップを取得する手段はいくつかありますが、今回はmysqldumpコマンドを利用します。指定するオプションがポジションレプリケーションとGTIDレプリケーションで異なるので注意してください。

▼フルバックアップの取得例（ポジションレプリケーション）
```
# mysqldump -h 192.168.0.1 -P 3306 -u root -p --single-transaction --default-character-set=utf8mb4 \
--source-data=2 --routines --triggers --events --hex-blob --all-databases > source.dump
```

▼フルバックアップの取得例（GTIDレプリケーション）
```
# mysqldump -h 192.168.0.1 -P 3306 -u root -p --single-transaction --default-character-set=utf8mb4 \
--set-gtid-purged=COMMENTED --routines --triggers --events --hex-blob --all-databases > source.dump
```

　ここで指定したmysqldumpコマンドのオプションについては6章『バックアップとリストア』で詳しく説明しています。

　また、ソースからではなく別のレプリカからフルバックアップを取得する場合はmysqldumpコマンドのオプションが変わります。ポジションレプリケーションは--source-data=2を--dump-replica=2に置き換えます。GTIDレプリケーションは変更なく、--set-gtid-purged=COMMENTEDのままで大丈夫です。

リストア（レプリカ）

　mysqldumpコマンドで取得したダンプファイルをmysqlコマンドでレプリカにインポートします。

▼リストアの例
```
cat source.dump | mysql -h 192.168.0.2 -P 3306 -u root -p
```

レプリケーションの設定（レプリカ）

　リストアが完了したら、レプリケーションの設定を行います。レプリカのオプションserver_idがソースと違う値になっていることを確認します。

▼server_idを確認するSQL

```
mysql> SELECT @@server_id;
+-------------+
| @@server_id |
+-------------+
|          99 |
+-------------+
```

　次に、CHANGE REPLICATION SOURCE TOステートメントでレプリケーションを設定します。

　ここからはREPLICATION_SLAVE_ADMINまたはSUPER権限を持つユーザーで実行する必要があります。今回は特権ユーザーのrootを使用しています。

ポジションレプリケーションの場合

はじめに、レプリケーションを開始するポジションがダンプファイルに記載されているので、その値を確認します。

▼レプリケーションを開始するポジションの確認

```
# more source.dump
-- MySQL dump 10.13  Distrib 8.0.36, for Linux (x86_64)
--
-- Host: 127.0.0.1    Database:
-- ------------------------------------------------------
-- Server version       8.0.31

/*!40101 SET @OLD_CHARACTER_SET_CLIENT=@@CHARACTER_SET_CLIENT */;
<snip>
--
-- Position to start replication or point-in-time recovery from
--

-- CHANGE MASTER TO MASTER_LOG_FILE='binlog.000004', MASTER_LOG_POS=157;
<snip>
```

Position to start replication or point-in-time recovery fromの文言の下にバイナリログファイル名（binlog.000004）とポジション（157）が確認できます。これを設定すると、そのポジションからレプリケーションが開始されます。

次に、CHANGE REPLICATION SOURCE TOにソースの情報を打ち込みます。MASTER_LOG_FILEとMASTER_LOG_POSにレプリケーションを確認した値を入力します。

▼ポジションレプリケーションの設定

```
mysql> CHANGE REPLICATION SOURCE TO
       SOURCE_HOST='192.168.0.1',
       SOURCE_PORT=3306,
       SOURCE_USER='repl_user',
       SOURCE_PASSWORD='repl_password',
       SOURCE_LOG_FILE='binlog.000004',
       SOURCE_LOG_POS=157;
```

GTIDレプリケーションの場合

はじめに、オプションGTID_PURGEDの値がダンプファイルに記載されているので、まずその値を確認します。

▼オプションGTID_PURGEDの値の確認

```
# more source.dump
-- MySQL dump 10.13  Distrib 8.0.36, for Linux (x86_64)
--
-- Host: 127.0.0.1    Database:
-- ------------------------------------------------------
-- Server version       8.0.31

/*!40101 SET @OLD_CHARACTER_SET_CLIENT=@@CHARACTER_SET_CLIENT */;
<snip>
--
-- GTID state at the beginning of the backup
```

```
--
/* SET @@GLOBAL.GTID_PURGED='+00022132-1111-1111-1111-111111111111:1-20';*/
<snip>
```

GTID state at the beginning of the backupの文言の下のオプションGTID_PURGEDの値（+00022
132-1111-1111-1111-111111111111:1-20）が確認できます。

　これをレプリカのオプションGTID_PURGEDに設定すると、設定した以降のトランザクションからレプリケーションが開始されます。GTIDセットの前にプラス記号（+）を付けると、上書きではなく追記になります。

▼オプションGTID_PURGEDを設定する

```
mysql> SELECT @@GTID_PURGED;
+---------------+
| @@GTID_PURGED |
+---------------+
|               |
+---------------+

mysql> SET @@GLOBAL.GTID_PURGED='+00022132-1111-1111-1111-111111111111:1-20';

mysql> SELECT @@GTID_PURGED;
+-------------------------------------------------+
| @@GTID_PURGED                                   |
+-------------------------------------------------+
| 00022132-1111-1111-1111-111111111111:1-20       |
+-------------------------------------------------+
```

　CHANGE REPLICATION SOURCE TOステートメントにソースの情報を打ち込みます。SOURCE_AUTO_
POSITION=1とすると、GTIDレプリケーションを使用する設定になります。

▼GTIDレプリケーションの設定

```
mysql> CHANGE REPLICATION SOURCE TO
       SOURCE_HOST='192.168.0.1',
       SOURCE_PORT=3306,
       SOURCE_USER='repl_user',
       SOURCE_PASSWORD='repl_password',
       SOURCE_AUTO_POSITION=1;
```

レプリケーションの開始（レプリカ）

　START REPLICAステートメントを実行すると、レプリケーションを開始します。

▼START REPLICA実行

```
mysql> START REPLICA;
```

レプリケーションの状態確認（レプリカ）

SHOW REPLICA STATUSステートメントを使って、レプリケーションの状態を確認します。Replica_IO_Runningと Replica_SQL_Runningが Yesとなっていればレプリケーションは正常に動作しています。No であると問題があり、エラーになっている可能性があります。その場合は、Last_IO_Errorと Last_SQL_Errorのいずれかの表示を確認しましょう。

その他の確認するポイントをいくつか紹介します。

▼SHOW REPLICA STATUSの確認箇所

カラム名	対象レプリケーション	内容	サンプル値
Replica_IO_Running	両方	レプリケーションI/Oスレッドの起動状態。Yes以外だとエラー	Yes
Replica_SQL_Running	両方	SQLスレッドの起動状態。Yes以外だとエラー	Yes
Source_Log_File	ポジション	レプリケーションI/Oスレッドが現在受け取ったイベントのソースのバイナリログファイル名	binlog.000005
Read_Source_Log_Pos	ポジション	レプリケーションI/Oスレッドが現在受け取ったイベントのソースのバイナリログのポジション	6431
Relay_Source_Log_File	ポジション	SQLスレッドが現在適用しているイベントのソースのバイナリログファイル名	binlog.000005
Exec_Source_Log_Pos	ポジション	SQLスレッドが現在適用しているイベントのソースのバイナリログのポジション	5129
Retrieved_Gtid_Set	GTID	レプリカが今までに受け取ったGTIDセット	00022132-1111-1111-1111-111111111111:21-23
Executed_Gtid_Set	GTID	レプリカが今までに適用したGTIDセット	00022132-1111-1111-1111-111111111111:1-23
Last_IO_Error	両方	レプリケーションI/Oスレッドの停止の原因のエラーメッセージ	'' (空)
Last_SQL_Error	両方	SQLスレッドの停止の原因のエラーメッセージ	'' (空)

読み取り専用に設定（レプリカ）

ユーザーからのレプリカへの更新を防ぐために、読み取り専用に設定します。読み取り専用にするには、次のいずれかのオプションをONに設定する必要があります。

オプション名	デフォルト	内容
read_only	OFF	ONにすると、レプリケーションされた更新以外を禁止。SUPERまたはCONNECTION_ADMIN権限を持ったユーザーの更新は許可
super_read_only	OFF	ONにすると、レプリケーションされた更新以外を禁止。SUPERまたはCONNECTION_ADMIN権限を持ったユーザーの更新も禁止

▼オプションread_onlyの設定例

```
mysql> SET GLOBAL read_only=ON;
```

　以上でレプリケーションの構築は完了です。

レプリケーションの一時停止（レプリカ）

　レプリケーションを一時停止させるにはSTOP REPLICAステートメントを実行します。実行すると、Replica_IO_RunningとReplica_SQL_Runningが共に**No**になります。

▼STOP REPLICA実行

```
mysql> STOP REPLICA;
```

レプリケーションのリセット（レプリカ）

　レプリケーションの状態をリセットするにはSTOP REPLICAを実行後にRESET REPLICA ALLステートメントを実行します。そうすると、レプリケーション情報がすべて破棄され、SHOW REPLICA STATUSを実行するとEmptyが返ります。このステートメント実行後、残っているリレーログはすべて削除されます。

　このステートメントを実行するにはRELOAD権限が必要です。

▼RESET REPLICA ALL実行

```
mysql> RESET REPLICA ALL;
```

5-4 レプリケーションとクラッシュ耐性

　MySQLを運用していると予期せぬサーバーの停止 (以下、サーバーダウン[注5.12]) やOOM Killerの発動やバグのためにmysqld (MySQLサーバーのプロセス) がクラッシュ (以下、mysqld クラッシュ) することがあります。この節ではソースがダウンした場合やレプリカがダウンした場合に、レプリケーションにどのような影響があるかを紹介します。

ソースダウン

▼ソースダウン

　ソースがサーバーダウンした場合はオプション sync_binlogの値が影響します。このオプションはバイナリログのディスクへの同期を制御します。デフォルトはMySQL 5.7とそれ以降は1で、MySQL 5.6とそれ以前は0です。

▼オプション sync_binlogの値による動作の違い

値	内容
0	バイナリログをディスクに同期しない
1	トランザクションがコミットされる前にバイナリログをディスクに同期する
0または1以外	指定した値の数のコミットが収集されたあとにバイナリログをディスクに同期する

🐬 sync_binlog=0

　この設定はソースのサーバーダウン後に起動すると、レプリケーションエラー、またはソースとレプリカ間でのデータ不整合になる可能性があります。バイナリログのディスクへの同期はオペレーションシステム任せの非同期になるので、同期前にサーバーダウンするとバイナリログの最新のイベントを消失する可能性があります。レプリカへの転送はバイナリログに書き込みしたあとに行われるので、すでに最新のイベントはレプリカに渡っている可能性が高いです。そのため、レプリカで適用したバイナリログのイベントとダウン後に起動したソースの持っているバイナリログのイベントに不整合が起き、I/Oスレッドがエラーになることがあります。

注5.12 オペレーションシステムのクラッシュや電源障害や故障によるハードウェアのダウンを意味する。

▼I/Oスレッドのエラーメッセージ例

```
Last_IO_Error: Got fatal error 1236 from master when reading data from binary log:
'Client requested master to start replication from position > file size;
the first event binlog.000797' at 30429695,
the last event read from '/var/mysql/data/binlog.000797' at 4,
the last byte read from '/var/mysql/data/binlog.000797' at 4.'
```

🐾 sync_binlog=1

　この設定はソースのサーバーダウン後に起動しても、レプリケーションはエラーになりません。バイナリログにイベントを書き込んで、それをディスクに同期したあとにレプリカに転送するようになります。そのため、サーバーダウン後に起動してもレプリカに転送したイベントはバイナリログに残っているので、レプリケーションは継続されます。バイナリログのディスクへの同期が保証されているので、安全な設定といえます。

　しかし、ディスクへの同期はコストが高い処理です。コミットするたびにバイナリログをディスクに同期するので、sync_binlog=0と比べると筆者の体感では10~20%ほどパフォーマンスは落ちます。

🐾 sync_binlog=0または1以外

　sync_binlog=0と同様でソースのサーバーダウンにより、レプリケーションはエラーになる可能性があります。まとめると、次のようになります。

▼各ダウン時のレプリケーションの状態

sync_binlog	ソース	レプリケーションの状態
0	サーバーダウン	エラーの可能性あり
1	サーバーダウン	継続
0,1以外	サーバーダウン	エラーの可能性あり
0	mysqldクラッシュ	継続
1	mysqldクラッシュ	継続
0,1以外	mysqldクラッシュ	継続

　sync_binlogの値に関わらず、mysqldクラッシュしただけの場合はオペレーションシステムのページキャッシュにバイナリログのイベントが残っているため、ソースが起動後もレプリケーションは継続できます。

🐾 ソースダウンとフェイルオーバー

　ソースがダウンしたときにレプリカをソースに昇格するフェイルオーバーの仕組みを運用していた場合を考えてみます。

　安全な設定のsync_binlog=1のソースがサーバーダウン後に再起動しても、そのままレプリカとして利用することはできない可能性が高いです。ダウンしたソースはフルバックアップからデータリカバリしてからレプリカとして稼働させるのが良いでしょう。

　MySQLサーバーはクラッシュ後に起動すると、クラッシュリカバリが動作します。クラッシュ直後はバイナリログには最新のイベントはあるが、テーブルにはそのデータが存在しないことがあります。その際にクラッシュリカバリはバイナリログのイベントを利用しデータを復旧する動作になっており、レプリカには渡っていないかもしれないデータがクラッシュリカバリによって出現することになります。すでにレプリカがソースに昇格していると、データ不整合が起こります。

　これを防ぐためにはクラッシュしたソースはバイナリログを削除してから起動するという手もありますが、

クラッシュしたソースは捨てて、フルバックアップからリカバリするのが安全でしょう。また、sync_binlog が1以外の場合も同様でバイナリログのイベントが保存されているかそもそも保証されていないので、ダウンしたソースはフルバックアップからデータリカバリしなければいけません。

レプリカダウン

▼レプリカダウン

続いて、レプリカがサーバーダウンしたときについてです。

レプリカのクラッシュセーフという概念があり、サーバーダウン後に起動してもレプリケーションは継続されます。クラッシュセーフの設定はポジションレプリケーションとGTIDレプリケーションで異なります。

📌 ポジションレプリケーションの場合

ポジションレプリケーションの場合は、シングルスレッド方式とMTA方式でそれぞれ次のオプションを設定することでクラッシュセーフとなります。

▼ポジションレプリケーションのクラッシュセーフのためのオプション

対象	オプション名	デフォルト	クラッシュセーフな設定
どちらも	relay_log_info_repository	TABLE	TABLE
どちらも	relay_log_recovery	OFF	ON
MTA方式のみ	sync_relay_log	10000	1

シングルスレッド方式の場合はオプション relay_log_recovery をONにする必要があります。このオプションはオンラインでは変更できないので、my.cnfに記述してMySQLサーバーを再起動する必要があります。または、サーバーダウン後に設定してから起動しても問題ありません。

レプリカがダウンしても起動後にレプリケーションを継続させるためには、レプリカ自身に最新の適用済みのバイナリログとポジションを保持していなくてはなりません。そのために、オプション relay_log_info_repository をTABLEに設定します。そうすると、SQLスレッドが適用するイベントとともに mysql.slave_relay_log_info テーブルにバイナリログとそのポジションを更新します。そして、オプション relay_log_recovery をONに設定すると、起動時に現在保持しているリレーログを破棄し、新しいリレーログを作成します。そうすることで mysql.slave_relay_log_info テーブルに格納させているバイナリログとポジションからレプリケーションを再開できるようになります。

続いて、MTA方式は加えてオプション sync_relay_log を1に設定する必要があります。1に設定すると、

I/Oスレッドはイベントごとにリレーログをディスクに同期します。デフォルトでは10000イベントごとにディスクに同期します。MTA方式ではクラッシュ後に起動すると、ギャップが発生する可能性があります。ギャップとは、ソースで実行されたトランザクションの順番がMTAによって入れ替わり、かつ適用が途中の状態を指します。ギャップを修正するにはクラッシュ前の完全なリレーログが必要なので、この設定が必要です。クラッシュ後に起動すると、まずはギャップを修正します。そして、オプション relay_log_recovery=ON によるリカバリプロセスが動作し、レプリケーションを再開します。

　ちなみに、オプション sync_relay_log を1に設定することはsync_binlog=1と同じでコストが高い処理のためパフォーマンスに影響があります。

▼ポジションレプリケーションのクラッシュセーフのためのmy.cnf記述例

```
[mysqld]
relay_log_recovery=ON
sync_relay_log=1
```

🫘 GTIDレプリケーションの場合

　GTIDレプリケーションではシングルスレッド方式とMTA方式、共にオプション relay_log_recovery をONに設定するだけで、クラッシュセーフとなっています。

　レプリカはオプション log_replica_updates がOFFの場合にはSQLスレッドが適用する更新とともに自身の mysql.gtid_executed テーブルにそのGTIDを格納することで最新のGTIDを担保します。ONの場合は自身のバイナリログにGTIDを書き出すことで最新のGTIDを担保します。

▼mysql.gtid_executedテーブルの出力例

```
mysql> SELECT * FROM mysql.gtid_executed;
+--------------------------------------+----------------+--------------+
| source_uuid                          | interval_start | interval_end |
+--------------------------------------+----------------+--------------+
| 012ed380-aeef-11eb-a312-fa1648772bdf |              1 |     22353317 |
+--------------------------------------+----------------+--------------+
1 row in set (0.00 sec)
```

　GTIDレプリケーションはソースに接続するときにGTIDセットを送信します。そのGTIDセットはレプリカがクラッシュ後に起動した際は先ほど説明した mysql.gtid_executed テーブル、または自身のバイナリログから取得します。ソースはそのGTIDセットに含まれていないイベントを自身のバイナリログから確認し、レプリカに転送します。レプリカは適用されていないGTIDのイベントのみをソースから受け取ることが保証されているため、relay_log_recovery をONにして起動するだけでレプリケーションは復旧されます。

　レプリカのクラッシュセーフはポジションレプリケーションよりもGTIDレプリケーションを利用する方が考慮する点が減るため、運用は楽になると思います。

準同期レプリケーション

　レプリケーションのデフォルトは非同期で動作します。ソースはレプリカにイベントを伝搬したか保証はしません。準同期レプリケーションはソースがイベントをレプリカに渡ったのを確認してからコミットを完了する仕組みになっています。具体的には、次のような動作になります。

1. ユーザースレッドがコミット実行
2. ソースのバイナリログダンプスレッドがレプリカへイベントを送信
3. レプリカのI/Oスレッドが受け取り、リレーログに書く
4. レプリカがソースに確認通知を送る
5. ソースが通知を受け取ったら、コミットを完了にする
6. ユーザースレッドにセッションが戻る

レプリカへの適用ではなく、伝搬までを保証する仕組みなので同期ではなく準同期といいます。

ここで、非同期レプリケーションの問題点を考えてみます。これまでに説明したクラッシュセーフの設定をしているソースとレプリカでロールが変わらないのであれば非同期レプリケーションのまま運用しても良いでしょう。しかし、レプリカがソースへ昇格するフェイルオーバーの仕組みを運用していると問題になることがあります。それは、ユーザーがソースへコミットして、成功の通知を受けた直後にフェイルオーバーが発生したとします。そうすると、昇格したソース（元レプリカ）に先ほどの成功したコミットのデータが存在しない可能性があります。

準同期レプリケーションではレプリカに伝搬したあとにコミットの成功を返します。もし昇格したソースにデータが存在しなかったとしても、ユーザーにもコミット成功が返っていないのでこのような不整合は発生しません。そのため、フェイルオーバーの仕組みを運用しているならば準同期レプリケーションを有効にした方が良いでしょう。

🫘 設定

準同期レプリケーションを有効にするには、はじめにソースとレプリカそれぞれにプラグインをインストールします。

▼ソース用プラグインインストール
```
mysql> INSTALL PLUGIN rpl_semi_sync_source SONAME 'semisync_source.so';
Query OK, 0 rows affected (0.27 sec)
```

▼レプリカ用プラグインインストール
```
mysql> INSTALL PLUGIN rpl_semi_sync_replica SONAME 'semisync_replica.so';
Query OK, 0 rows affected (0.25 sec)
```

そのあと、オプションを変更することで、準同期レプリケーションは有効になります。

▼ソースで準同期レプリケーションの有効化
```
mysql> SET GLOBAL rpl_semi_sync_source_enabled = 1;
Query OK, 0 rows affected (0.00 sec)
```

▼レプリカで準同期レプリケーションの有効化
```
mysql> SET GLOBAL rpl_semi_sync_replica_enabled = 1;
Query OK, 0 rows affected (0.00 sec)
```

すでにレプリケーションが動作している環境下であれば、レプリケーションの再起動（STOP REPLICA と START REPLICA）が必要です。

また、フェイルオーバーの仕組みを運用していて、MySQLサーバーがソースとレプリカのどちらにもなり

得る構成であるならば、ソース用とレプリカ用の両プラグインをインストールし有効にしておいても良いでしょう。

オプション

確認しておくべきオプションがいくつかあります。オプション名の `rpl_semi_sync_` に続くのが source であればソースに設定するオプションで、replica であればレプリカに設定するオプションです。

▼準同期レプリケーションのオプション

オプション名	デフォルト	内容
rpl_semi_sync_source_enabled	OFF	ソースの準同期レプリケーションの有効化
rpl_semi_sync_source_wait_for_replica_count	1	レプリカからの通知を受け取る数を制御します。デフォルトの1は一つレプリカから通知が返れば、ソースはコミットを完了とします（以下、wait_for_replica_count）
rpl_semi_sync_source_timeout	10000	レプリカからの通知を待つ時間です。デフォルトは10000ms。この時間を過ぎると非同期レプリケーションへフォールバックされます（以下、timeout）
rpl_semi_sync_source_wait_no_replica	ON	ONであると、rpl_semi_sync_source_wait_for_replica_count に設定した値を下回っても、準同期レプリケーションは継続されます。OFFであると、rpl_semi_sync_source_wait_for_replica_count に設定した値を下回ると自動で非同期レプリケーションへフォールバックされます（以下、wait_no_replica）
rpl_semi_sync_source_wait_point	AFTER_SYNC	ソースがレプリカから通知を受け取るために待機するポイントを制御します。デフォルトのAFTER_SYNCはバイナリログのディスク同期後に待機します。デフォルト以外選択することはないでしょう
rpl_semi_sync_replica_enabled	OFF	レプリカの準同期レプリケーションの有効化

オプションの動作と値について考えていきます。"wait_no_replica"がデフォルトのONの場合、"wait_for_replica_count"（デフォルト1）に設定された値よりもレプリカからの通知が受けとれないと、"timeout"（デフォルト10000ms）の待機が発生します。

たとえば、これらのオプションがデフォルト値のソースとレプリカの2台構成のMySQLサーバーがあるとします。とある理由でレプリカに STOP REPLICA を実行しました。そうすると、"wait_for_replica_count"を下回るのでソースにコミットしたセッションが10秒間待機してしまうことになります。一度タイムアウトされると、以降は非同期レプリケーションにフォールバックされるので、待機は発生しなくなります。

しかし、10秒間もの待機状態になると大量のセッションが詰まり障害を引き起こす可能性があります。そのため、準同期よりもコミット処理を優先したいならば、"timeout"を小さな値にする必要があります。

▼デフォルト値でのセッションが待機する例

```
＜レプリカにて実行＞
mysql> STOP REPLICA;
Query OK, 0 rows affected (0.01 sec)

＜ソースにて実行＞
mysql> INSERT INTO t0 VALUES (1);
Query OK, 1 row affected (10.00 sec)
```

続いて、"wait_no_replica"がOFFの場合を考えてみます。"wait_no_replica"がONの場合は非同期レプリケーションにフォールバックするには必ず1回のタイムアウトが発生していました。"wait_no_replica"

がOFFの場合はステータス変数Rpl_semi_sync_source_clientsの値が"wait_for_replica_count"よりも下回った時点で、非同期レプリケーションにフォールバックする動きになります。ステータス変数Rpl_semi_sync_source_clientsは現在ソースに接続している準同期のレプリカ数を示しています。この設定により必ず1回のタイムアウトは必要なくなります。

　しかし、ソースがステータス変数Rpl_semi_sync_source_clientsを減らすタイミングには時間差があります。オプションreplica_net_timeout（デフォルト60秒）の半分の時間を待機してから、ソースはレプリカに疎通できないと判断します。そうして、ステータス変数Rpl_semi_sync_source_clientsを一つ減らす動作になっています。しかし、レプリカのクラッシュ後に、ソースがステータス変数Rpl_semi_sync_source_clientsを減らすまでの時間よりも、次のユーザーからの更新がくる方が速いと思います。そうなると、"wait_no_replica"がONの場合と同じく"timeout"まで待機が発生してしまうことになるでしょう。

　これらのオプションの値を決定するのは難しいです。導入するサービスの要件によっても変わると思います。障害時はセッションが滞留してもよいから、準同期を優先したいという方はデフォルト設定かつ"timeout"を大きな値にしてもよいでしょう。それよりも準同期を犠牲にしてコミット処理を優先したいという方は、"timeout"を小さな値にして、オプションreplica_net_timeoutを限りなく小さな値にして"wait_no_replica"をOFFにするような設定が良いでしょう。

　ちなみに、"wait_no_replica"の設定に関わらず、ステータス変数Rpl_semi_sync_source_clients >= "wait_for_replica_count"になり、かつ送信するバイナリログが最新のイベントになると準同期に戻るようになっています。

🛰 運用における注意点

- **マルチソースレプリケーションとの併用は不可**
  マルチソースレプリケーションを設定したレプリカでは準同期レプリケーションを無効にする必要があります。現状では有効でもエラーになりませんが、レプリケーションの接続と切断が繰り返されて正常に動作しません。

- **カスケードレプリケーションの遅延**
  カスケードレプリケーション環境のすべてのMySQLサーバーでrpl_semi_sync_source_enabledが1、rpl_semi_sync_replica_enabledが1であると、レプリケーション遅延が発生するリスクがあります。ソース→中間レプリカ間だけでなく、中間レプリカ→末端レプリカ間でも準同期レプリケーションの動作が行われることになるので、中間レプリカで待機が発生し処理が遅れるためです。カスケードレプリケーションでは、ソース→中間レプリカ間のみ有効にした方が良いでしょう。

- **フェイルオーバー時のソース再利用**
  ソースがダウンし、レプリカへのフェイルオーバーが実行された場合、障害が発生したソースはレプリカとして再利用できないため、破棄しなければいけません。前述の『ソースダウンとフェイルオーバー』で説明した通り、データ不整合が発生する可能性があるためです。

5-5　レプリケーションとマイグレーション

　MySQLではソースがMySQL 5.7とレプリカがMySQL 8.0といったように一つ上位のメジャーバージョンまでのレプリケーションを公式でサポートしています。ソースがMySQL 5.6でレプリカがMySQL 8.0のような二つ以上の上位のメジャーバージョンを跨ぐレプリケーションはサポートされていません。

　この節ではレプリケーションを使ったMySQL 5.7からMySQL 8.0へのアップグレード方法について説明します。レプリケーションを利用すると最小限のダウンタイム時間でマイグレーションが行えます。今回はサーバー移行にも使えるようなTipsも交えて、サービス稼働中のMySQL 5.7のソースとレプリカの2台（移行元）から新規構築したMySQL 8.0のソースとレプリカの2台（移行先）へアップグレードする手順を紹介します。流れとしては、次の通りになります。

1. 構成の確認
2. MySQL 8.0のMySQLサーバーを用意
3. オプション値の確認
4. ユーザーアカウントの作成
5. データのコピー
6. レプリケーションの構築
7. 切り替え前の確認
8. 切り替え

構成の確認

　MySQL公式にMySQL Shellアップグレードチェッカーユーティリティが用意されています。これはMySQL 8.0へアップグレードする前に、アップグレードに影響のある問題点があるかどうかを確認してくれます。MySQL公式ダウンロードサイト[注5.13]から入手できます。移行元のMySQL 5.7のMySQLサーバーにこれを実行して確認します。

▼アップグレードチェッカーユーティリティ実行例

```
# mysqlsh -u root -p -h 127.0.0.1 -P 3306 -e "util.checkForServerUpgrade()"
```

　20以上のチェック項目があり、エラーが返された項目についてはアップグレード前に手動での修正が必要です。また、エラーになった該当のオブジェクト名なども出力してくれます。

　たとえば、次のようなチェック項目があります。

- 新しい予約語と衝突するオブジェクト名のチェック
- utf8mb3文字セットの使用チェック
- 64文字以上の外部キー制約名チェック

....

注5.13 https://dev.mysql.com/downloads/shell/

- 削除されたオプション sql_mode のフラグの使用チェック
- 削除された関数の使用チェック
- 指定された Definer が存在しないオブジェクトのチェック（CHECK TABLE .. FOR UPGRADE ステートメント）

▼新しい予約語と衝突するオブジェクト名のチェックにてエラーになった出力

```
3) Usage of db objects with names conflicting with new reserved keywords
  Warning: The following objects have names that conflict with new reserved
  keywords. Ensure queries sent by your applications use `quotes` when
  referring to them or they will result in errors.
  More information:
  https://dev.mysql.com/doc/refman/en/keywords.html

  db1.test_table.row_number - Column name
```

MySQL 8.0 の MySQL サーバーを用意

移行先の MySQL 8.0 の MySQL サーバーを用意します。今回はソースとレプリカ構成の 2 台を用意します。

▼レプリカダウン

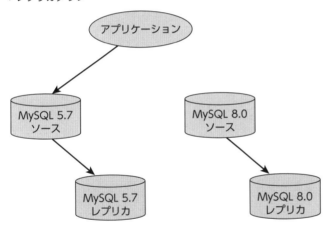

オプション値の確認

オプション値の設定を行います。テスト環境などで MySQL 8.0 での動作確認をしていれば問題ありませんが、MySQL の動作に関わる MySQL 8.0 から変更されたデフォルト値を確認して変更します。

▼MySQL 8.0 から変更されたデフォルト値

オプション名	MySQL 5.7 デフォルト値	MySQL 8.0 デフォルト値	内容
character_set_server	latin1	utf8mb4	MySQL サーバーのデフォルトの文字セット
collation_server	latin1_swedish_ci	utf8mb4_0900_ai_ci	MySQL サーバーのデフォルトの Collation

default_authentication_plugin	mysql_native_password	caching_sha2_password	デフォルトの認証プラグイン（2章2節『認証プラグイン』を参照）
explicit_defaults_for_timestamp	OFF	ON	TIMESTAMP型におけるNULL値の動作制御
local_infile	FALSE	TRUE	LOAD DATAステートメントのLOCAL機能の制御
event_scheduler	OFF	ON	イベントスケジューラの有効化

　また、次のオプション値はMySQLの動作に影響を及ぼす可能性があるので、移行元に合わせておいた方が良いでしょう。

▼その他のMySQLの動作に影響を及ぼすオプション

オプション名	内容
sql_mode	MySQLサーバーのサポートするSQL構文やデータの妥当性チェックなどの動作を定義
max_connections	MySQLサーバーへの最大同時接続数
lower_case_table_names	データベースオブジェクト名の大文字／小文字の識別方法の制御
time_zone	MySQLサーバーが動作するタイムゾーン

ユーザーアカウントの作成

　ここで、ユーザーアカウントを作成します。ユーザーアカウントの情報はmysqlスキーマで管理されていますが、これを移行元からコピーすることはお勧めしません。mysqlスキーマ内のテーブル構造がバージョンによって異なるので、手動でユーザーアカウントを移行先へ追加しましょう。Percona Toolkit[注5.14]のツールの1つ、pt-show-grants[注5.15]を使えば簡単に移行できます。

▼pt-show-grants実行例

```
# pt-show-grants -h 127.0.0.1 -u root -P 3306 --ask-pass
Enter password:
-- Grants dumped by pt-show-grants
-- Dumped from server 127.0.0.1 via TCP/IP, MySQL 5.7.36-log at 2023-01-28 21:15:59
-- Grants for 'user1'@'10.0.0.1'
CREATE USER IF NOT EXISTS 'user1'@'10.0.0.1';
ALTER USER 'user1'@'10.0.0.1' IDENTIFIED WITH 'mysql_native_password'
AS '*A02AA727CF2E8C5E6F07A382910C4028D65A053A' REQUIRE NONE PASSWORD EXPIRE DEFAULT ACCOUNT UNLOCK;
GRANT USAGE ON *.* TO 'user1'@'10.0.0.1';
-- Grants for 'user2'@'10.0.0.2'
CREATE USER IF NOT EXISTS 'user2'@'10.0.0.2';
ALTER USER 'user2'@'10.0.0.2' IDENTIFIED WITH 'mysql_native_password'
AS '*A02AA727CF2E8C5E6F07A382910C4028D65A053A' REQUIRE NONE PASSWORD EXPIRE DEFAULT ACCOUNT UNLOCK;
GRANT USAGE ON *.* TO 'user2'@'10.0.0.2';
```

データのコピー

　データのコピーを行います。mysqldumpコマンドを利用します。本章3節『レプリケーションの構築』で紹介した際はフルバックアップを利用しましたが、アップグレードにおいては移行元からユーザースキーマ

注5.14 https://www.percona.com/software/database-tools/percona-toolkit
注5.15 https://docs.percona.com/percona-toolkit/pt-show-grants.html

のみをエクスポートして、移行先へインポートします。

▼ユーザースキーマ db1 と db2 をエクスポートする `mysqldump` **コマンド例**

```
# mysqldump -h 127.0.0.1 -P 3306 -u root -p --single-transaction --default-character-set=utf8mb4 \
--source-dump=2 --routines --triggers --events --hex-blob --databases db1 db2 > mysql57.source.dump
```

　インポート時は、移行先のバイナリログにインポートした更新がすべて書き込まれてしまうため、ディスクサイズは確認しながら進めた方が良いです。`PURGE BINARY LOGS`を実施するなど対応してください。

　あとは、移行元のCollationをutf8mb4_general_ciで運用している場合は、移行先のオプション`default_collation_for_utf8mb4`の値をutf8mb4_general_ciに変更しておきましょう。これを実行しないと、インポート時にutf8mb4_general_ciではなくMySQL 8.0のデフォルトCollationであるutf8mb4_0900_ai_ciでテーブルが作成されてしまうからです。

▼オプション `default_collation_for_utf8mb4` **の値を変更する例**

```
mysql> SET GLOBAL default_collation_for_utf8mb4=utf8mb4_general_ci;
```

レプリケーションの構築

　移行元と移行先でレプリケーションを構築します。詳しくは本章3節『レプリケーションの構築』をご確認ください。データベースのサイズによって、レプリケーション開始直後は遅延していると思うので、遅延が解消されるまで待ちます。ここで、移行元のソースは書き込みで利用されているので、read_onlyはOFFになっています。移行元のレプリカと移行先のインスタンスは不用意な書き込みを防ぐためにread_onlyをONにしておきましょう。

▼レプリケーションの構築

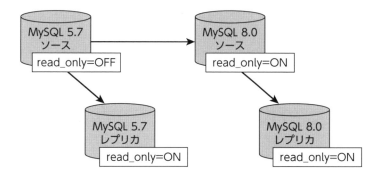

切り替え前の確認

　レプリケーション構築まで完了しました。あとは、切り替えを残すのみですが、安全に切り替えるためにいくつか確認しておくべきことがあります。

- 移行元と移行先のデータベースオブジェクトの比較

- 移行元と移行先のデータの比較
- 移行元と移行先のクエリ性能確認

🔖 移行元と移行先のデータベースオブジェクトの比較

mysqldumpのオプション--triggersや--routinesなどを忘れていたために移行元にあるトリガーやストアドファンクションの一部データベースオブジェクトが移行先へ移行できていなかったということもあります。ステートメントベースレプリケーションであれば、オブジェクトがないとレプリケーションエラーで気づけることもあります。しかし、行ベースレプリケーションであると、更新行のみ伝搬するのでレプリケーションエラーになりません。切り替え前に正しくオブジェクトが移行されているか確認しましょう。

information_schemaスキーマのテーブルにはオブジェクトのメタデータ情報が管理されています。それらの情報を移行元と移行先で突き合わせて確認しておけば良いでしょう。

▼ information_schemaスキーマのテーブル

テーブル名	内容
SCHEMATA	スキーマ情報
TABLES	テーブルとビューの情報
COLUMNS	テーブル内のカラムの情報
STATISTICS	テーブル内のインデックスの情報
PARTITIONS	テーブルパーティションの情報
TABLE_CONSTRAINTS	テーブル内の制約の情報
TRIGGERS	トリガーの情報
ROUTINES	ストアドファンクションとストアドプロシージャの情報
EVENTS	イベントスケジューラの情報

🔖 移行元と移行先のデータの比較

基本的にmysqldumpを利用してデータのコピーを行い、レプリケーションを構築するとテーブルデータは一致します。しかし、オプションtime_zoneが移行元と移行先で異なっているなどオプションの設定値のズレによって、テーブルデータが異なってしまうこともあります。そのため、移行元と移行先でテーブルデータが一致しているか調べることも検討しましょう。

比較する方法としては、次の通りです。

- CHECKSUM TABLEステートメント
- pt-table-checksum[注5.16]

CHECKSUM TABLEステートメントはデフォルトでは指定したテーブルの全データを読み取って、チェックサムを出力します。このチェックサム値が移行元と移行先で一致すればテーブルデータは一致していることになります。

しかし、ステートメント実行中はそのテーブルに対して書き込みロックを伴います。そのため、オンラインでの実行ができません。ユーザーからのアクセスのないレプリカが移行元にあれば、それと移行先を比較す

注5.16 https://docs.percona.com/percona-toolkit/pt-table-checksum.html

るなど限られた条件下でしか実施できないのが難点です。

▼CHECKSUM TABLE ステートメント実行例

```
mysql> CHECKSUM TABLE t0;
+---------+------------+
| Table   | Checksum   |
+---------+------------+
| test.t0 | 1930975001 |
+---------+------------+
```

　pt-table-checksumはPercona Toolkitのツールの1つで、レプリケーションの整合性を検証します。こちらはオンラインで実施可能です。移行元のソースに実行します。行のハッシュ値を計算するクエリをソースに実行して、レプリケーションを通じてレプリカにも実行させることで、ソースとレプリカのそれぞれのハッシュ値を算出します。その値を比較することで整合性を検証できるようになっています。
　実行中はソースの負荷が上がるので、実施するタイミングは調整しましょう。

移行元と移行先のクエリの性能確認

　MySQLは多くのクエリの最適化機能があります。バージョンが上がるたびに新しい最適化機能が追加されます。そのため、時にはバージョンアップ後に特定のクエリへの新しい最適化がうまく機能せず、実行計画が変わってしまって実行時間が大きくなることがあります。このまま切り替えを実施すると、そのクエリを処理しきれず滞留し障害になる恐れがあります。これを防ぐために移行元で流れているクエリを収集し、それらを実際のデータを持つ移行先に流してクエリの性能の変化を確認することをお勧めします。
　移行元のクエリを収集するには、次の方法があります。

- スロークエリログ
- 一般クエリログ（General Log）
- パケットキャプチャー

　パケットキャプチャーはtcpdumpとPercona Toolkitのツールの1つのpt-query-digest[注5.17]との組み合わせやWireShark[注5.18]を利用することでMySQLプロトコルを解釈してクエリとして出力してくれます。収集したクエリを移行元と移行先に実行して、実行時間の比較をします。移行先で遅くなったクエリはチューニングしておきましょう。

切り替え

移行元から移行先へ切り替えを実施します。切り替え手順は、次の通りです。

1. 移行元を読み取り専用にする
2. 移行元と移行先のデータの状態を確認する
3. 移行先のレプリケーションを停止する

注5.17 https://docs.percona.com/percona-toolkit/pt-query-digest.html
注5.18 https://www.wireshark.org/

4. Webアプリケーションの接続先を変更する

5. 移行先の書き込みを許可する

📌 移行元を読み取り専用にする

移行元でオプション read_only または super_read_only を有効にして、移行元と移行先のデータの静止点を確保するためです。

▼移行元を読み取り専用にする

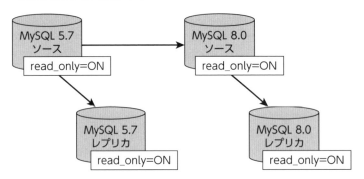

📌 移行元と移行先のデータの状態を確認する

移行元のバイナリログの最新のイベントが移行先に適用されているか確認します。移行元で SHOW MASTER STATUS ステートメントを実行して、最新のバイナリログのポジションまたは GTID セットを確認します。また、何度か実行して書き込みが止まっていることも確認します。

▼SHOW MASTER STATUS ステートメントを確認

```
mysql> SHOW MASTER STATUS;
+---------------+-----------+--------------+------------------+-------------------+
| File          | Position  | Binlog_Do_DB | Binlog_Ignore_DB | Executed_Gtid_Set |
+---------------+-----------+--------------+------------------+-------------------+
| binlog.000006 | 175957498 |              |                  |                   |
+---------------+-----------+--------------+------------------+-------------------+
```

移行先で SHOW REPLICA STATUS ステートメント実行して、ポジションレプリケーションであれば Relay_Source_Log_File と Exec_Source_Log_Pos の値が移行元で実施した SHOW MASTER STATUS の File と Position に一致していることを確認します。GTID レプリケーションであればそれぞれの Executed_Gtid_Set の値が一致していることを確認します。

▼SHOW REPLICA STATUS ステートメントを確認（一部表示割愛）

```
mysql> SHOW REPLICA STATUS\G
*************************** 1. row ***************************
             Replica_IO_State: Waiting for source to send event
          Replica_IO_Running: Yes
         Replica_SQL_Running: Yes
       Relay_Source_Log_File: binlog.000006
          Exec_Source_Log_Pos: 175957498
1 row in set (0.00 sec)
```

▼移行元と移行先のデータの状態を確認する

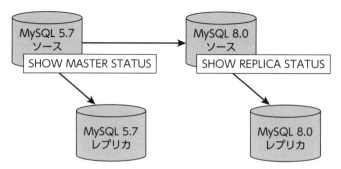

移行先のレプリケーションを停止する

最新のデータが移行先に存在することがわかれば、移行先でレプリケーションを停止します。

▼移行先でレプリケーション停止

```
mysql> STOP REPLICA;
```

また、ここでFLUSH BINARY LOGSステートメントを併せて実行することをお勧めします。切り替え後の更新が新しいバイナリログから始まるので問題が起こったときに調査しやすくなります。

▼移行先のレプリケーションを停止する

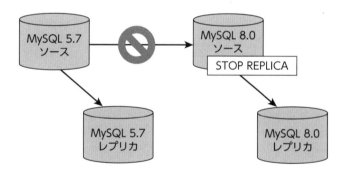

Webアプリケーションの接続先を変更する

Webアプリケーションの接続先を移行元から移行先へと変更します。

▼Web アプリケーションの接続先を変更する

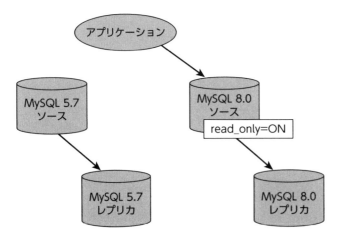

🐢 移行先の書き込みを許可する

移行先でオプション read_only または super_read_only を無効にして、移行先を書き込みできるように変更します。

▼移行先の書き込みを許可する

```
mysql> SET GLOBAL read_only=OFF;
```

▼移行先の書き込みを許可する

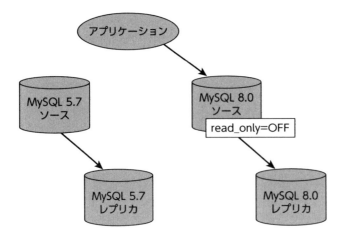

以上で、レプリケーションを利用したアップグレードは完了になります。たいていのケースはこれで問題なく移行作業は完遂できると思います。

　ここで紹介している内容は筆者の独自調査による成果を紹介するものです。バックワードレプリケーションはMySQLが公式にサポートしているものではありません。**十分な検証を行い、危険性を認識した上で実施してください。**

　バックワードレプリケーションとはソースがMySQL 8.0でレプリカがMySQL 5.7といったように、ソースよりも下位のメジャーバージョンをレプリカにしたレプリケーションです。

▼バックワードレプリケーション

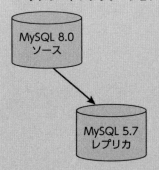

　MySQL 5.7からMySQL 8.0へレプリケーションを利用したアップグレード後に問題が発生したら、切り戻しを検討すると思います。データの損失なく、かつ少ないダウンタイムで切り戻しを完了したいと考えます。そのために、MySQL 8.0をソース、MySQL 5.7をレプリカとしてレプリケーションできれば、これを実現できます。しかし、このバックワードレプリケーションはMySQL公式ではサポートされていません。事実、オプション`character_set_server`を`utf8mb4`を設定している環境下でレプリケーションを構成するとエラーになります。

▼**MySQL 5.7のレプリカでのエラーメッセージ**

```
mysql> SHOW SLAVE STATUS\G
<snip>
Last_SQL_Error: Error 'Character set '#255' is not a compiled character set and is not specified in
 the '/var/mysql/share/charsets/Index.xml' file' on query. Default database: 'test'. Query: 'BEGIN'
<snip>
```

　しかし、とある工夫をするとMySQL 8.0からMySQL 5.7へのレプリケーションができるようになります。

　エラーメッセージには'#255'のキャラクターセットが存在していないと表示されています。この#255というのはMySQL 8.0からutf8mb4のデフォルトのCollationとなった`utf8mb4_0900_ai_ci`のことです。MySQL 5.7ではこのCollationが存在しないので、エラーとなっているのです。

▼`utf8mb4_0900_ai_ci`の情報

```
mysql> SHOW COLLATION LIKE 'utf8mb4_0900_ai_ci';
+--------------------+---------+-----+---------+----------+---------+---------------+
| Collation          | Charset | Id  | Default | Compiled | Sortlen | Pad_attribute |
+--------------------+---------+-----+---------+----------+---------+---------------+
| utf8mb4_0900_ai_ci | utf8mb4 | 255 | Yes     | Yes      |       0 | NO PAD        |
+--------------------+---------+-----+---------+----------+---------+---------------+
```

MySQL 8.0で出力されたバイナリログを見てみます。

▼MySQL 8.0で出力されたバイナリログ

```
# at 236
#230122 17:21:25 server id 100  end_log_pos 311 CRC32 0x3e024071    Query
                                           thread_id=12    exec_time=0    error_code=0
SET TIMESTAMP=1674375685/*!*/;
SET @@session.pseudo_thread_id=12/*!*/;
SET @@session.foreign_key_checks=1, @@session.sql_auto_is_null=0,
                                  @@session.unique_checks=1, @@session.autocommit=1/*!*/;
SET @@session.sql_mode=1168113696/*!*/;
SET @@session.auto_increment_increment=1, @@session.auto_increment_offset=1/*!*/;
/*!\C utf8mb4 *//*!*/;
SET @@session.character_set_client=255,@@session.collation_connection=255,
                                              @@session.collation_server=255/*!*/;
SET @@session.lc_time_names=0/*!*/;
SET @@session.collation_database=DEFAULT/*!*/;
/*!80011 SET @@session.default_collation_for_utf8mb4=255*//*!*/;
BEGIN
<snip>
```

レプリカは受け取ったこのバイナリログをそのまま実行します。SET @@session.character_set_client=255,@@session.collation_connection=255,@@session.collation_server=255/*!*/; を実行したときに起こるエラーメッセージだとわかります。

▼MySQL 5.7で実行した例

```
mysql> SET @@session.character_set_client=255,@@session.collation_connection=255,
@@session.collation_server=255/*!*/;
ERROR 1115 (42000): Unknown character set: '255'
```

よって、ここに指定されている255をMySQL 5.7がもっているCollationを指定するようにすれば、レプリケーションは通るはずです。そのためには、次の操作を実施します。

- オプションcollation_serverを変更
- SQLを実行するセッションでSET NAMES文を実施

MySQL 8.0へアップグレード前に既存のMySQL 5.7と同じキャラクターセットとCollationを指定するようにします。

▼MySQL 5.7とMySQL 8.0のmy.cnf設定例

```
[mysqld]
character_set_server              =        utf8mb4
collation-server                  =        utf8mb4_bin
```

そして、セッションが接続したらSET NAMES文を実行します。SET_NAMES文はcharacter_set_client、character_set_connectionとcharacter_set_resultsの3つのセッションレベルの値を指定した文字セットに設定します。

▼SET NAMES文を実行例

```
mysql> SET NAMES utf8mb4 COLLATE utf8mb4_bin;
Query OK, 0 rows affected (0.01 sec)
```

　これらをMySQL 8.0に設定してバイナリログを出力してみると、255となっていた箇所がutf8mb4_binのID46に変更されているのがわかります。

▼MySQL 8.0で出力されたバイナリログ

```
# at 430
#230122 20:22:27 server id 100  end_log_pos 509 CRC32 0x4948ab99        Anonymous_GTID
last_committed=1        sequence_number=2        rbr_only=yes
original_committed_timestamp=1674386547642601    immediate_commit_timestamp=1674386547642601
transaction_length=273
/*!50718 SET TRANSACTION ISOLATION LEVEL READ COMMITTED*//*!*/;
# original_commit_timestamp=1674386547642601 (2023-01-22 20:22:27.642601 JST)
# immediate_commit_timestamp=1674386547642601 (2023-01-22 20:22:27.642601 JST)
/*!80001 SET @@session.original_commit_timestamp=1674386547642601*//*!*/;
/*!80014 SET @@session.original_server_version=80031*//*!*/;
/*!80014 SET @@session.immediate_server_version=80031*//*!*/;
SET @@SESSION.GTID_NEXT= 'ANONYMOUS'/*!*/;
# at 509
#230122 20:22:27 server id 100  end_log_pos 580 CRC32 0xb9f2e92f        Query    thread_id=40    ex⏎
ec_time=0      error_code=0
SET TIMESTAMP=1674386547/*!*/;
/*!\C utf8mb4 *//*!*/;
SET @@session.character_set_client=46,@@session.collation_connection=46,@@session.collation_server⏎
=46/*!*/;
BEGIN
```

　しかし、SET NAMES文をすべてのセッションの接続時に実行するのは難しいでしょう。そういうときはオプションinit_connectに設定しておけば、SUPER権限を持つユーザー以外のすべてのセッションが接続時に実行するようになります。

▼init_connectのmy.cnfへの設定例

```
[mysqld]
init_connect='SET NAMES utf8mb4 COLLATE utf8mb4_bin'
```

　こうすることで、MySQL 8.0からMySQL 5.7へのレプリケーションがエラーなく実施できるようになります。MySQL 8.0で追加された新しい構文や新機能を実行すると、もちろんレプリケーションエラーになります。そのため、使い所として恒久的にレプリケーションを構成するわけでなく、アップグレード時の切り戻し対応などスポットでの利用を検討してください。
　再度言いますが、これはMySQL公式ではサポートされていません。ご自身の環境でデータのズレがないことなどしっかりと検証した上で実施の検討をしてください。

第 **6** 章

バックアップと
リストア

本章ではMySQLのバックアップとリストアについて紹介します。

　予期せぬサーバー故障やヒューマンエラーに備え、日々バックアップを取得することは重要です。そして、MySQLを運用していく上ではバックアップの管理や計画ができなくてはいけません。

本章を読んでわかること

- バックアップの方式
- 論理バックアップと物理バックアップの違いと方法
- 論理バックアップと物理バックアップのリストア方法
- MySQLのポイントインタイムリカバリ
- バイナリログのバックアップ

6-1 バックアップの種類と方法

この節では一般的なバックアップの種類やMySQLで利用できるバックアップ方法などを紹介していきます。

論理バックアップと物理バックアップ

バックアップの形式には論理バックアップと物理バックアップがあります。論理バックアップはMySQLサーバー内のデータをテキスト形式でエクスポートしてバックアップを取得します。物理バックアップはMySQLサーバーのデータファイルを物理的にコピーすることでバックアップを取得します。論理バックアップと物理バックアップを比較すると、次のようなメリットとデメリットがあります。

▼論理バックアップと物理バックアップの比較

	メリット	デメリット
論理バックアップ	テキストファイルなので一部テーブルのみリストアするなど取り回しやすい、バージョンが異なるMySQLサーバーにリストアできる[注6.1]	SQLを利用したバックアップとリストアのため時間がかかる
物理バックアップ	物理ファイルのコピーのため、バックアップとリストア時間を短縮できる	バージョンが異なるMySQLサーバーにリストアできない、一部テーブルのみリストアできない[注6.2]、ファイルが破損している場合は破損している部分もそのままバックアップされてしまう

オンラインバックアップとオフラインバックアップ

バックアップの手法にはオンラインバックアップとオフラインバックアップがあります。オンラインバックアップは、データベースを稼働したままバックアップを取得する手法です。オフラインバックアップは、データベースを一度停止してからバックアップを取得する手法です。MySQLのオンラインバックアップでは、MyISAMなどのトランザクション非対応のストレージエンジンのテーブルが含まれていると、そのテーブルをバックアップしている最中はロックを伴います。InnoDBなどのトランザクション対応のストレージエンジンで作成されたテーブルはロックを伴いません。

フルバックアップ、差分バックアップと増分バックアップ

バックアップの種類にはフルバックアップ、差分バックアップと増分バックアップがあります。フルバックアップは文字通り、すべてのデータのバックアップを取得します。差分バックアップは、初回のフルバックアップから変更のあった差分のみをバックアップします。増分バックアップは、前回取得したバックアップ以降に変更のあった更新をすべてバックアップします。

注6.1 バックアップしたファイルからユーザー作成のスキーマのデータのみをリストアする必要がある。
注6.2 xtrabackupでは一部テーブルのみのリストア機能が提供されている。https://docs.percona.com/percona-xtrabackup/8.0/restore-individual-tables.html

MySQLでは差分バックアップは基本的にサポートしておらず[注6.3]、フルバックアップまたは増分バックアップになります。増分バックアップについては本章5節『バイナリログのバックアップ』にて説明します。MySQLではサポートされていない差分バックアップを除いてフルバックアップと増分バックアップを比較すると、次のようなメリットとデメリットがあります。

▼フルバックアップと増分バックアップの比較

	メリット	デメリット
フルバックアップ	リストアが簡単、バックアップの管理がしやすい	バックアップ取得に時間がかかる、データサイズが大きくなる
増分バックアップ	バックアップ取得時間を短縮できる、データサイズが小さくなる	リストアに時間がかかる、バックアップの管理が複雑になる

MySQLサーバーのバックアップ方法

MySQLサーバーのバックアップを取得する方法として、次のようなものが挙げられます。

- mysqldump
- mysqlpump
- MyDumper
- MySQLShellダンプロードユーティリティ
- MySQLサーバーの物理ファイルをコピー
- Percona XtraBackup

▼それぞれの方法の特徴

バックアップ方法	形式	手法	種類
mysqldump	論理バックアップ	オンラインバックアップ	フルバックアップ／増分バックアップ
mysqlpump	論理バックアップ	オンラインバックアップ	フルバックアップ／増分バックアップ
MyDumper	論理バックアップ	オンラインバックアップ	フルバックアップ／増分バックアップ
MySQLShellダンプロードユーティリティ	論理バックアップ	オンラインバックアップ	フルバックアップ／増分バックアップ
MySQLサーバーの物理ファイルをコピー	物理バックアップ	オフラインバックアップ	フルバックアップ／増分バックアップ
Percona XtraBackup	物理バックアップ	オンラインバックアップ	フルバックアップ／増分バックアップ

これらのツールや方法を用いたバックアップとリストアについて、次節で紹介していきます。

注6.3　商用版MySQLのMySQL Enterprise Backupのみサポートされている。https://dev.mysql.com/doc/mysql-enterprise-backup/8.0/en/mysqlbackup.incremental.html

論理バックアップの
フルバックアップとリストア

この節では先ほど紹介した論理バックアップのフルバックアップの取得からリストアまでの流れについて
紹介します。

mysqldump

mysqldumpは古くから利用されているMySQL公式の論理バックアップツールです。MySQLサーバーに
対してmysqldumpコマンドを実行することで、データベースオブジェクトの定義とテーブルデータを取得し、
SQLの形式で出力します。テーブルデータの取得はシングルスレッドで動作します。そのため、本書で紹介
する論理バックアップの手法の中でバックアップ取得に一番時間がかかります。

フルバックアップ

mysqldumpコマンドに接続先のMySQLサーバーを指定して実行するとバックアップされます。デフォ
ルトでは出力内容は標準出力されるので、リダイレクトして内容を保存する必要があります。オプション
--result-fileで指定したファイルに出力することも可能ですが、パイプを経由してgzip圧縮することでデー
タサイズを小さくすることもできる、リダイレクトする方法が良いと思います。

▼フルバックアップ取得例

```
# mysqldump \
  -h 127.0.0.1 \
  -P 3306 \
  -u root \
  -p \
  --single-transaction \
  --default-character-set=utf8mb4 \
  --source-data=2 \
  --routines --triggers --events \
  --hex-blob \
  --all-databases | gzip > source.dump.gz
```

続いて、現場でよく用いられるオプションについて紹介します。ユーザー定義のトリガーやプロシージャ
などのデータベースオブジェクトはデフォルトでは取得されないようになっているため、下記のオプション
を指定することをお勧めします。--single-transactionオプションがないとデータベース全体をロック
してしまうことになるので、このオプションは必ず指定しておいた方が良いでしょう。

▼現場でよく用いられるmysqldumpオプション

オプション名	意味
--single-transaction	一貫性のあるデータベースをバックアップする
--source-data	ポジションレプリケーションのためのソースのバイナリログファイル名とポジションを出力（SHOW MASTER STATUSステートメントの値）
--dump-replica	ポジションレプリケーションのためのコマンド実行対象のレプリカのソースのバイナリログファイル名とポジションを出力（SHOW REPLICA STATUSステートメントの値）

--set-gtid-purged	GTIDレプリケーションのためのGTID_PURGEDを出力
--all-databases	すべてのスキーマのテーブルを対象とする
--routines	ストアドプロシージャとストアドファンクションを含める
--triggers	トリガーを含める
--events	イベントスケジューラを含める
--hex-blob	バイナリデータを16進数で出力
--default-character-set	文字コードを指定

リストア

リストアはダンプファイルをリストア先のMySQLサーバーに実行するだけです。ダンプファイルをMySQLサーバーに流し込むだけなので簡単ですが、シングルスレッドで処理されるためリストアには時間がかかります。

▼mysqlコマンドを使ったリストア例

```
# cat source.dump | mysql -h restore_hostname -P 3306 -u root -p
```

mysqlpump

mysqlpumpはMySQL 5.7から追加されたMySQL公式の論理バックアップツールです。MySQL公式では次に紹介するMySQLShellダンプロードユーティリティを使うことを推奨しており、MySQL 8.0.34とそれ以降ではmysqlpump自体が非推奨の扱いとなりました。そのため、現場ではmysqlpumpを利用するメリットが特にないため、簡単なツールの紹介だけにしておきます。

mysqldumpと同じくMySQLサーバーに対してmysqlpumpコマンドを実行することで、データベースオブジェクトの定義とテーブルデータを取得し、SQLの形式で出力します。mysqldumpと違い、データ取得をパラレルで実行できるようになっています。しかし、リストアはmysqldumpと同様にダンプファイルをMySQLサーバーに適用するためシングルスレッドでの処理になります。

MyDumper

MyDumperはコミュニティによって管理されているOSSであり、Official MyDumper Project[注6.4]にて開発が進められています。バックアップにはmydumperコマンドを利用しバックアップファイルを生成します。リストアにはmyloaderコマンドを利用して、そのバックアップファイルを読んで適用します。MyDumperには、次の特徴があります。

- パラレルでのバックアップとリストア
- パラレルでのストリーミング反映も可能[注6.5]

注6.4　https://github.com/mydumper/mydumper
注6.5　https://www.percona.com/blog/mydumper-stream-implementation/

インストール

MyDumperのGitHubリポジトリのリリースページ[注6.6]からダウンロードしてインストールします。

▼ CentOS 7にMyDumperのバージョン0.13.1-2をインストールする例

```
# rpm -iv https://github.com/mydumper/mydumper/releases/download/v0.13.1-2/mydumper-0.13.1-2.el7.x86_64.rpm
```

フルバックアップ

mydumperコマンドを利用して、フルバックアップを取得します。ユーザーアカウント情報はmysqlスキーマで管理されています。本来はそれを含めたいのですが、MyDumperではmysqlスキーマのバックアップをリストアするとエラーになる可能性があるので、ユーザー定義のスキーマのみをバックアップします。別途、Percona Toolkitのpt-show-grantsコマンド[注6.7]などでユーザーアカウント情報のバックアップを取得しておくことをお勧めします。

▼ db0, db1スキーマのバックアップ取得例

```
# mydumper \
  --host 127.0.0.1 \
  --port 3306 \
  --user username \
  --password password \
  --threads 4  \
  --triggers --events --routines \
  --chunk-filesize 100 \
  --compress  \
  --outputdir /backup \
  --verbose 3 \
  --database db0,db1
** Message: 17:59:14.861: MyDumper backup version: 0.13.1-2
** Message: 17:59:14.878: Server version reported as: 8.0.36
** Message: 17:59:14.880: Connected to a MySQL server
<snip>
** Message: 17:59:16.012: Thread 2: shutting down
** Message: 17:59:16.014: Releasing DDL lock
** Message: 17:59:16.014: Queue count: 0 0 0 0 0
** Message: 17:59:16.015: Main connection closed
** Message: 17:59:16.020: Finished dump at: 2023-02-23 17:59:16
```

mysqldumpと同様にユーザー定義のトリガーやプロシージャなどのデータベースオブジェクトはデフォルトでは取得されないようになっているため、次のオプションを指定することをお勧めします。また、圧縮オプションもあるので、そちらは利用した方が良いでしょう。

▼ 現場でよく使うmydumperのオプション

オプション名	内容
--threads	スレッド数を指定（デフォルト4）
--triggers	トリガーを含める
--events	イベントを含める
--routines	ストアドプロシージャとストアドファンクションを含める

注6.6　https://github.com/mydumper/mydumper/releases
注6.7　https://docs.percona.com/percona-toolkit/pt-show-grants.html

--chunk-filesize	指定したダンプファイルサイズのチャンクに分割する（単位はMB）
--compress	ダンプファイルを圧縮する
--outputdir	ダンプファイルの出力先
--verbose	ログの出力レベル（0 = silent、1 = errors、2 = warnings［デフォルト］、3 = info）
--database	バックアップするスキーマを指定

コマンド実行後にFinished dumpが出力されると、バックアップ取得完了となります。

パラレル処理について説明します。--threadsオプションで並列度を指定します。その並列処理は、次のオプションにより動作が異なります。

▼mydumperのパラレルオプション

オプション名	内容
--rows	単位は行数。テーブルの行数単位でダンプファイルを分割
--chunk-filesize	単位はMB。ダンプファイルのサイズ単位でファイルを分割

それぞれのオプションは、次の特徴があります。データの特性に合わせて選択すれば良いでしょう。

- --rowsオプション
  - 行数単位で分割できるのは主キーがある、かつ整数型であること。それ以外は並列化されない
  - 1つのテーブルだけサイズが大きい場合も並列で処理され、バックアップ時間を短縮できる
  - 統計情報を基に範囲分割するので、均等にダンプファイルが分散されない可能性がある。その場合はリストア時の並列処理が非効率になる
- --chunk-filesizeオプション
  - 均等にダンプファイルが分割されるので、リストア時の並列処理効率が上がる
  - テーブル単位で並列化されるため、1つのテーブルのみサイズが大きい場合はバックアップ時間が長くなる

➡️ リストア

myloaderコマンドを使ってリストアします。

▼リストア例

```
# myloader \
  --host restore_hostname \
  --port 3306 \
  --user username \
  --password password \
  --threads 2 \
  --queries-per-transaction 100 \
  --enable-binlog \
  --directory /backup \
  --verbose 3 ; echo $?

** Message: 18:26:10.345: Server version reported as: 8.0.36
** Message: 18:26:10.400: Intermediate queue: Sending END job
** Message: 18:26:10.400: Adding new table: `db1`.`t1`
```

6

バックアップとリストア

161

```
<snip>
** Message: 18:27:49.624: Thread 1: restoring `db0`.`t0` part 1 of 1 from db0.t0.00000.sql.gz.
  Progress 1 of 2. Using 1 of 4 threads.
** Message: 18:27:49.625: Thread 2: restoring `db1`.`t1` part 1 of 1 from db1.t1.00000.sql.gz.
  Progress 2 of 2. Using 1 of 4 threads.
** Message: 18:27:49.671: Thread 1: Data import ended
** Message: 18:27:49.672: Thread 2: Data import ended
** Message: 18:27:49.672: Thread 1: Starting post import task over table
** Message: 18:27:49.672: Thread 2: Starting post import task over table
** Message: 18:27:49.674: Starting table checksum verification
0
```

　現場でよく使うmyloaderのオプションは、次の通りです。myloaderを使ったリストアはデフォルトでは
バイナリログの書き込みをしないようになっています。ソースとレプリカ構成のMySQLサーバーにリストア
すると、レプリカにレプリケーションされないので、オプション--enable-binlogを指定すると良いでしょう。

▼現場でよく使うmyloaderのオプション

オプション名	内容
--threads	スレッド数を指定 (デフォルト4)
--queries-per-transaction	1トランザクション当たりのクエリ数 (デフォルト1000)
--enable-binlog	バイナリログの書き込みを有効化
--directory	リストアするダンプファイルのディレクトリ
--verbose	ログの出力レベル (0 = silent、1 = errors、2 = warnings[デフォルト]、3 = info)

　コマンドの終了コードが0であれば、正常にリストアが完了しています。0以外であると、リストアでエラー
が発生したためログを確認します。

▼出力されるエラーの例

```
** (myloader:98464): CRITICAL **:18:26:10.422:
  Error occurs between lines: 7 and 3079 on file db0.t0.00000.sql.gz:
  Duplicate entry '1' for key 't0.id'
```

　--threadsオプションで指定した並列度は、mydumperで出力したダンプファイル単位で実行されます。

　レプリケーション情報の確認方法について説明します。mydumperの--outputdirオプションに指定
したディレクトリにmetadataファイルを作成します。そこに、SHOW REPLICA STATUSステートメントと
SHOW MASTER STATUSステートメントの内容が出力されます。myloaderでリストアしたあとにレプリカと
してレプリケーションを構築したいときは、このファイルを確認しましょう。

▼metadataファイルの出力例

```
# cat /backup/metadata
Started dump at: 2023-02-25 18:25:59
SHOW MASTER STATUS:
        Log: binlog.000035
        Pos: 7427570
        GTID:144f0ca3-ab97-11ed-9f86-fa163f0e1268:1-3710

Finished dump at: 2023-02-25 18:25:59
```

MySQLShellダンプロードユーティリティ

MySQLShellではパラレルでのバックアップとリストアをサポートしています。バックアップはダンプユーティリティ[注6.8]を利用し、リストアではダンプロードユーティリティ[注6.9]を利用します。

▼各ユーティリティの関数と意味

ユーティリティ	関数	意味
インスタンスダンプユーティリティ	util.dumpInstance()	MySQLサーバー全体をバックアップ
スキーマダンプユーティリティ	util.dumpSchemas()	特定のスキーマをバックアップ
テーブルダンプユーティリティ	util.dumpTables()	特定のテーブルをバックアップ
ダンプロードユーティリティ	util.loadDump()	バックアップユーティリティで取得したファイルからリストア

ここでは簡単にフルバックアップの取得とそれを使ったリストア方法について説明します。

フルバックアップ

MySQLサーバー全体をバックアップするにはインスタンスダンプユーティリティのutil.dumpInstance()関数を利用します。バックアップのためのユーティリティには、次の特徴があります。

- 複数スレッドによるパラレルバックアップ
- ファイル圧縮
- 進捗状況の表示
- ドライランの実施
- データの読み取りスループットの制御

作成されるダンプファイルは、スキーマ定義のためのSQLファイルとデータを格納するタブ区切りのtsvファイルで構成されます。util.dumpInstance()関数の引数に出力先ディレクトリを指定して実行します。mysqldumpではトリガーなど一部のデータベースオブジェクトが含まれないため、オプションを指定する必要がありました。インスタンスダンプユーティリティはデフォルトですべてのデータベースオブジェクトを含め、かつ圧縮も行われるので、フルバックアップを取得する際は出力先ディレクトリを指定するだけで大丈夫です。

▼インスタンスダンプユーティリティを使ったフルバックアップ例

```
# mysqlsh -u root -p -h 127.0.0.1 -P 3306 -e "util.dumpInstance(\"/backup\")"

Acquiring global read lock
Global read lock acquired
Initializing - done
2 out of 6 schemas will be dumped and within them 2 tables, 0 views.
3 out of 6 users will be dumped.
Gathering information - done
All transactions have been started
```

注6.8 https://dev.mysql.com/doc/mysql-shell/8.0/ja/mysql-shell-utilities-dump-instance-schema.html
注6.9 https://dev.mysql.com/doc/mysql-shell/8.0/ja/mysql-shell-utilities-load-dump.html

```
Locking instance for backup
Global read lock has been released
Writing global DDL files
Writing users DDL
Running data dump using 4 threads.
not optimal. Please consider running 'ANALYZE TABLE `db1`.`t1`;' first.
Writing schema metadata – done
Writing DDL – done
Writing table metadata – done
Starting data dump
200% (6.14K rows / ~3.07K rows), 0.00 rows/s, 0.00 B/s uncompressed, 0.00 B/s compressed
Dump duration: 00:00:00s
Total duration: 00:00:00s
Schemas dumped: 2
Tables dumped: 2
Uncompressed data size: 28.51 KB
Compressed data size: 11.82 KB
Compression ratio: 2.4
Rows written: 6144
Bytes written: 11.82 KB
Average uncompressed throughput: 28.51 KB/s
Average compressed throughput: 11.82 KB/s
```

　実データはtsvファイルで出力され、デフォルト圧縮アルゴリズムはzstd圧縮が使用されます。次の例の db0@t0@@0.tsv.zstは実データを格納しており、@または@@を区切り文字に「データベース名，テーブル名，連番のファイル名」となります。また、その他メタデータ情報やデータベースオブジェクトの定義を出力したsqlファイルやjsonファイルが出力されます。

▼ダンプファイル例

```
# ls /backup
db0.json  db0.sql  db0@t0@@0.tsv.zst  db0@t0@@0.tsv.zst.idx  db0@t0.json  db0@t0.sql
db1.json  db1.sql  db1@t1@@0.tsv.zst  db1@t1@@0.tsv.zst.idx  db1@t1.json  db1@t1.sql
@.done.json  @.json  @.post.sql  @.sql  @.users.sql
```

✈️ リストア

　ダンプロードユーティリティのutil.loadDump()関数にてリストアします。リストアは内部でLOAD DATA LOCAL INFILEステートメントを利用します。そのため、INSERTステートメントが利用されるその他の論理バックアップツールよりも高速です。

　util.loadDump()関数には、次の特徴があります。

- パラレルリストア
- 進捗状況の表示
- 一時停止やリセット
- 特定のテーブルのみリストアするなどのリストアのカスタマイズが可能

　はじめに、LOAD DATA LOCAL INFILEステートメントが使用されるため、リストアするMySQLサーバーにlocal_infile=ONの設定が必要です。

```
mysql> SET GLOBAL local_infile=ON;
```

util.loadDump()関数の引数にダンプファイルの出力先ディレクトリを指定して実行します。

▼ダンプロードユーティリティを使ったリストア例

```
# mysqlsh -u root -p -h 127.0.0.1 -P 3306 -e "util.loadDump(\"/backup\")"

Loading DDL and Data from '/backup' using 4 threads.
Opening dump...
Target is MySQL 8.0.36. Dump was produced from MySQL 8.0.36
Scanning metadata - done
Checking for pre-existing objects...
Executing common preamble SQL
Executing DDL - done
Executing view DDL - done
Starting data load
Executing common postamble SQL
100% (28.51 KB / 28.51 KB), 0.00 B/s, 2 / 2 tables done
Recreating indexes - done
2 chunks (6.14K rows, 28.51 KB) for 2 tables in 2 schemas
                          were loaded in 0 sec (avg throughput 28.51 KB/s)
0 warnings were reported during the load.
```

レプリケーション情報の確認方法について説明します。出力先ディレクトリに@.jsonファイルが作成されます。そこにバイナリログやGTIDの情報が含まれます。

▼バイナリログ情報の確認例

```
# cat @.json | grep -e binlog -e \"gtidExecuted\"
    "binlogFile": "binlog.000003",
    "binlogPosition": 157,
    "gtidExecuted": "144f0ca3-ab97-11ed-9f86-fa163f0e1268:1-3721",
```

6-3 物理バックアップの フルバックアップとリストア

次に、物理バックアップする方法をいくつか紹介します。物理バックアップはInnoDBのibdファイルなどのファイルを物理的にコピーする方式です。物理バックアップは論理バックアップと比べてバックアップとリストア共に高速であることが特徴です。

MySQLサーバーの物理ファイルをコピー

単純にMySQLサーバーのファイルをコピーすることで物理バックアップすることが可能ですが、ファイルをコピーするにはMySQLサーバーを停止する必要があるため、オフラインバックアップとなります。停止させずに単にコピーしただけのファイルではデータが欠損したり、起動に失敗したりします。

🐾 フルバックアップ

フルバックアップの手順を説明します。はじめに、オプション `datadir`（MySQLサーバーのデータファイルを格納しているディレクトリ）を確認します。

▼オプション `datadir` の確認

```
mysql> SHOW VARIABLES LIKE 'datadir';
+---------------+-----------------+
| Variable_name | Value           |
+---------------+-----------------+
| datadir       | /var/lib/mysql/ |
+---------------+-----------------+
1 row in set (0.00 sec)
```

次にMySQLサーバーを停止します。MySQLサーバーに`mysql`コマンドからログインして`shutdown`ステートメントを実行します。

▼MySQLサーバーの停止

```
mysql> shutdown;
Query OK, 0 rows affected (0.00 sec)
```

MySQLサーバーが正常に停止したら、先ほど取得した`datadir`以下のファイルをコピーすることでバックアップ完了となります。併せて、設定ファイルの`my.cnf`もバックアップしておけば、同一設定のMySQLサーバーをリストアできるようになります。OSコマンドを使ってファイルの圧縮や別のサーバーへ転送など環境に合わせてバックアップファイルを管理すると良いでしょう。このように簡単に物理バックアップを取得できます。

▼ファイルのコピー例

```
# cp -rp /var/lib/mysql /backup/20230211
```

🐾 リストア

リストア方法も簡単です。MySQLサーバーを停止して、`datadir`配下を削除したあと、取得したバックアップファイルを配置して起動すればリストア完了です。`my.cnf`のバックアップがあれば、MySQLサーバー起動前に`/etc/my.cnf`など任意の場所にリストアしておきましょう。

MySQLサーバーの物理ファイルのコピーには、次のようなメリットとデメリットがあります。

メリット
- バックアップの取得が簡単
- 別途ソフトウェアのインストールが必要ない

デメリット
- MySQLサーバーの停止が必須
- バックアップ用レプリカから取得すると、バックアップ中は差分の更新が反映されない。そのため、バックアップ完了後に起動したときレプリケーションの遅延が発生する

Percona XtraBackup

Percona XtraBackup[注6.10]はPercona社が開発、公開しているMySQLのバックアップ取得のためのOSSです。次のような特徴が挙げられます。

- InnoDBのようなトランザクション対応のストレージエンジンに対して、ノンブロッキングで物理バックアップを作成。MyISAMのようなトランザクション非対応のストレージエンジンに対してはブロッキングが発生
- 圧縮機能
- バックアップデータを別サーバーへストリーミングする機能
- オンラインでMySQLサーバー間のテーブル移動
- 秒間のI/O制御するスロットリング機能
- セカンダリインデックスのバックアップをスキップすることでバックアップファイルを小さくする

インストール

Percona XtraBackupのインストールには、APTやYUMなどのパッケージマネージャを利用したり、ソースコードからビルドしたりするなど、いくつかの方法が提供されています。今回はPerconaのダウンロードサイト[注6.11]からバイナリtarballをインストールしてみます。

▼Percona XtraBackup 8.0.35-30をインストール

```
# wget https://downloads.percona.com/downloads/Percona-XtraBackup-8.0/Percona-XtraBackup-8.0.35-30/
binary/tarball/percona-xtrabackup-8.0.35-30-Linux-x86_64.glibc2.17.tar.gz

# tar zxvf percona-xtrabackup-8.0.35-30-Linux-x86_64.glibc2.17.tar.gz

# ls percona-xtrabackup-8.0.35-30-Linux-x86_64.glibc2.17/bin
xbcloud  xbcloud_osenv  xbcrypt  xbstream  xtrabackup
```

フルバックアップ

フルバックアップを取得するには、xtrabackupコマンドを使います。バックアップを作成するにはバックアップを取得するMySQLサーバー上で実行する必要があります。まずは最小限のオプションでフルバックアップを取得してみます。

▼xtrabackupコマンド実行例

```
# xtrabackup          \
 --backup             \
 --target-dir=/backup \
 --user=root          \
 --password=PASSWORD  \
 --socket=/var/lib/mysql/mysql.sock

xtrabackup version 8.0.35-30 based on MySQL server 8.0.35 Linux (x86_64) (revision id: 6beb4b49)
<snip>
```

注6.10 https://docs.percona.com/percona-xtrabackup/8.0/index.html
注6.11 https://www.percona.com/downloads

```
2023-02-11T20:14:48.797274+09:00 0
  [Note] [MY-011825] [Xtrabackup] MySQL binlog position: filename 'binlog.000004', position '157'
2023-02-11T20:14:48.797407+09:00 0
  [Note] [MY-011825] [Xtrabackup] Writing /backup/backup-my.cnf
2023-02-11T20:14:48.797548+09:00 0
  [Note] [MY-011825] [Xtrabackup] Done: Writing file /backup/backup-my.cnf
2023-02-11T20:14:48.798767+09:00 0
  [Note] [MY-011825] [Xtrabackup] Writing /backup/xtrabackup_info
2023-02-11T20:14:48.798886+09:00 0
  [Note] [MY-011825] [Xtrabackup] Done: Writing file /backup/xtrabackup_info
2023-02-11T20:14:49.800175+09:00 0
  [Note] [MY-011825] [Xtrabackup] Transaction log of lsn (19609157) to (19609157) was copied.
2023-02-11T20:14:50.014578+09:00 0
  [Note] [MY-011825] [Xtrabackup] completed OK!
```

xtrabackupコマンド実行例で指定したオプションの意味は次の通りです。

▼オプションについて

オプション名	内容	備考
--backup	バックアップを作成	このオプションを指定すればバックアップ作成を意味する
--target-dir	バックアップファイル保存先のディレクトリ	オプションを指定しなければ、デフォルト値の./xtrabackup_backupfiles/にバックアップファイルを保存する
--user	接続するMySQLサーバーのユーザー名	他オプションによるが最小限ではBACKUP_ADMIN、PROCESS、RELOAD、LOCK TABLES、REPLICATION CLIENT、SELECTのグローバル権限を持ったユーザーを指定
--password	接続するMySQLサーバーのパスワード	−
--socket	接続するMySQLサーバーのソケットファイル	TCP/IPを介して接続する場合は、--host、--portオプションを使用

コマンド実行後にcompleted OK!が出力されると、フルバックアップ取得の完了となります。出力されるログはすべて標準エラー出力になります。--target-dirに指定したディレクトリにバックアップされたファイルが格納されています。datadirにあるユーザースキーマのディレクトリやファイルとundoテーブルスペースのファイルなどがそのままコピーされているのと、xtrabackup_のプレフィックスのついたファイルが作成されているのがわかります。

▼--target-dirに格納されたファイル

```
#  ls /backup/
backup-my.cnf  binlog.index   ibdata1  mysql.ibd         sys      undo_001
xtrabackup_binlog_info  xtrabackup_info      xtrabackup_tablespaces binlog.000007 ib_buffer_pool
mysql   performance_schema   test  undo_002  xtrabackup_checkpoints  xtrabackup_logfile
```

バックアップ後にxtrabackupが作成したファイルについて簡単に説明します。

- backup-my.cnf
  このあと紹介する--prepareでリストアするために必要なInnoDBの設定が格納されます。バックアップを取得したMySQLサーバーのmy.cnfのバックアップではないことに注意してください。
- xtrabackup_info
  xtrabackupの開始、終了時間や指定したコマンドオプションなど、xtrabackupの情報が格納されています。

- xtrabackup_binlog_info
  MySQLサーバーのバックアップ完了時点のバイナリログとそのポジションまたはGTIDセットが格納されます。バックアップからリストアしたMySQLサーバーをレプリカにする場合は、この値を利用してレプリケーションを開始します。

  ▼xtrabackup_binlog_infoの出力例

  ```
  # cat xtrabackup_binlog_info
  binlog.000034    197       5c638f49-aad0-11ed-a0f9-fa163f3f76e7:1-32
  ```

- xtrabackup_tablespaces
  DATA DIRECTORY句を使って作成されたテーブル、テーブルスペースや外部一般テーブルスペースなどdatadirに存在しないテーブルスペースのファイル位置を格納します。
- xtrabackup_checkpoints
  取得したバックアップタイプやバックアップに含まれるLSN (Log Sequence Number) の値を格納しています。差分バックアップを取得する際に利用されるファイルです。
- xtrabackup_logfile
  バックアップ開始から終了までのInnoDBログファイルなどのデータが格納されます。このあと紹介する--prepareでリストアするために必要なファイルです。このファイルが大きいと--prepareの処理時間は長くなります。

🐡 リストア

リストアする方法はバックアップ取得と同じくxtrabackupコマンドを使います。リストアは2つのステップがあります。

- リストア準備ステップ
- リストアステップ

リストアの準備を実施します。バックアップ中は非同期でファイルがコピーされ、データの変更はすべてxtrabackup_logfileに保存されます。そのため、バックアップ完了時点ではバックアップファイルに一貫性がありません。まずバックアップファイルを一貫性のある状態にするためにリストア準備ステップが必要になります。リストア準備ステップはxtrabackupコマンドにオプション--prepareと--target-dirを指定して実行します。

▼--prepareの実行例

```
# xtrabackup --prepare  --target-dir=/backup
2023-02-12T10:05:57.951049+09:00 0
  [Note] [MY-011825] [Xtrabackup] recognized client arguments: --prepare=1 --target-dir=/backup
./xtrabackup version version 8.0.35-30 based on MySQL server 8.0.35 Linux (x86_64) (revision id: 6beb4b49)
<snip>
2023-02-12T10:05:58.965731+09:00 0
  [Note] [MY-011825] [Xtrabackup] starting shutdown with innodb_fast_shutdown = 1
2023-02-12T10:05:58.966027+09:00 0
  [Note] [MY-012330] [InnoDB] FTS optimize thread exiting.
2023-02-12T10:05:59.965556+09:00 0
  [Note] [MY-013072] [InnoDB] Starting shutdown...
```

```
2023-02-12T10:05:59.981371+09:00 0
  [Note] [MY-013084] [InnoDB] Log background threads are being closed...
2023-02-12T10:06:00.003490+09:00 0
  [Note] [MY-012980] [InnoDB] Shutdown completed; log sequence number 19856918
2023-02-12T10:06:00.006039+09:00 0
  [Note] [MY-011825] [Xtrabackup] completed OK!
```

　コマンド実行後にcompleted OK!が出力されると、リストア準備ステップは完了となります。

　リストア準備ステップにて一貫性のあるバックアップファイルになったら、次はリストアステップです。復元するMySQLサーバーにバックアップファイルをコピーしておきます。xtrabackupコマンドに--target-dirとオプション--copy-backまたは--move-backを指定して実行すると、datadirにファイルが配置されます。

- --copy-back…バックアップファイルをdatadirにコピーする
- --move-back…バックアップファイルをdatadirに移動する

▼--copy-backの実行例

```
# xtrabackup --copy-back --target-dir=/backup
2023-02-12T10:22:15.216136+09:00 0
  [Note] [MY-011825] [Xtrabackup] recognized server arguments: --datadir=/var/lib/mysql
2023-02-12T10:22:15.216523+09:00 0
  [Note] [MY-011825] [Xtrabackup] recognized client arguments: --copy-back=1 --target-dir=/backup
./xtrabackup version 8.0.35-30 based on MySQL server 8.0.35 Linux (x86_64) (revision id: 6beb4b49)
<snip>
2023-02-12T10:22:16.049784+09:00 1
  [Note] [MY-011825] [Xtrabackup] Copying ./xtrabackup_info to /var/lib/mysql/xtrabackup_info
2023-02-12T10:22:16.049899+09:00 1
  [Note] [MY-011825] [Xtrabackup] Done: Copying ./xtrabackup_info to /var/lib/mysql/xtrabackup_info
2023-02-12T10:22:16.050297+09:00 1
  [Note] [MY-011825] [Xtrabackup] Creating directory ./#innodb_redo
2023-02-12T10:22:16.050324+09:00 1
  [Note] [MY-011825] [Xtrabackup] Done: creating directory ./#innodb_redo
2023-02-12T10:22:16.051341+09:00 1
  [Note] [MY-011825] [Xtrabackup] Copying ./ibtmp1 to /var/lib/mysql/ibtmp1
2023-02-12T10:22:16.077898+09:00 1
  [Note] [MY-011825] [Xtrabackup] Done: Copying ./ibtmp1 to /var/lib/mysql/ibtmp1
2023-02-12T10:22:16.103361+09:00 0
  [Note] [MY-011825] [Xtrabackup] completed OK!
```

　コマンド実行後にcompleted OK!が出力されると、リストアステップは完了となります。

　このコマンド実行前にMySQLサーバーを停止して、datadir内のファイルをすべて削除しておく必要があります。MySQLサーバー起動前に復元されたdatadirのファイルの所有権と権限を確認してください。そのあと、MySQLサーバーを起動してリストア完了となります。

Percona XtraBackupの仕組み

　Percona XtraBackupはInnoDBのクラッシュリカバリ機能を使ってオンラインバックアップの仕組みを実現しています。

🐬 バックアップ

バックアップ取得を開始すると、次のように動作します。

1. バックアップの取得開始
2. LOCK INSTANCE FOR BACKUPステートメント実行
3. Redoログのコピー開始
4. 物理ファイルのコピー開始
5. 物理ファイルのコピー完了後、トランザクション非対応ストレージエンジンのテーブルファイルのコピー開始
6. UNLOCK INSTANCEステートメント実行
7. バックアップの取得完了

バックアップが開始すると、テーブル構造のメタデータの一貫性を確保するためにLOCK INSTANCE FOR BACKUPステートメントが実行されます。これはバックアップの最後に実行されるUNLOCK INSTANCEステートメントまで保持し続けるので、バックアップ実行中はすべてのDDLステートメントがブロックされます。ご注意ください。

InnoDBにおけるRedoログはInnoDBログファイルです。InnoDBログファイルはInnoDBのテーブルのデータの変更をすべて記録しています。バックアップが開始すると、このInnoDBログファイルの内容をバックアップが完了するまでxtrabackup_logfileファイルにコピーし続けます。

▼Redoログのコピー時のコマンドログ

```
2023-02-12T10:41:43.428479+09:00 1
    [Note] [MY-011825] [Xtrabackup] >> log scanned up to (19940158)
2023-02-12T10:41:44.430052+09:00 1
    [Note] [MY-011825] [Xtrabackup] >> log scanned up to (19942720)
2023-02-12T10:41:44.855974+09:00 0
    [Note] [MY-011825] [Xtrabackup] Stopping log copying thread at LSN 19943354
2023-02-12T10:41:44.856628+09:00 1
        [Note] [MY-011825] [Xtrabackup] >> log scanned up to (19943354)
2023-02-12T10:41:46.865701+09:00 0
[Note] [MY-011825] [Xtrabackup] Transaction log of lsn (19907551) to (19943364) was copied.
```

datadirのInnoDBの物理ファイル（ibdファイル）をtarget-dirにコピーします。オプション--parallelを1以上の値に変更すると、指定した並列度でibdファイルをコピーします。

▼物理ファイルのコピー時のコマンドログ

```
2023-02-12T10:41:43.635371+09:00 2
    [Note] [MY-011825] [Xtrabackup] Copying ./ibdata1 to /backup/ibdata1
2023-02-12T10:41:43.674970+09:00 2
    [Note] [MY-011825] [Xtrabackup] Done: Copying ./ibdata1 to /backup/ibdata1
2023-02-12T10:41:43.678203+09:00 2
    [Note] [MY-011825] [Xtrabackup] Copying ./test/t0.ibd to /backup/test/t0.ibd
2023-02-12T10:41:43.678488+09:00 2
    [Note] [MY-011825] [Xtrabackup] Done: Copying ./test/t0.ibd to /backup/test/t0.ibd
2023-02-12T10:41:43.679296+09:00 2
    [Note] [MY-011825] [Xtrabackup] Copying ./mysql.ibd to /backup/mysql.ibd
2023-02-12T10:41:43.744351+09:00 2
```

```
   [Note] [MY-011825] [Xtrabackup] Done: Copying ./mysql.ibd to /backup/mysql.ibd
 2023-02-12T10:41:43.746157+09:00 2
   [Note] [MY-011825] [Xtrabackup] Copying ./undo_002 to /backup/undo_002
```

　物理ファイルのコピー完了後に、トランザクション非対応ストレージエンジンのテーブルファイルのコピーを開始します。まずは、FLUSH TABLES WITH READ LOCKステートメントを実行し、データの一貫性を確保します。そのあとにdatadirのトランザクション非対応ストレージエンジンのテーブルファイルをtarget-dirにコピーして、完了後にUNLOCK TABLESを実行します。もし、トランザクション非対応ストレージエンジンのテーブルが存在しない、かつオプション--slave-infoが指定されていなければ、FLUSH TABLES WITH READ LOCKステートメントは実行されません。この処理の間は書き込みがブロックされてしまうので、ユーザーテーブルはすべてInnoDBにしておくのが望ましいでしょう。

🍣 リストア

　物理ファイルのコピーがオンラインで行われているため、一貫性のないibdファイルになっています。--prepareを使ったリストア準備ステップにてxtrabackup_logfileファイルの内容をすべてibdファイルに適用することで一貫性のあるibdファイルにします。この動作はMySQLサーバーのクラッシュリカバリ機能と同じ仕組みです。一貫性のあるibdファイルになると、MySQLサーバーの物理ファイルのコピーと同様でそれらのファイルを配置するだけでリストアできるというわけです。

🍣 フルバックアップの応用

　これまでは最小限のオプションでフルバックアップを取得する方法を説明しました。Percona Xtrabackupにはその他にオプションや様々な機能があるので、いくつかを説明します。

- ストリーミングバックアップ機能
- 圧縮機能
- I/Oスロットリング機能
- レプリカからのバックアップ

　まず、ストリーミングバックアップ機能についてです。バックアップを取得する際にオプション--stream=xbstreamを付けると、--target-dirに指定したディレクトリにバックアップファイルを作成するのではなく、標準出力するようになります。これにより、バックアップしながらOSコマンドで別サーバーにネットワーク経由で送信したり、任意のコマンドやスクリプトにパイプで渡したりすることもできます。

▼ストリーミングバックアップ機能でアーカイブファイルを作成

```
# xtrabackup --backup --stream=xbstream > backup.xbstream
```

　ストリーミングバックアップ機能で作成されたアーカイブファイルから結果を抽出するには、xbstreamコマンドを利用します。

▼ストリーミングバックアップ機能で作成されたアーカイブファイルから抽出

```
# ls
backup.xbstream
```

```
# xbstream -x < backup.xbstream
# ls
backup-my.cnf binlog.000016 ib_buffer_pool mysql performance_schema test
undo_002 xtrabackup_checkpoints xtrabackup_logfile backup.xbstream
binlog.index ibdata1 mysql.ibd sys undo_001 xtrabackup_binlog_info
xtrabackup_info xtrabackup_tablespaces
```

次に圧縮機能です。バックアップ時にオプション --compress を付けるとバックアップファイルを圧縮します。また、オプション --compress-threads に1以上の値を指定すると、並列に圧縮できるので高速化されます。

圧縮方式は zstd と quicklz と lz4 を選択できます。デフォルトは quicklz になっています。

▼4並列で zstd 圧縮機能を利用したバックアップ取得例

```
# xtrabackup --backup --compress=zstd --compress-threads=4 --target-dir=/backup
# ls /backup/
backup-my.cnf.zst binlog.index.zst ibdata1.zst mysql.ibd.zst
sys undo_001.zst xtrabackup_binlog_info.zst xtrabackup_info.zst xtrabackup_logfile.zst
binlog.000020.zst ib_buffer_pool.zst mysql performance_schema
test undo_002.zst xtrabackup_checkpoints xtrabackup_logfile xtrabackup_tablespaces.zst
```

解凍はリストア準備ステップ前に行う必要があります。オプション --decompress を指定し実行します。解凍は OS コマンドを利用するため、事前にインストールを行っておく必要があります。

▼圧縮機能を利用したバックアップの解凍

```
# yum install zstd
# xtrabackup --decompress --target-dir=/backup
<snip>
2023-02-12T16:27:08.482307+09:00 0
  [Note] [MY-011825] [Xtrabackup] decompressing ./binlog.index.zst
2023-02-12T16:27:08.488225+09:00 0
  [Note] [MY-011825] [Xtrabackup] decompressing ./xtrabackup_binlog_info.zst
2023-02-12T16:27:08.493859+09:00 0
  [Note] [MY-011825] [Xtrabackup] decompressing ./ib_buffer_pool.zst
2023-02-12T16:27:08.500117+09:00 0
  [Note] [MY-011825] [Xtrabackup] decompressing ./backup-my.cnf.zst
2023-02-12T16:27:08.506404+09:00 0
  [Note] [MY-011825] [Xtrabackup] decompressing ./xtrabackup_info.zst
2023-02-12T16:27:08.512798+09:00 0
  [Note] [MY-011825] [Xtrabackup] decompressing ./xtrabackup_tablespaces.zst
2023-02-12T16:27:08.521553+09:00 0
  [Note] [MY-011825] [Xtrabackup] completed OK!
```

続いて、I/O スロットリング機能です。バックアップ取得中は I/O の制限なく読み込みや書き込みが行われるため、OS リソースが不足して、稼働している MySQL サーバーに影響を与える可能性があります。オプション --throttle を利用することで、秒間当たりのコピーされるチャンクサイズを制限できます。1チャンク当たり 10MB となっています。

▼1秒当たりチャンクサイズ50MBに制限したバックアップ取得例

```
# xtrabackup --backup --throttle=5 --target-dir=/backup
```

しかし、このI/Oスロットリング機能は注意が必要です。先ほどPercona XtraBackupの仕組みで説明したRedoログのコピーと**物理ファイルのコピー**にI/Oスロットリング機能は適用されます。スロットリングの値を小さく設定していると、更新が多い環境では**Redoログのコピー**がいつまでたっても最新のRedoログのLSNに追いつかず、バックアップがいつまでも完了しない状態になる可能性があります。ワークロードに合わせて値を設定するようにしましょう。

最後にレプリカからのバックアップです。レプリカからバックアップを取得する際に、バックアップ完了時点の`SHOW REPLICA STATUS`のバイナリログファイルとそのポジションを出力するにはオプション`--slave-info`を指定します。すると、target-dirにxtrabackup_slave_infoファイルが出力され、復元した際に利用できるレプリケーションの開始位置が記載されています。

▼レプリケーション開始位置を出力するバックアップ取得例

```
# xtrabackup --backup --slave-info --target-dir=/backup
# cat /backup/xtrabackup_slave_info
CHANGE MASTER TO MASTER_LOG_FILE='binlog.000005', MASTER_LOG_POS=157;
```

🐟 現場での利用例

いくつか機能を紹介しましたが、現場では次のようなオプションがよく使用されます。

▼現場でのxtrabackupコマンド例

```
# xtrabackup \
  --backup \
  --stream=xbstream \
  --user=root \
  --password=${PASS} \
  --ftwrl-wait-timeout=1800 \
  --ftwrl-wait-threshold=10 \
  --parallel=3 \
  --slave-info \
  --history \
  2>xtrabackup.log | pbzip2 -p${PARALLAEL_LEVEL} > xtrabackup_files.bz2
```

まずは、ストリーミングバックアップ機能を使ってバックアップを一つのファイルにしています。その方が別サーバーへの転送など取り回しがしやすいからです。

圧縮についてはxtrabackupの圧縮機能はストリーミングバックアップ機能に対応していないため、OSコマンドを利用しています。今回の例ではpbzip2を使っています。xtrabackupのログを保存しておくために標準エラー出力をファイルに保存しておきます。

また、バックアップ中に実行時間の長いクエリが実行中であると、xtrabackupが発行する`FLUSH TABLES WITH READ LOCK`ステートメントが待機してバックアップが失敗するリスクがあります。`--ftwrl-wait-timeout`や`--ftwrl-wait-threshold`オプションは`FLUSH TABLES WITH READ LOCK`ステートメントを実行する直前に他にクエリが動いていないかチェックするオプションです。

ポイントインタイムリカバリ

　ポイントインタイムリカバリ（以下、PITR）とは、任意の地点までのデータを復元することです。MySQLでPITRを行うには、フルバックアップとそのフルバックアップから復元したい任意の地点までのバイナリログを利用します。`mysqlbinlog`コマンドを利用したPITRとレプリケーション機能を利用したPITRを紹介します。そして、ここでは誤って特定のテーブルをDROPしてしまい、そのテーブルをDROPする直前の地点にPITRする流れを説明します。

該当のイベントを探す

　`mysqlbinlog`コマンドとgrepコマンドなどを駆使して、バイナリログから該当のイベント（DROP TABLEステートメント）を見つけ出します。そして、該当イベントのポジションまたはGTIDを確認して、保存しておきます。ポジション、またはGTIDのどちらを利用するかは5章2節にある『ポジションとGTID』で説明しています。GTIDが使えるときはGTID手法で、そうでないときはポジション手法を利用してください。

　説明のため、ポジション（GTID非対応）のバイナリログは`binlog.000031~000033`、GTID対応のバイナリログは`binlog.000007~000009`とバイナリログのファイル名を変えてあります。ご注意ください。

▼`mysqlbinlog`コマンドを使ったポジションの確認例

```
# mysqlbinlog binlog.000033 | grep -B20 DROP

BINLOG '
ItfoYxPoAwAAMQAAABAqAAAAANIAAAAAAEABHRlc3QAAAnQwAAIIAwACAQGAR4G3bA==
ItfoYx7oAwAALAAAADwqAAAAANIAAAAAAEAAgAC/wLHAwAAAAAANbxMT4=
'/*!*/;
# at 10812
#230212 21:10:10 server id 1000  end_log_pos 10843 CRC32 0x85d44390      Xid = 1449
COMMIT/*!*/;
# at 10843
#230212 21:10:45 server id 1000  end_log_pos 10920 CRC32 0x8a9fdecf
        Anonymous_GTID  last_committed=39        sequence_number=40       rbr_only=no
        original_committed_timestamp=1676203845671839    immediate_commit_timestamp=1676203845671839
        transaction_length=204
# original_commit_timestamp=1676203845671839 (2023-02-12 21:10:45.671839 JST)
# immediate_commit_timestamp=1676203845671839 (2023-02-12 21:10:45.671839 JST)
/*!80001 SET @@session.original_commit_timestamp=1676203845671839*//*!*/;
/*!80014 SET @@session.original_server_version=80032*//*!*/;
/*!80014 SET @@session.immediate_server_version=80032*//*!*/;
SET @@SESSION.GTID_NEXT= 'ANONYMOUS'/*!*/;
# at 10920
#230212 21:10:45 server id 1000  end_log_pos 11047 CRC32 0x3f3a6cad
                        Query   thread_id=424    exec_time=0      error_code=0     Xid = 1460
use `test`/*!*/;
SET TIMESTAMP=1676203845/*!*/;
SET @@session.pseudo_thread_id=424/*!*/;
DROP TABLE `t0` /* generated by server */
```

　ポジションは該当イベント本文よりも前に書かれます。そのため、今回はgrepに-B20オプションを付けて該当イベントとその手前の20行も表示するようにしています。

対象のポジションは該当イベント本文の直前に書かれている# atから始める行に続く数値がそのイベントのポジションを示しています。例では10920になります。

▼mysqlbinlogコマンドを使ったGTIDの確認例

```
# mysqlbinlog binlog.000009 | grep -B20 DROP

BINLOG '
l9joYxMBAAAAMQAAAMgyAAAAAFMAAAAAAEABHRlc3QQAAnQwAAIIAwACAQGATa+o+Q==
l9joYx4BAAAALAAAAPQyAAAAAFMAAAAAAEAAgAC/wKdAAAAAAAAAAUFPj4=
'/*!*/;
# at 13044
#230212 21:16:23 server id 1  end_log_pos 13075 CRC32 0xcd856db1        Xid = 506
COMMIT/*!*/;
# at 13075
#230212 21:16:30 server id 1  end_log_pos 13152 CRC32 0x04af9f46
        GTID    last_committed=47       sequence_number=48      rbr_only=no
        original_committed_timestamp=1676204190704509   immediate_commit_timestamp=1676204190704509
        transaction_length=207
# original_commit_timestamp=1676204190704509 (2023-02-12 21:16:30.704509 JST)
# immediate_commit_timestamp=1676204190704509 (2023-02-12 21:16:30.704509 JST)
/*!80001 SET @@session.original_commit_timestamp=1676204190704509*//*!*/;
/*!80014 SET @@session.original_server_version=80032*//*!*/;
/*!80014 SET @@session.immediate_server_version=80032*//*!*/;
SET @@SESSION.GTID_NEXT= 'a625dd55-a9ee-11ed-877e-fa163f3f76e7:157'/*!*/;
# at 13152
#230212 21:16:30 server id 1  end_log_pos 13282 CRC32 0x4dd435b7
                                Query   thread_id=170   exec_time=0     error_code=0    Xid = 509
use `test`/*!*/;
SET TIMESTAMP=1676204190/*!*/;
SET @@session.pseudo_thread_id=170/*!*/;
DROP TABLE `t0` /* generated by server */
```

　GTIDは該当イベント本文よりも前に書かれます。そのため、ポジションと同様にgrepに-B20オプションを付けて該当イベントとその手前の20行も表示するようにしています。

　対象のGTIDは該当イベント本文の直前に書かれているSET @@SESSION.GTID_NEXTの値がそのイベントのGTIDとなります。例ではa625dd55-a9ee-11ed-877e-fa163f3f76e7:157になります。

▼該当イベントの位置

タイプ	該当のイベント位置
ポジション	バイナリログbinlog.000033、ポジション10920
GTID	バイナリログbinlog.000009に書かれたGTIDa625dd55-a9ee-11ed-877e-fa163f3f76e7:157

フルバックアップからリストア

　これまでに説明した任意のバックアップ方式を利用して取得したバックアップからリストアを行います。今回はPercona Xtrabackupからリストアしてみます。

▼リストアのコマンド例

```
# systemctl stop mysqld
# xtrabackup --prepare --target-dir=/backup
# rm -rf /var/lib/mysql
```

```
# xtrabackup --copy-back --target-dir=/backup
# chown -R mysql. /var/lib/mysql
# systemctl start mysqld
```

　ソースから取得したバックアップを利用したので、xtrabackup_binlog_infoファイルからバックアップ完了時点のバイナリログの情報を確認しておきます。

▼ポジションのバックアップ完了時点のバイナリログの情報

```
# cat xtrabackup_binlog_info
binlog.000031   157
```

▼GTIDのバックアップ完了時点のバイナリログの情報

```
# cat xtrabackup_binlog_info
binlog.000007   197     a625dd55-a9ee-11ed-877e-fa163f3f76e7:1-33
```

　フルバックアップからのリストアを完了しました。それではここからPITRを進めていきます。

mysqlbinlogコマンドを利用したPITR

　バックアップ完了時点のバイナリログの地点から復元したい任意の地点までのバイナリログを、mysqlbinlogコマンドを利用してリストアしたMySQLサーバーに適用します。こちらもポジション手法とGTID手法でオプションが異なるので、それぞれ説明します。

ポジション手法

　今回の例だと次のようなコマンドを実行します。

▼mysqlbinlogコマンドを利用したPITR（ポジション）

```
# mysqlbinlog --start-position=157 --stop-position=10920 \
binlog.000031 binlog.000032 binlog.000033 | mysql -u root -p
```

　バイナリログbinlog.000031でポジション157から開始するように、オプション--start-positionにバックアップ完了時点のバイナリログの地点のポジションを指定します。

　該当イベントのバイナリログ binlog.000033でポジション10920で終了になるように、オプション--stop-positionにポジションを指定します。そして、必要なバイナリログを引数に指定します。

　オプションには、次の注意点があります。

- --start-positionは指定したポジションから開始され、そのポジションの処理を含めて出力される
- --stop-positionは指定したポジションで終了され、そのポジションの処理は含まれない

　このコマンドが正常終了すると、PITR完了となります。

GTID手法

　今回の例だと、次のようなコマンドになります。

```
# mysqlbinlog  --include-gtids='a625dd55-a9ee-11ed-877e-fa163f3f76e7:34-156' \
binlog.000007 binlog.000008 binlog.000009 | mysql -u root -p
```

　--include-gtidsに出力したいGTIDセットを記述し、それが含まれるバイナリログを引数に指定します。バックアップ完了時点のGTIDセットはa625dd55-a9ee-11ed-877e-fa163f3f76e7:1-33であり、該当イベントのGTIDはa625dd55-a9ee-11ed-877e-fa163f3f76e7:157になります。そのため、このGTIDは含まないようにa625dd55-a9ee-11ed-877e-fa163f3f76e7:34-156を指定します。

　また、GTID環境化では一度実行したGTIDのイベントは無視する動作になっています。そのため、--include-gtids='a625dd55-a9ee-11ed-877e-fa163f3f76e7:1-156と指定してしまっても問題ありません。それまでの1-33のイベントは適用済みであるため、MySQLサーバーは無視します。このコマンドが正常終了すると、PITR完了となります。

レプリケーション機能を利用したPITR

　この方法はMySQLサーバーへリストアが終わったら、レプリケーションを構築し、START REPLICA UNTILステートメントを利用してPITRします。このステートメントは設定したイベントに達するとレプリケーションSQLスレッドが自動で停止するようになっています。

　前提として、バックアップ完了時点のバイナリログの地点から復元したい任意の地点までのバイナリログを持ったソースが必要です。こちらもポジションとGTIDでオプションが異なるので、それぞれ説明します。

🏮 ポジション手法

　レプリケーションを構成します。バックアップ完了時点の地点からレプリケーションを開始するために、CHANGE REPLICATION SOURCE TOステートメントにSOURCE_LOG_FILE=binlog.000031、SOURCE_LOG_POS=157を指定します。

▼CHANGE REPLICATION SOURCE TOステートメント

```
mysql> CHANGE REPLICATION SOURCE TO
    SOURCE_HOST='hostname',
    SOURCE_PORT=3306,
    SOURCE_USER='user',
    SOURCE_PASSWORD='pass',
    SOURCE_LOG_FILE='binlog.000031',
    SOURCE_LOG_POS=157;
```

　次にSTART REPLICAステートメントのUNTIL句にSOURCE_LOG_FILEとSOURCE_LOG_POSを指定します。そうすることで、SQLスレッドは指定したバイナリログとポジションのイベントを実行したあとに停止します。

　注意点として、SOURCE_LOG_POSには該当のイベントの一つ前のポジションを指定しましょう。10920のポジションを指定すると、そのイベントを含めるためDROP TABLEを実行したあとにSQLスレッドを停止してしまいます。前述の『mysqlbinlogコマンドを使ったポジションの確認例』から、# at 10920の一つ手前に書かれているポジションは# at 10843になります。そのため、10843を指定します。

　SOURCE_LOG_POSには、バイナリログに# at ...で出力されたポジションを指定しなくてはいけません。それ以外の値を入れるとエラーとなります。バイナリログを確認して適切なポジションを指定しましょう。

```
mysql> START REPLICA UNTIL SOURCE_LOG_FILE='binlog.000033', SOURCE_LOG_POS=10843;
```

　SHOW REPLICA STATUSステートメントにはUNTIL句で指定したポジションに達すると、レプリケーションSQLスレッドが停止していることを示すReplica_SQL_Running: Noを確認できます。レプリケーションI/Oスレッドは稼働し続けます。Until_Log_FileとUntil_Log_Posカラムに UNTIL句に指定された値が入ります。

▼SHOW REPLICA STATUSステートメント

```
mysql> SHOW REPLICA STATUS\G
<snip>
              Source_Log_File: binlog.000033
            Replica_IO_Running: YES
           Replica_SQL_Running: No
           Exec_Source_Log_Pos: 10843
<snip>
                Until_Log_File: binlog.000033
                 Until_Log_Pos: 10843
<snip>
```

　あとは、レプリケーションを停止することでPITR完了となります。

🪐 GTID手法

　レプリケーションを構成します。CHANGE REPLICATION SOURCE TOステートメントにSOURCE_AUTO_POSITION=1を指定します。GTIDの開始位置はフルバックアップからリストアした時点でmysql.gtid_executedテーブルに保存されているので、設定の必要はありません。

▼CHANGE REPLICATION SOURCE TOステートメント

```
mysql> CHANGE REPLICATION SOURCE TO
    SOURCE_HOST='hostname',
    SOURCE_PORT=3306,
    SOURCE_USER='user',
    SOURCE_PASSWORD='pass',
    SOURCE_AUTO_POSITION=1;
```

　START REPLICAステートメントのUNTIL句にSQL_BEFORE_GTIDSを指定します。SQL_BEFORE_GTIDSは指定したGTIDセットの最初のGTIDに到達する前に発生したすべてのイベントを適用してから、レプリケーションSQLスレッドを停止します。今回は該当のイベントのGTIDa625dd55-a9ee-11ed-877e-fa163f3f76e7:157をSQL_BEFORE_GTIDSに指定します。

▼START REPLICAステートメント

```
mysql> START REPLICA UNTIL SQL_BEFORE_GTIDS='a625dd55-a9ee-11ed-877e-fa163f3f76e7:157';
```

　SHOW REPLICA STATUSステートメントにはUNTIL句で指定したGTIDセットに達すると、レプリケーションSQLスレッドが停止していることを示すReplica_SQL_Running: Noを確認できます。ポジションと同じくレプリケーションI/Oスレッドは稼働し続けます。Until_ConditionにカラムにUNTIL句に指定された条件が入ります。

```
mysql> SHOW REPLICA STATUS\G
<snip>
           Replica_IO_Running: Yes
          Replica_SQL_Running: No
<snip>
              Until_Condition: SQL_BEFORE_GTIDS
            Executed_Gtid_Set: a625dd55-a9ee-11ed-877e-fa163f3f76e7:1-156
```

あとは、レプリケーションを停止することでPITR完了となります。

mysqlbinlog コマンドを利用したPITRと比べると、レプリケーション機能を利用したPITRは次のようなメリットがあります。

- PITRの途中経過を把握できる
- MTAを利用できる
- mysqldが起動しているため、mysqlbinlogのようにPITR完了までターミナルを開き続ける必要がない

6-5 バイナリログのバックアップ

バイナリログのバックアップも重要です。フルバックアップは残っていたとしてもバイナリログがなければ、ポイントインタイムリカバリはできません。ここでは、バイナリログのバックアップについて紹介します。

自動削除

バイナリログは自動削除されます。オプション binlog_expire_logs_seconds の時間を経過したバイナリログは次にバイナリログが切り替わる、またはFLUSH LOGSステートメントが実行されると削除されます。このオプションのデフォルト値は2592000秒 (30日) です。MySQL 5.7とそれ以前ではオプション expire_logs_days で管理されており、デフォルトは0日で自動消去されない設定でした。

また、手動でバイナリログを削除するにはPURGE BINARY LOGSステートメントを利用します。デフォルトの30日だと書き込みの多いワークロードではバイナリログがディスク容量を逼迫させる可能性があります。そのような環境下では小さな値にすることを検討しましょう。そして、ポイントインタイムリカバリのために、このあと紹介するバイナリログのバックアップも検討しましょう。

バックアップ

今回はバイナリログのバックアップ方法を2つ紹介します。

- 物理ファイルバックアップ
- ライブバックアップ

📡 物理ファイルバックアップ

物理ファイルバックアップは文字通り、バイナリログが自動削除される前にMySQLサーバーからバイナリログファイルをコピーする方法です。MySQLサーバーが更新中である最新のバイナリログファイルをコピーしても問題ありません。オプション log_bin_basename からバイナリログの出力先ディレクトリとそのバイナリログのプレフィックスを確認できます。

物理ファイルバックアップ方法は簡単です。しかし、サーバーがダウンしてもし起動できなくなってしまうと、リアルタイムでバックアップを取得していないため、直近のイベントが欠けてしまう恐れがあります。

▼バイナリログの出力先ディレクトリを確認する

```
mysql> SHOW VARIABLES LIKE 'log_bin_basename';
+------------------+----------------------+
| Variable_name    | Value                |
+------------------+----------------------+
| log_bin_basename | /var/lib/mysql/binlog |
+------------------+----------------------+
1 row in set (0.01 sec)

# ls /var/lib/mysql/binlog*
/var/lib/mysql/binlog.000002   /var/lib/mysql/binlog.000003   /var/lib/mysql/binlog.index
```

📡 ライブバックアップ

ライブバックアップは mysqlbinlog コマンドを利用します。mysqlbinlog コマンドはローカルのバイナリログファイルをテキスト形式に出力するだけではなく、MySQLサーバーに接続してリモートからバイナリログを読み取ることもできます。

▼mysqlbinlog コマンドを利用したライブバックアップ

```
# mysqlbinlog                        \
  --host='remote_mysql_server'       \
  --port=3306                        \
  --user='user'                      \
  --password='password'              \
  --read-from-remote-server          \
  --connection-server-id=999         \
  --raw                              \
  --result-file=/binlog_backup/      \
  --stop-never                       \
  binlog.000010
```

▼オプション詳細

オプション名	内容	備考
--host	接続先のMySQLサーバーのホスト名	—
--port	接続先のMySQLサーバーのポート	—
--user	接続先のMySQLサーバーのユーザー名	REPLICATION SLAVE 権限を持つユーザー
--password	接続先のMySQLサーバーのパスワード	—
--read-from-remote-server	MySQLサーバーに接続してバイナリログを要求	—
--connection-server-id	mysqlbinlog がレプリカとして振る舞う際の server_id を指定。デフォルトは1	接続先のMySQLサーバーとは server_id を異なる値に指定すること

--raw	テキスト出力ではなくバイナリ出力	—
--result-file	出力先	—
--stop-never	MySQLサーバーの持つ最後のバイナリログに到達したあとも接続を維持して新しいイベントを読み取る	このオプションの指定がないと、引数に指定したバイナリログを読み取ったあとに終了

　今回指定したオプションで`mysqlbinlog`を実行するとレプリカのように振る舞い、最新のイベントを常に受信し、バイナリログのライブバックアップが可能になります。引数にバックアップを開始するバイナリログを指定します。指定したバイナリログから順次にイベントを受け取り、ファイルに保存します。ソースではライブバックアップが接続されると、レプリカと同じくバイナリログダンプスレッドを起動し、それを通じてイベントを送るようになっています。

▼ソースの`SHOW PROCESSLIST`ステートメントの結果

```
mysql> SHOW PROCESSLIST\G

*************************** 1. row ***************************
     Id: 197
   User: repl
   Host: 10.0.0.78:45880
     db: NULL
Command: Binlog Dump
   Time: 12
  State: Source has sent all binlog to replica; waiting for more updates
   Info: NULL
```

　また、`--stop-never`を付けることで、引数に指定したバイナリログ以降も接続が切れることなくイベントを受信し続けます。次の例では、ライブバックアップをバックグラウンドで動作させ、接続するMySQLサーバーのバイナリログが切り替わった際のファイルの状態を確認しています。

▼ライブバックアップの`--stop-never`の動作

```
# mysqlbinlog                        \
   --host='remote_mysql_server'  \
   --port=3306                   \
   --user='user'                 \
   --password='password'         \
   --read-from-remote-server     \
   --connection-server-id=999    \
   --raw                         \
   --result-file=/binlog_backup/ \
   --stop-never                  \
   binlog.000035 &

# ls /binlog_backup
binlog.000035

mysql> FLUSH BINARY LOGS;
Query OK, 0 rows affected (0.01 sec)

# ls /binlog_backup
binlog.000035   binlog.000036
```

　ライブバックアップを利用すれば、最新のイベントを持ったバイナリログのバックアップが簡単に取得で

きます。いくつか注意点がありますので、紹介します。

- レプリカのように再接続処理がないため、プロセスの管理が必要
- GTID環境下であってもバイナリログファイル名の指定が必要なので、フェイルオーバーした際は新しいバイナリログファイル名を確認して指定しなければならない
- mysqlbinlogは準同期レプリケーションに対応しておらず、常に非同期レプリケーションと同等になる

バイナリログと増分バックアップ

　MySQLではバイナリログを使用した増分バックアップがサポートされています。フルバックアップを任意のタイミングで取得して、以降はバイナリログを前述の方法で保存しておきます。一度のフルバックアップと以降はバイナリログのみを保存するとなると、バイナリログは変更の履歴であるためリストアに大きく時間がかかります。そのため、週に一度フルバックアップを取得して、残りはバイナリログで補うなど、RTOやRPOなどの要件に合わせて設定するのをお勧めします。

　増分バックアップでは管理面からフルバックアップを作成する際にFLUSH LOGSステートメントでバイナリログをローテートしておきます。そうすると、フルバックアップをリストアしたあとに適用すべきバイナリログのファイルはローテートした以降のものを利用すれば良いためです。

第 **7** 章

監視

ここまでの章ではMySQLを「ちゃんと運用する」ための基礎として、MySQLのアカウント管理やデータ構造、ロックの仕組みなどMySQLの仕組みを紹介しました。本章ではMySQLが健康に動作しているかを確認し、監視（モニタリング）する方法を紹介します。

本章を読んでわかること

- MySQLを安定運用するために監視すべきデータソース
- MySQLの内部状態を知るためのログファイルやシステムテーブル
- MySQLを監視するツールの導入例 (mysqld_exporter、Prometheus)
- 監視すべき項目と対応策
- その他、安定運用のためのTips

7-1 監視とは

　一般にシステムの監視には、システムが異常な状態に陥っていないかを検知する「異常検知」と普段の状態を知りパフォーマンスの改善に活かしたり、異常検知と判断する基準を作ったりするための「状態把握」があります。これらはどちらだけができていれば良いというものではなく、普段から自分が運用するサービスの「状態把握」を行い、要求されるSLOを満たせるように「異常検知」を行い、異常があれば早急に復旧する必要があります。

　MySQLを運用するにあたってどういったメトリクスを収集し、どのくらいの基準で測定された値を異常と判断すれば、障害を未然に防ぐことができるでしょうか？　この章を読むことでMySQLの運用者が正常性を確認するために収集すべき項目とその理由を理解できるようになります。

　とはいえ、要求されるSLOや、MySQLが管理するデータやクエリの傾向、MySQLが稼働しているハードウェアスペックによって「異常」と判断される閾値は異なります。これは一概に決められるものではないため、日々収集されるメトリクスを観察し、普段と違った状況になったときにそれに気づき、何が起きているかを推測できるようになりましょう。

　この章の第2節、第3節、第4節では状態把握を目的としたデータソースの確認、第5節ではデータソースの情報をmysqld_exporter、Prometheusにより収集する環境をセットアップする方法を紹介し、第6節では異常検知のために特に監視すべき項目とそれらが閾値を超えた場合の対応例を紹介します。

7-2 MySQLが稼働するOS、ハードウェアの状態

　MySQLの稼働状況、およびmysqldを実行しているOS・ハードウェアからMySQLの実行状態を確認する方法を紹介します。主にハードウェアリソースをどの程度使っているかを確認し、適切なスペックのサーバーでMySQLを稼働できているか、適切なコンフィギュレーションができているかを判断します。

　ここではLinux系のOSでmysqldが動作しているものとします。

プロセス

　まずはMySQLが稼働し、mysqldプロセスが動作しているかを確認します。MySQLは単一プロセスで動作するため、psコマンドなどにより1つのmysqldプロセスが確認できれば起動していることがわかります。

▼psコマンドでMySQLの稼働を確認する

```
ps aux | grep mysqld | grep -v grep
mysql    12184  0.3  0.8 2325184 550688 ?        Sl    9月18  2:08 /usr/sbin/mysqld
```

　psコマンド以外でも、topコマンドでリソース状況と一緒に確認したり、systemdでmysqldやmysqld_safeを起動している場合はsystemctlコマンドでステータスを確認したりすることも可能です。

ただし、mysqldが何らかの原因によりクラッシュしていても、mysqld_safeやsystemdが再起動している可能性があります。起動しているかどうかだけでなく、起動時間も確認すると良いでしょう。再起動の発生については後述するエラーログからも確認できます。

ハードウェアリソースの利用状況

　MySQLが稼働するハードウェアリソースを確認します。クラウド環境上で稼働するケースも増えハードウェアリソースを意識しなくても運用が可能になってきましたが、コスト削減やハードウェアスペックを最大限活用できる設定を行うために、少なくともCPU、ディスク、ネットワーク、メモリをどの程度利用しているかは意識すると良いでしょう。

　特に最近ではVMやコンテナ技術による仮想化基盤が強化され、オートスケーリングが柔軟に行えるようになってきました。そのためコスト削減のために、リソースの使用率を100%近くまで高めたくなることも多いでしょう。

　しかし、MySQLを含むリレーショナルデータベースでは書き込みノードをオンラインでスケールアップすることは難しいです。そのため、突発的な負荷増加が起きてから慌てることがないように、ハードウェアリソースに余裕を持った環境を確保するようにしましょう。異常検知の閾値については、参考値を本章6節で説明します。

　ここではCPU、メモリ、ディスク、ネットワークの利用状況を確認するコマンドを紹介します。ここで紹介するコマンド以外にも、たとえば、sarやdstat、vmstatなどのハードウェアを含めたOSの稼働状況を一括して確認できるコマンドがあります。それらについてはOSごとのドキュメントなどを参照してください。

● CPU利用率

　topコマンドでシステム全体のCPU利用率が%Cpu(s)から確認できます。また、mysqld以外のプロセスがCPUを利用していないかを確認するためにも利用できます。

▼topコマンドの出力例

```
top - 17:17:46 up  1:24,  3 users,  load average: 0.32, 0.07, 0.02
Tasks: 127 total,   1 running, 126 sleeping,   0 stopped,   0 zombie
%Cpu(s): 13.9 us,  6.1 sy,  0.0 ni, 50.1 id, 28.0 wa,  0.0 hi,  0.5 si,  1.5 st
MiB Mem : 15982.5 total,  14534.4 free,    804.4 used,    643.6 buff/cache
MiB Swap:     0.0 total,     0.0 free,      0.0 used.  14901.0 avail Mem

   PID USER      PR  NI    VIRT    RES    SHR S  %CPU  %MEM     TIME+ COMMAND
   602 mysql     20   0 3757316 663304  36096 S  76.3   4.1   0:37.20 /usr/sbin/mysqld
  1089 centos    20   0  163844  14720  11008 S  11.0   0.1   0:00.89 sysbench /usr/share/sysbench/ol+
    93 root      20   0       0      0      0 D   2.3   0.0   0:00.22 [jbd2/xvda1-8]
    61 root       0 -20       0      0      0 I   0.3   0.0   0:00.02 [kworker/2:1H-kblockd]
   ...
```

　MySQLだけのCPU利用率を確認したい場合は、pidstatコマンドなどでmysqldのプロセスIDを指定して確認しましょう。次の例では-pオプションでmysqldのプロセスIDを指定し、1秒ごとのCPU利用率を表示しています。

```
$ pidstat 1 -p `pidof mysqld`
Linux 6.2.0-1013-aws (ip-172-31-17-187)        11/07/23        _x86_64_        (4 CPU)

17:41:18    UID    PID    %usr %system  %guest   %wait    %CPU   CPU  Command
17:41:19    115    602    2.00    5.00    0.00    0.00    7.00     1  mysqld
17:41:20    115    602   72.00    9.00    0.00    0.00   81.00     1  mysqld
17:41:21    115    602   66.00   10.00    0.00    0.00   76.00     1  mysqld
17:41:22    115    602   65.00   14.00    0.00    0.00   79.00     1  mysqld
17:41:23    115    602   69.00    9.00    0.00    0.00   78.00     1  mysqld
```

🪟 メモリ利用率

MySQLによって確保されるメモリは主にinnodb_buffer_poolや、MySQLシステムの管理領域、テンポラリテーブルやソートバッファ、ディスクI/Oによるpageキャッシュがあります。innodb_buffer_pool_sizeを実メモリの70～80%程度に設定していればたいてい問題はありませんが、Swap領域の利用が確認できる場合はinnodb_buffer_pool_sizeを減らすことを検討しましょう。メモリの利用状況を確認するためにはfreeコマンドを利用します。

▼freeコマンドの出力例

```
$ free -m
              total        used        free      shared  buff/cache   available
Mem:          15982         915       14295           0         771       14787
Swap:             0           0           0
```

一時的に利用している場合はほとんど問題になりませんが、Swap領域へのページの入れ替えが頻繁に発生するスラッシングが起こると急激にパフォーマンスが悪化することがあります。そのため、Swap領域の使用量も確認しましょう。

また、MySQLのデータサイズに対してinnodb_buffer_pool_sizeが大き過ぎると、binlogやログファイルなどのページキャッシュの方がアクセスされる頻度が高くなり、OOM killerによってmysqldが強制終了される場合もあります。

🪟 ディスクに対するI/O量

iotopやiostatコマンドによって、ディスクに対するI/O量（B/s）やIOPS（Input/Output Per Second）を確認できます。次にiostatコマンドの出力例を示します。

▼iostatコマンドの出力例

```
$ iostat -d
Linux 6.2.0-1013-aws (ip-172-31-17-187)        11/07/23        _x86_64_        (4 CPU)

Device            tps    kB_read/s    kB_wrtn/s    kB_dscd/s    kB_read    kB_wrtn    kB_dscd
loop0            0.00         0.00         0.00         0.00          9          0          0
loop1            0.01         0.37         0.00         0.00       3664          0          0
loop2            0.00         0.00         0.00         0.00          8          0          0
...
loop9            0.00         0.00         0.00         0.00         14          0          0
xvda            57.30        72.40       623.65         0.00     711759    6131417          0
```

この例では-dオプションを指定して、ディスクへのI/O状況のみを出力しています。tpsカラムに出力されるIOPSが使い切られていないかを確認しましょう。

NICごとのデータ転送量

ifstatコマンドで、NIC (Network Interface Card) ごとの受信／送信量を確認できます。

▼ifstatコマンド例

```
$ sudo ifstat
          eth0
 KB/s in  KB/s out
25356.55     87.15
21785.19     41.67
21215.55     39.59
29367.44     75.66
```

ifstatコマンドによって毎秒eth0デバイスへのデータ転送量がわかります。最近のネットワーク環境であれば帯域を使い切ることはほとんどありませんが、もしネットワークがボトルネックになっているのであれば、各クエリで無駄なデータを取得していないか確認する必要があるでしょう。

また、大量のデータを取得するようなバッチ処理を実行させた場合、MySQLサーバーからのアウトプットで帯域を使い切ってしまい、他のクエリのレスポンスが遅くなる場合があります。

パフォーマンストレーサー

クエリが詰まったり、応答が遅くなったりした場合、実行計画やロックを見直すことでほとんどの問題は解決できます。

しかし、MySQLはコードレベルでの情報は殆ど提供していないため、より詳細な情報を確認したい場合は、OSが提供するパフォーマンストレーサーを利用してみる価値があるでしょう。コードレベルで原因がわかれば、回収は難しいとしても、適切な回避策を選択するための大きな手がかりとなることもあります。

ここではperfというパフォーマンストレーサーツールとその出力結果をFlame Graphという形式で可視化する方法を紹介します。

perf top

perf topコマンドはCPUのプロファイリング結果から、OS内で実行される関数を出現頻度の高い順にtopコマンドのような形式で出力するコマンドです。-pオプションでmysqldプロセスを指定することで、MySQL内部の関数に絞って出力することが可能です。

▼perf topコマンド例

```
perf top -p `pidof mysqld`
```

例として、sysbenchでoltp_read_writeの負荷をかけている状態のmysqldプロセスを -pオプションで指定してperf topコマンドを取った際の出力例を示します。

▼perf topコマンドの出力例

```
Samples: 38K of event 'cpu-clock:pppH', 4000 Hz, Event count (approx.): 7612656689 lost: 0/0 drop: 0/0
Overhead  Shared Object       Symbol
  10.58%  [kernel]            [k] _raw_spin_unlock_irqrestore
   1.53%  [kernel]            [k] syscall_enter_from_user_mode
   1.41%  [vdso]              [.] 0x00000000000008d6
   1.03%  [vdso]              [.] 0x0000000000000b7b
```

```
 1.00%  mysqld         [.] row_search_mvcc
 0.93%  [kernel]       [k] pvclock_clocksource_read
 0.91%  libc.so.6      [.] malloc
 0.90%  mysqld         [.] ha_insert_for_hash_func
```

　kernelレイヤの関数も出力されていますが、サンプリング結果に出現する頻度が高い関数が順に表示されています。計測していた時間中にmysqld内の関数ではrow_search_mvccが最も実行に時間がかかっていることがわかります。

　MySQLがハングしている場合や、特定のクエリで処理が異常に重くなる場合にperf topコマンドの出力を見てみると、どの関数に実行時間を費やしているのかを把握することができ、MySQL内部で何が起きているのかを調査するヒントを得ることができるでしょう。

🍂 Flame Graph

　perf topコマンドによって、ある瞬間に長く実行されていた関数はわかりますが、ここから処理の全体像を把握することはできません。

　そこで、コールスタックを含めてFlame Graphという形式で可視化するツールが『Systems Performance』(邦訳『詳解 システム・パフォーマンス』) の著者であるBrendan Gregg氏が公開しています。

　Flame Graphツールを取得し、perfコマンドとFlame Graphツールを利用して10秒間のmysqldの実行中のプロファイリングを取得、可視化する例を以下に示します。Flame Graphの詳細については作者のBrendan Gregg氏のブログまたは著書を参照してください[注7.1]。

▼perfコマンドのインストール、実行例

```
git clone https://github.com/brendangregg/FlameGraph  # or download it from github
cd FlameGraph
sudo perf record -F 99 -p `pidof mysqld` -g -- sleep 10
perf script | ./stackcollapse-perf.pl > out.perf-folded
./flamegraph.pl out.perf-folded > perf.svg
```

　次の図はperf topコマンドの出力を得たときと同じsysbench oltp_read_writeの負荷をかけているときのperf recordコマンドによる結果をFlame Graphで可視化したものです。

注7.1　https://www.brendangregg.com/flamegraphs.html

▼Flame Graph の出力例

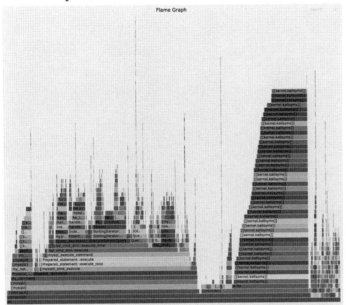

結果のsvgグラフはクリックしてスタックを選択することで、インタラクティブに絞り込みを行うことが可能です。このスタックをレコードの取得を行う関数に絞って、mysqld_stmt_execute→Sql_cmd_dml::execute→handler::ha_index_nextのように選択していくと、次の図のようにrow_search_mvccの呼び出しを見つけることができます。

▼Flame Graph の出力例（handler::ha_index_nextを拡大）

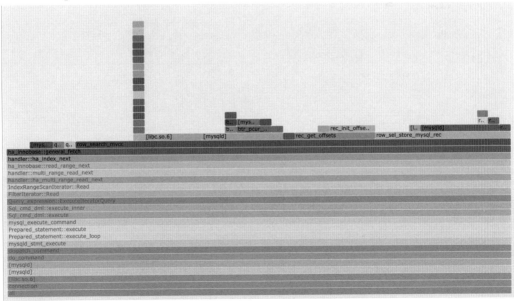

Flame Graphによって一定期間のプロファイル結果を集計して可視化したことで、先ほど`perf top`コマンドの出力例で頻度が多く見えた`row_search_mvcc`が、たまたま結果を取得したときに頻繁に観測されていただけということがわかりました。

正常稼働しているときのパフォーマンストレーサーの結果からチューニング箇所を探すことは難しいですが、オペレーション作業によって予期せぬ原因でmysqldがハングしているときにトレーサーの出力を確認すると、メタデータの保護のために複数のスレッドが大きなMutexロックを取り合っていることが確認できたりします。すると同様のメタデータへのロックを取るクエリを避ける回避策を取ることが可能になります。

筆者は、バッファプールが100GB以上と大きいMySQLでDROP DATABASE文の実行が詰まった原因を特定した際には、再現実験を行って`perf top`コマンドの出力とFlame Graphを確認することで比較的容易に原因を絞り込むことができました。

7-3 ログファイル

次は、MySQLが提供するログファイルを見ていきましょう。3章で紹介したログファイルのうち、監視に利用するエラーログとスローログについて説明します。

エラーログ

MySQLはエラー情報を、SYSTEM、ERROR、WARNING、INFORMATION の4つのイベントを`log_error_verbosity`変数の値によってフィルタリングしエラーログに出力します。`log_error_verbosity`のデフォルト値は2でERRORとWARNINGレベルのログが出力されます。SYSTEMレベルの出力は`log_error_verbosity`に関係なく出力されます。サブシステムには、`Server`や`InnoDB`、`Repl`といった値が出力されます。

ログのフォーマットは時刻（スレッド番号）［ラベル］［エラーコード］［サブシステム］［エラーメッセージ］です。ラベルには`Error`や`Warning`といったエラーレベルが入ります。INFORMATIONレベルのログは`Note`と出力されます。

次に`log_error_verbosity = 3`（すべてのレベルのログを出力）で起動したときのエラーログのサンプルを示します。

▼エラーログのサンプル

```
2023-06-11T09:52:32.908360Z 0 [System] [MY-010116] [Server] /usr/libexec/mysqld (mysqld 8.0.36) starting
 as process 11050
2023-06-11T09:52:32.916164Z 1 [System] [MY-013576] [InnoDB] InnoDB initialization has started.
2023-06-11T09:52:33.904345Z 1 [System] [MY-013577] [InnoDB] InnoDB initialization has ended.
2023-06-11T09:52:34.811769Z 0 [System] [MY-010229] [Server] Starting XA crash recovery...
2023-06-11T09:52:34.815300Z 0 [System] [MY-010232] [Server] XA crash recovery finished.
2023-06-11T09:52:35.131679Z 0 [Warning] [MY-011302] [Server] Plugin mysqlx reported: 'Failed at SSL conf
iguration: "SSL context is not usable without certificate and private key"'
2023-06-11T09:52:35.131791Z 0 [System] [MY-011323] [Server] X Plugin ready for connections. Bind-address
: '::' port: 33060, socket: /tmp/mysqlx.sock
2023-06-11T09:52:35.131854Z 0 [System] [MY-010931] [Server] /usr/libexec/mysqld: ready for connections.
```

```
Version: '8.0.36'  socket: '/var/lib/mysql/mysql.sock'  port: 3306  Source distribution.
2023-06-11T09:54:01.302068Z 11 [Note] [MY-010926] [Server] Access denied for user 'root'@'localhost' (us
ing password: YES)
```

また、この情報はデフォルトでperformance_schemaからも確認することができます。

▼performance_schema.error_logの出力例

```
mysql> select * from performance_schema.error_log;
+----------------------------+-----------+---------+------------+-----------+-------------------------------------+
| LOGGED                     | THREAD_ID | PRIO    | ERROR_CODE | SUBSYSTEM | DATA                                |
+----------------------------+-----------+---------+------------+-----------+-------------------------------------+
| 2023-06-11 18:52:32.908275 |         0 | Warning | MY-011068  | Server    | The syntax '--ssl=off' is depreca
ted and will be removed in a future release. Please use --tls-version='' instead.                        |
| 2023-06-11 18:52:32.908343 |         0 | Warning | MY-010918  | Server    | 'default_authentication_plugin' i
s deprecated and will be removed in a future release. Please use authentication_policy instead.          |
| 2023-06-11 18:52:32.908360 |         0 | System  | MY-010116  | Server    | /usr/libexec/mysqld (mysqld 8.0.3
6) starting as process 11050                                                                             |
| 2023-06-11 18:52:32.916164 |         1 | System  | MY-013576  | InnoDB    | InnoDB initialization has started.|
| 2023-06-11 18:52:33.904345 |         1 | System  | MY-013577  | InnoDB    | InnoDB initialization has ended.  |
| 2023-06-11 18:52:34.811769 |         0 | System  | MY-010229  | Server    | Starting XA crash recovery...     |
| 2023-06-11 18:52:34.815300 |         0 | System  | MY-010232  | Server    | XA crash recovery finished.       |
| 2023-06-11 18:52:35.131679 |         0 | Warning | MY-011302  | Server    | Plugin mysqlx reported: 'Failed a
t SSL configuration: "SSL context is not usable without certificate and private key"'                    |
| 2023-06-11 18:52:35.131791 |         0 | System  | MY-011323  | Server    | X Plugin ready for connections. B
ind-address: '::' port: 33060, socket: /tmp/mysqlx.sock                                                  |
| 2023-06-11 18:52:35.131854 |         0 | System  | MY-010931  | Server    | /usr/libexec/mysqld: ready for co
nnections. Version: '8.0.36'  port: 3306  Source distribution.                                           |
| 2023-06-11 18:54:01.302068 |        11 | Note    | MY-010926  | Server    | Access denied for user 'root'@'lo
calhost' (using password: YES)                                                                           |
+----------------------------+-----------+---------+------------+-----------+-------------------------------------+
11 rows in set (0.03 sec)
```

　起動時のシステム情報がSYSTEMレベルで出力され、最後の行で接続元がlocalhostからのrootユーザーのログインが拒否されていることがわかります。上記のように認証失敗による接続拒否の情報や準同期レプリケーションのタイムアウトによる無効化など、運用に有益な情報もINFORMATIONレベルで出力されるため、log_error_verbosityは3に設定することをお勧めします。

　エラーログの監視はERRORレベルの出力があった場合にエラーログへ出力されるログの単位時間あたりの流量を確認することで、MySQLに起こる異常に素早く気づくことができます。また、無視できる特定のエラーが一時的に出続けてしまう状況であればlog_error_suppression_list変数によるフィルタリングが可能です。

🐟 エラーログの定義の確認

　エラーコードは1から始まる自然数で定義され、その範囲は意味を持って区切られています[注7.2]。この範囲を把握しておくことで、エラーの原因がクライアントからの要求に起因するものなのか、サーバー側の問題なのかを素早く切り分けることができます。

注7.2　https://dev.mysql.com/doc/refman/8.0/en/error-message-elements.html#error-code-ranges

7

監視

▼エラーコード範囲の意味

エラーコード範囲	エラーの分類
1000未満	クライアント側とサーバー側で共通するグローバルエラーコード
1000 ~ 1999	クライアントに送信されるメッセージ用のサーバーエラーコード
2000 ~ 2999	クライアントライブラリで利用されるクライアントエラーコード
3000 ~ 4999	クライアントに送信されるメッセージ用のサーバーエラーコード
5000 ~ 5999	クライアントに送信されるXプラグインのメッセージ用エラーコード
10000 ~ 49999	エラーログに書き込まれるサーバーエラーコード
50000 ~ 51999	サードパーティが使用するために予約されたエラーコード

また、エラーログに書き込まれる場合はエラーコードの接頭辞として"MY-"が付与され、エラーコードが6桁になるように0埋めされます。エラーの一覧表は、公式リファレンス[注7.3]を参照してください。

スロークエリログ

スロークエリログは slow_query_log 変数を ON にすることで有効化され、クエリの実行時間が long_query_time 変数で設定された秒数以上になったクエリの情報を出力します。注意点としては、管理ステートメント（DDLを含むテーブル操作関連のクエリ）はデフォルトではスロークエリログの対象外です。管理ステートメントも記録するには log_slow_admin_statements 変数を ON に設定する必要があります。

また、log_slow_extra 変数によってより詳細なクエリ実行時の情報を付加したり、log_queries_not_using_indexes 変数を有効にすることで、インデックスによる絞り込みができていないクエリを出力したりできます。これらの設定を活用してレスポンスタイムの悪化に気づけるようにしましょう。

次にスロークエリログのサンプルを示します。

▼スロークエリログの出力例

```
# Time: 2023-09-18T07:44:36.348555Z
# User@Host: user1[user1] @ localhost []  Id:     11
# Query_time: 0.002780  Lock_time: 0.000009 Rows_sent: 3  Rows_examined: 3
SET timestamp=1695023076;
select * from t;
```

スロークエリログも単位時間あたりの出力量を把握できると良いでしょう。

また、定期的に pt-query-digest[注7.4] などの集計ツールを利用して、レポートを作成するとイベントや季節要因の傾向把握にも役立ちます。

注7.3　https://dev.mysql.com/doc/mysql-errors/8.0/en/server-error-reference.html
注7.4　https://docs.percona.com/percona-toolkit/pt-query-digest.html

7-4 MySQL内部の情報

　最近ではOSSのモニタリングツールや冗長構成管理ツールを導入することでそれらのアラートやダッシュボードから簡単に異常がわかりますが、異常が発覚してから即座に復旧するためにはMySQLクライアントから接続し、SQLで柔軟にそのときの状況を把握、修正できるとMTTRを短縮できます。

　また、同時接続数、同時実行クエリが多いサービスではロック待ちによるリクエストの詰まりでCPUを100%使い切って極端にパフォーマンスが悪くなっていたり、ネットワーク帯域を使い切ってしまっていたりする場合には、モニタリングシステムからの情報取得ができなくなることもあります。こういった状況に陥ることはめったにないですが、緊急時であっても状況把握が可能な程度に内部のスキーマを覚えておくと良いでしょう。

SHOWコマンド

　MySQLはSHOWコマンドを通して、ステータス情報やデータベース、テーブル、権限などの情報を提供しています。ここでは監視と異常を検知したあとの対応でよく使うSHOW系コマンドを紹介します。

✏ SHOW [FULL] PROCESSLIST

　実行中のプロセス（接続中のセッション）情報を一覧するコマンドです。

▼SHOW PROCESSLISTの出力例

```
mysql> SHOW PROCESSLIST;
+----+-----------------+-----------+--------------------+---------+------+-----------------------------+----------+
| Id | User            | Host      | db                 | Command | Time | State                       | Info     |
+----+-----------------+-----------+--------------------+---------+------+-----------------------------+----------+
|  5 | event_scheduler | localhost | NULL               | Daemon  | 2834 | Waiting on empty queue      | NULL     |
| 30 | sysbench        | localhost | information_schema | Query   |    0 | init                        | show p⏎
rocesslist                                                                                                         |
| 31 | sysbench        | localhost | sysbench           | Execute |    0 | waiting for handler commit  | COMMIT   |
| 32 | sysbench        | localhost | sysbench           | Execute |    0 | statistics                  | SELECT⏎
 SUM(k) FROM sbtest1 WHERE id BETWEEN 503008 AND 503107                                                            |
| 35 | sysbench        | localhost | sysbench           | Execute |    0 | waiting for handler commit  | COMMIT   |
...
```

▼SHOW［FULL］PROCESSLISTの結果に表示されるカラムの意味

名称	説明
Id	MySQL内部のスレッドID
User	接続元ユーザー
Host	接続元ホスト名
db	接続中のデフォルトデータベース
Command	実行中のコマンド
Time	プロセスの稼働時間（秒単位）
State	実行状況
Info	実行中のクエリなど

SHOW FULL PROCESSLISTとFULLを付けることでInfoカラムに表示される情報が先頭100文字で切られなくなります。このコマンドはinformation_schema.PROCESSLISTテーブルを参照した結果を表示しますが、このテーブルからの情報取得は内部でMutexロックを取得します。そのため、高負荷時にMutexロックの競合によって、かえって状況を悪化させてしまう可能性があります。対策としてperformance_schema.processlistでも同じ情報を取得できるので、適切に使い分けましょう。

また、MySQL 8.0.22とそれ以降のバージョンでは、performance_schema_show_processlist変数をONにすることで、SHOW PROCESSLISTコマンドの参照先をperformance_schema.processlistに変更できます。

🍃 SHOW ENGINE INNODB STATUS

SHOW ENGINE {ENGINE_NAME} STATUS;コマンドでストレージエンジンのステータス情報を確認できます。デフォルトのストレージエンジンであるInnoDBの状態を確認することが多いでしょう。

このコマンドの出力は開発者用のコマンドではないかと感じられるかもしれません。それほど詳細な情報を確認できる一方で、構造化されておらず、バージョンによってフォーマットも微妙に異なるといった扱いづらさがあります。以前のバージョンでは、たとえばロックの状況を確認するためにはこのコマンドの出力のTRANSACTIONSセクションを読み解く必要がありましたが、MySQL 8.0ではperformance_schemaのdata_locksやdata_lock_waitsテーブルで確認することが可能です。他の情報も代替となるテーブルやメトリクスが用意されてきているので、このコマンドの結果を頑張って読み解く必要はないかもしれません。

次に、このコマンドの出力結果中のセクションの説明と、セクションの情報を取得する代替手段を紹介します。

▼SHOW ENGINE INNODB STATUS結果のセクションの意味

セクション	代替手段	セクションの説明
BACKGROUND THREAD	（なし）	srv_master_threadの情報
SEMAPHORES	SELECT * FROM information_schema.INNODB_METRICS WHERE NAME LIKE 'innodb_rwlock%';	スピンロックの状態など
TRANSACTIONS	行ロック関連: performance_schema.data_locks, performance_schema.data_lock_waits	行ロックやロック待ちの情報
	History list length: information_schema.INNODB_METRICS 中の name = 'trx_rseg_history_len'	undoログのリストの長さ
FILE I/O	SHOW GLOBAL STATUS LIKE '%Innodb_data%';	ファイルに対するI/O状況
INSERT BUFFER AND ADAPTIVE HASH INDEX	SELECT * FROM information_schema.INNODB_METRICS WHERE name LIKE 'adaptive_hash%';	Adaptive Hash Indexから検索した回数など
	SELECT * FROM information_schema.INNODB_METRICS WHERE name LIKE 'ibuf%';	チェンジバッファに関する情報
LOG	SHOW GLOBAL STATUS LIKE '%lsn%';	InnoDB Logに対する操作がどこまで終わっているか（LSN基準）
BUFFER POOL AND MEMORY	information_schema.INNODB_BUFFER_POOL_STATS	buffer_poolのページや確保済みメモリ量の情報
	SHOW GLOBAL STATUS LIKE '%InnoDB_buffer_pool%';	buffer_poolのページや確保済みメモリ量の情報
INDIVIDUAL BUFFER POOL INFO	（なし）	buffer_pool_instanceごとの状態に関する情報
ROW OPERATIONS	SHOW GLOBAL STATUS LIKE '%Innodb_rows%';	ユーザーテーブル中のデータを操作した行数など

SHOW STATUS

SHOW［GLOBAL|LOCAL］STATUSステートメントによって、MySQLのサーバー内部のステータス変数を確認できます。

変数ごとに対応するスコープ（GLOBAL、LOCAL、もしくは両方）が異なります。両方に対応している場合は指定した方、どちらかにしか対応していない場合は、指定したスコープによらず、対応している値を返します。スコープはサーバーステータス変数のマニュアルを確認してください[注7.5]。

SHOW STATUSステートメントの結果は約500個近くあるので、特に重要な変数をプリフィックスごとに紹介します。

▼SHOW STATUSコマンドのプリフィックスごとの意味

Prefixによる分類	説明	用途
Com_	クライアントからのクエリが実行した回数を示す。Com_selectやCom_updateなどはそれぞれSELECT文、UPDATE文が実行された回数を示す	他のステータス情報と比較する上で基準となる。Com_updateと比較してHandler_Updateが異常に多ければ1ステートメントで大量の行をアップしようとしていそう、などと推測ができる
Connection(s)	クライアントからの接続関連のステータス情報、Connectionsは接続試行回数、Connection_errors_max_connectionsはmax_connectionsに到達してエラーとなった接続数	クライアント側の挙動を推測するために利用する。一定期間ごとの増分を観測することでバックエンドサーバーの状態を推測できる
Created_	Created_tmp_disk_tablesとCreated_tmp_tablesによりディスク上またはメモリ上で作成された内部テンポラリテーブルの情報を表示	ディスク上に作成される内部テンポラリテーブルが急増するとパフォーマンス異常が出やすいため、その特定に利用する
Handler_	ハンドラーレイヤでの命令数を表示する	—
Innodb_	InnoDB内のステータス情報	特にInnodb_rows_...は行単位でread、insert、update、deleteされた数が把握できるためCom_...と比較して状況把握に利用できる。アプリケーション側からは同じクエリを実行しているつもりでもデータ増加やWHERE条件に当てはまる結果セットが急増したことなどを把握する
Open_	開いているテーブルやファイル数などのステータス情報	table_open_cacheが足りているかなどを確認する
Slow_	主にSlow_queriesを確認する	一定期間ごとの増分を確認し、急激にスロークエリが増えていないか、いつから増え始めたかを観測する
Sort_	ソートされた回数や行数を表示する	実行計画が適切か、sort_buffer_sizeの設定が適切かを確認する
Table_	テーブルキャシュやテーブルロックのステータス情報	—
Threads_	スレッドの接続数や実行数、作成された数などのステータス情報	Threads_runningが多い場合、CPUリソースが足りているか確認する必要がある。threads_createdが多い場合は、thread_cache_sizeを大きくする必要があるか検討する

SHOW MASTER STATUS

レプリケーション構成を取っている場合、SOURCEノードのbinlogファイルに関する情報を取得できます。

注7.5　https://dev.mysql.com/doc/refman/8.0/en/server-status-variable-reference.html

5章5節にある『切り替え』を参照してください。

🐾 SHOW REPLICA STATUS

レプリケーション構成を取っている場合、REPLICAノードのレプリケーション状況を取得できます。5章3節にある『レプリケーションの状態確認（レプリカ）』を参照してください。

performance_schema

パフォーマンススキーマの機能はperformance_schemaという変数で有効化されます（デフォルト：ON）。さらに各データを収集する計器とそれらを集計するコンシューマを個別に有効化、無効化できます。インターフェースとしては、計器ごとで検出したイベントやそこで処理にかかった時間をバッファ上に蓄積し、PERFORMANCE_SCHEMAストレージエンジンで実装されるテーブル形式でユーザーに情報を提供しています。そのため、起動後の統計情報のみを保持しており、mysqldumpなどのバックアップにもパフォーマンススキーマは含まれません。

performance_schemaには、計器やコンシューマの有効化などの設定を行うテーブルも含めて100を超えるテーブルが用意されています。これらの設定方法や取得できる情報についてはリファレンスマニュアルのパフォーマンススキーマの章を参照してください[注7.6]。performance_schemaの各テーブルに収集したデータを初期化するにはTRUNCATE TABLE文を実行します。

ここでは傾向監視も含めたモニタリングに使えるいくつかのテーブルを紹介します。

🐾 events_statements_summary_by_digest

events_statements_summary_by_digestテーブルではクエリのダイジェストごとに集計した情報を取得できます。このテーブルはsetup_instrumentsテーブルでstatementから始まるステートメントイベントクラスを有効化し、setup_consumersテーブルでstatement_digestコンシューマが有効になっている必要があります。これらはデフォルトで有効です。

次にevents_statements_summary_by_digestの例を示します。

▼events_statements_summary_by_digestの例

```
mysql> select * from events_statements_summary_by_digest limit 1;
*************************** 1. row ***************************
SCHEMA_NAME: sysbench
     DIGEST: f2b1b2860eb04a53ec849a063276274e961b5a31804c676f868c1f8061da42a0
DIGEST_TEXT: SELECT `c` FROM `sbtest2` WHERE `id` = ?
 COUNT_STAR: 64267
SUM_TIMER_WAIT: 7255271458000
MIN_TIMER_WAIT: 63258000
AVG_TIMER_WAIT: 112892000
MAX_TIMER_WAIT: 11432732000
SUM_LOCK_TIME: 134013000000
 SUM_ERRORS: 0
SUM_WARNINGS: 0
SUM_ROWS_AFFECTED: 0
SUM_ROWS_SENT: 64266
SUM_ROWS_EXAMINED: 64267
```

注7.6　https://dev.mysql.com/doc/refman/8.0/en/performance-schema.html

```
SUM_CREATED_TMP_DISK_TABLES: 0
    SUM_CREATED_TMP_TABLES: 0
      SUM_SELECT_FULL_JOIN: 0
SUM_SELECT_FULL_RANGE_JOIN: 0
         SUM_SELECT_RANGE: 0
   SUM_SELECT_RANGE_CHECK: 0
          SUM_SELECT_SCAN: 0
    SUM_SORT_MERGE_PASSES: 0
           SUM_SORT_RANGE: 0
            SUM_SORT_ROWS: 0
            SUM_SORT_SCAN: 0
        SUM_NO_INDEX_USED: 0
   SUM_NO_GOOD_INDEX_USED: 0
             SUM_CPU_TIME: 0
    MAX_CONTROLLED_MEMORY: 1095024
         MAX_TOTAL_MEMORY: 1635633
          COUNT_SECONDARY: 0
               FIRST_SEEN: 2023-11-08 08:25:44.941218
                LAST_SEEN: 2023-11-08 08:27:01.209250
              QUANTILE_95: 199526231
              QUANTILE_99: 346736850
             QUANTILE_999: 912010839
        QUERY_SAMPLE_TEXT: SELECT c FROM sbtest2 WHERE id=243582
        QUERY_SAMPLE_SEEN: 2023-11-08 08:26:55.812934
  QUERY_SAMPLE_TIMER_WAIT: 1927774000
```

DIGEST_TEXTカラムからわかるクエリダイジェストごとに、COUNT_STARカラムに実行回数、***_WAIT カラムに実行にかかった時間 (ピコ秒)、その他様々な計測データを確認できます。

スロークエリログではlong_query_time以下の時間で実行され、確認できないクエリをこのテーブルで確認できます。そのため、スロークエリログには出力されていなくても、SUM_TIMER_WAITが高いクエリを見つけることで、トータルでの実行時間が長いクエリを特定することができ、アプリケーション全体のパフォーマンス改善を行えることがあります。

🐬 file_summary_by_instance

file_summary_by_instanceテーブルではシステムファイル (Redoログやダブルライトファイル、テンポラリテーブルのファイル) などを含むすべてのファイルへのI/O情報を確認できます。

▼ file_summary_by_instanceの例

```
mysql> select * from file_summary_by_instance where file_name like '%sbtest%'\G
*************************** 1. row ***************************
                 FILE_NAME: /var/lib/mysql/sysbench/sbtest1.ibd
                EVENT_NAME: wait/io/file/innodb/innodb_data_file
     OBJECT_INSTANCE_BEGIN: 139880262917696
                COUNT_STAR: 19135
            SUM_TIMER_WAIT: 7901566085820
            MIN_TIMER_WAIT: 926500
            AVG_TIMER_WAIT: 412937780
            MAX_TIMER_WAIT: 13433859344
                COUNT_READ: 6794
            SUM_TIMER_READ: 216971313372
            MIN_TIMER_READ: 6404840
            AVG_TIMER_READ: 31935692
            MAX_TIMER_READ: 1410951372
  SUM_NUMBER_OF_BYTES_READ: 111312896
               COUNT_WRITE: 7962
```

```
            SUM_TIMER_WRITE: 322458888652
            MIN_TIMER_WRITE: 7783036
            AVG_TIMER_WRITE: 40499604
            MAX_TIMER_WRITE: 1595428640
  SUM_NUMBER_OF_BYTES_WRITE: 130449408
                 COUNT_MISC: 4379
             SUM_TIMER_MISC: 7362135883796
             MIN_TIMER_MISC: 926500
             AVG_TIMER_MISC: 1681236492
             MAX_TIMER_MISC: 13433859344
```

　テーブルファイルの場合、COUNT_READやCOUNT_WRITEが多い場合はbuffer_poolから頻繁に追い出されてI/Oを行っていることがわかるため、シャーディングやパーティショニングする対象のテーブルを絞るときなどに使えます。

🐬 table_io_waits_summary_by_table

　table_io_waits_summary_by_tableテーブルでは、テーブルごとに取得、更新した行数とかかった時間に関する情報を確認できます。COUNT_***となっているカラムは操作を行った行数で、***_WAITのカラムは処理にかかった時間を集計しています。

　file_summary_by_instanceテーブルではテーブルに紐づくファイルに対するI/Oを確認しましたが、table_io_waits_summary_by_tableテーブルでは、buffer_poolに乗っているページ上の行に対する操作も計測されています。

▼table_io_waits_summary_by_tableの出力例

```
mysql> select * from table_io_waits_summary_by_table where object_name like 'sbtest1'\G
*************************** 1. row ***************************
      OBJECT_TYPE: TABLE
    OBJECT_SCHEMA: sysbench
      OBJECT_NAME: sbtest1
       COUNT_STAR: 3707912
   SUM_TIMER_WAIT: 5501842968912
   MIN_TIMER_WAIT: 1597940
   AVG_TIMER_WAIT: 1483708
   MAX_TIMER_WAIT: 1344994559888
       COUNT_READ: 3682137
   SUM_TIMER_READ: 4495769875492
   MIN_TIMER_READ: 1597940
   AVG_TIMER_READ: 1220800
   MAX_TIMER_READ: 1344994559888
      COUNT_WRITE: 25775
  SUM_TIMER_WRITE: 1006073093420
  MIN_TIMER_WRITE: 6883568
  AVG_TIMER_WRITE: 39032900
  MAX_TIMER_WRITE: 24155943440
      COUNT_FETCH: 3682137
  SUM_TIMER_FETCH: 4495769875492
  MIN_TIMER_FETCH: 1597940
  AVG_TIMER_FETCH: 1220800
  MAX_TIMER_FETCH: 1344994559888
     COUNT_INSERT: 6465
 SUM_TIMER_INSERT: 302262116896
 MIN_TIMER_INSERT: 23111052
 AVG_TIMER_INSERT: 46753588
```

```
     MAX_TIMER_INSERT: 21804167724
         COUNT_UPDATE: 12845
    SUM_TIMER_UPDATE: 522695186992
    MIN_TIMER_UPDATE: 6883568
    AVG_TIMER_UPDATE: 40692316
    MAX_TIMER_UPDATE: 24155943440
         COUNT_DELETE: 6465
    SUM_TIMER_DELETE: 181115789532
    MIN_TIMER_DELETE: 12908216
    AVG_TIMER_DELETE: 28014744
    MAX_TIMER_DELETE: 9436754352
1 row in set (0.00 sec)
```

information_schema

information_schemaはMySQLのメタデータに関する情報を提供しています。また、INNODB_METRICS のようにパフォーマンス情報を提供するテーブルもあります。

ここではINNODB_METRICSテーブルやトランザクションの実行状況を確認できるINNODB_TRXテーブル、 テーブルに紐づくファイルの状態を確認できるINNODB_TABLESPACESテーブルを紹介します。

INNODB_METRICS

INNODB_METRICSテーブルではInnoDBのパフォーマンス情報や、リソース状況を確認できます。mysqld の起動後の累積値とRESETしてからの値を確認できます。

デフォルトではすべての計器が有効になっているわけではありません。次のように、カウンタ名、モジュー ル名(SUBSYSTEM名と対応)、パターン、全カウンタ一括のいずれかを指定して有効化／無効化／リセット を行います。

▼innodb_monitorの操作コマンド

```
-- 有効化
SET GLOBAL innodb_monitor_enable = [counter-name|module_name|pattern|all];
-- 無効化
SET GLOBAL innodb_monitor_disable = [counter-name|module_name|pattern|all];
-- リセット
SET GLOBAL innodb_monitor_reset = [counter-name|module_name|pattern|all];
```

モジュール名はカラム中のSUBSYSTEM名と同じではないため、具体的な設定方法はリファレンスマニュ アルを確認してください注7.7。

次にINNODB_METRICSテーブルの例を示します。次に示すbuffer_pool_readsメトリクスを確認した 例では、STATUSカラムがenabledなので、このメトリクスが有効化されており、TIME_RESETの時刻からコ マンド実行時までにCOUNTに示される22084回カウントアップされたことがわかります。

▼INNODB_METRICSの例

```
mysql> SELECT * FROM INNODB_METRICS WHERE NAME LIKE 'buffer_pool_reads'\G
*************************** 1. row ***************************
          NAME: buffer_pool_reads
     SUBSYSTEM: buffer
```

注7.7　https://dev.mysql.com/doc/refman/8.0/en/innodb-information-schema-metrics-table.html

```
              COUNT: 22084
          MAX_COUNT: 22084
          MIN_COUNT: NULL
          AVG_COUNT: 0.28978735523093296
        COUNT_RESET: 1297
    MAX_COUNT_RESET: 1297
    MIN_COUNT_RESET: NULL
    AVG_COUNT_RESET: 1.0638654842334645
       TIME_ENABLED: 2023-11-08 08:24:58
      TIME_DISABLED: NULL
       TIME_ELAPSED: 76208
         TIME_RESET: 2023-11-09 05:14:47
             STATUS: enabled
               TYPE: status_counter
            COMMENT: Number of reads directly from disk (innodb_buffer_pool_reads)
1 row in set (0.00 sec)
```

INNODB TRX

INNODB_TRXテーブルは実行中のすべてのトランザクションの情報を提供します。トランザクションによって確保されたリソースなど詳細な情報も取得できます。

次に INNODB_TRXテーブルのサンプルを示します。次の例では、trx_idに4375326が割り振られたトランザクションが、trx_startedカラムの時刻から開始し、trx_isolation_levelカラムのREPEATABLE READで実行されていることがわかります。

他のテーブルとJOINして結果を生成する場合にはtrx_idやtrx_mysql_thread_idを利用すると良いでしょう。

このテーブルだけでトランザクション中で実行されたクエリを取得することはできないので、そういった情報も合わせて確認したい場合は、本章6節で説明するようにperformance_schemaの情報と合わせてクエリする必要があります。

▼INNODB_TRXテーブルの例

```
mysql> select * from INNODB_TRX\G
*************************** 1. row ***************************
                    trx_id: 4375326
                 trx_state: RUNNING
               trx_started: 2023-11-09 05:32:10
     trx_requested_lock_id: NULL
          trx_wait_started: NULL
                trx_weight: 23
        trx_mysql_thread_id: 25
                 trx_query: NULL
       trx_operation_state: NULL
         trx_tables_in_use: 0
         trx_tables_locked: 1
          trx_lock_structs: 4
     trx_lock_memory_bytes: 1128
            trx_rows_locked: 21
          trx_rows_modified: 19
    trx_concurrency_tickets: 0
        trx_isolation_level: REPEATABLE READ
          trx_unique_checks: 1
      trx_foreign_key_checks: 1
    trx_last_foreign_key_error: NULL
    trx_adaptive_hash_latched: 0
```

```
    trx_adaptive_hash_timeout: 0
            trx_is_read_only: 0
trx_autocommit_non_locking: 0
        trx_schedule_weight: NULL
1 row in set (0.00 sec)
```

🐬 INNODB_TABLESPACES

INNODB_TABLESPACESテーブルは各テーブルの実体となるファイルの情報を提供します。FILE_SIZEカラムにibdファイルの正確なファイルサイズが格納されており、見積もりではない値が格納されているのはこのテーブルだけです。

次にINNODB_TABLESPACESテーブルの例を示します。

▼INNODB_TABLESPACESの例

```
mysql> select * from INNODB_TABLESPACES where name like 'sysbench/sbtest1'\G
*************************** 1. row ***************************
          SPACE: 2
           NAME: sysbench/sbtest1
           FLAG: 16417
     ROW_FORMAT: Dynamic
      PAGE_SIZE: 16384
  ZIP_PAGE_SIZE: 0
     SPACE_TYPE: Single
  FS_BLOCK_SIZE: 4096
      FILE_SIZE: 260046848
 ALLOCATED_SIZE: 260050944
AUTOEXTEND_SIZE: 0
 SERVER_VERSION: 8.0.36
  SPACE_VERSION: 1
     ENCRYPTION: N
          STATE: normal
1 row in set (0.00 sec)
```

7-5　mysqld_exporter、Prometheusを設定する

ここまではOSから取得するハードウェアリソースのメトリクスやMySQLのメトリクスをコマンド、クエリを実行して直接確認する方法を紹介しました。

この節ではこれらのメトリクスを取得、収集する方法を紹介します。

mysqld_exporterを起動する

mysqld_exporterはGitHubのリリースページ[注7.8]からダウンロードして展開するだけで利用できます。本書執筆時には、mysqld_exporter-0.15.0がリリースされています。mysqld_exporterはバージョンアップごとに大きくオプションの設定が変わることがありますので、違うバージョンのバイナリを使用するとき

注7.8　https://github.com/prometheus/mysqld_exporter/releases

には必ずリリースノートと--helpを確認してください。

　mysqld_exporterの実行コマンドは任意のディレクトリに配置できます。MySQLと同じサーバーにも、違うサーバーにも配置できます。今回は同じサーバーに配置してTCP接続（127.0.0.1）するものとします。

▼mysqld_exporterのインストールコマンド

```
$ wget https://github.com/prometheus/mysqld_exporter/releases/download/v0.15.0/mysqld_exporter-0.15.0.li⏎
nux-amd64.tar.gz
$ tar xf mysqld_exporter-0.15.0.linux-amd64.tar.gz
$ cd mysqld_exporter-0.15.0.linux-amd64
$ ./mysqld_exporter --version
mysqld_exporter, version 0.15.0 (branch: HEAD, revision: 6ca2a42f97f3403c7788ff4f374430aa267a6b6b)
  build user:     root@c4fca471a5b1
  build date:     20230624-04:09:04
  go version:     go1.20.5
  platform:       linux/amd64
  tags:           netgo
```

　mysqld_exporterからMySQLサーバーにアクセスするためのアカウントが必要になります。MySQLサーバーと別のホストにmysqld_exporterを設置した場合は接続元ホストをlocalhostではなく、mysqld_exporterを設置したホストのIPアドレスなどに変更してください。MySQLサーバーでskip_name_resolveオプションを設定している場合はlocalhostはなく、127.0.0.1（または::1）である必要があります[注7.9]。

▼mysqld_exporter用のユーザー作成

```
mysql> CREATE USER 'exporter'@'localhost' IDENTIFIED BY 'XXXXXXXX' WITH MAX_USER_CONNECTIONS 3;
mysql> GRANT PROCESS, REPLICATION CLIENT, SELECT ON *.* TO 'exporter'@'localhost';
```

　作成したアカウントを使ってmysqld_exporterがMySQLにアクセスするように設定します。デフォルトではバイナリを起動したディレクトリに.my.cnfが存在しないとエラーになるようになっているので、ファイルを生成して--config.my-cnfでそのフルパスを指定します（この動作はmysqld_exporter-0.15.0で追加された仕様のようです[注7.10]）。

▼コンフィグファイルの設定

```
$ cat << EOF > /tmp/exporter-my.cnf
[client]
user=exporter
password=XXXXXXXX
EOF

$ ./mysqld_exporter --config.my-cnf=/tmp/exporter-my.cnf
ts=2023-09-15T03:33:12.842Z caller=mysqld_exporter.go:220 level=info msg="Starting mysqld_exporter" vers⏎
ion="(version=0.15.0, branch=HEAD, revision=6ca2a42f97f3403c7788ff4f374430aa267a6b6b)"
ts=2023-09-15T03:33:12.842Z caller=mysqld_exporter.go:221 level=info msg="Build context" build_context="⏎
(go=go1.20.5, platform=linux/amd64, user=root@c4fca471a5b1, date=20230624-04:09:04, tags=netgo)"
ts=2023-09-15T03:33:12.844Z caller=mysqld_exporter.go:233 level=info msg="Scraper enabled" scraper=globa⏎
l_status
ts=2023-09-15T03:33:12.844Z caller=mysqld_exporter.go:233 level=info msg="Scraper enabled" scraper=globa⏎
```

注7.9　localhostおよび127.0.0.1の違いの詳細については、『第19回　MySQLのユーザー管理について［その2］』（https://gihyo.jp/dev/serial/01/mysql-road-construction-news/0019）がよく説明されている。

注7.10　https://github.com/prometheus/mysqld_exporter/releases/tag/v0.15.0

```
l_variables
ts=2023-09-15T03:33:12.844Z caller=mysqld_exporter.go:233 level=info msg="Scraper enabled" scraper=slave🔲
_status
ts=2023-09-15T03:33:12.845Z caller=mysqld_exporter.go:233 level=info msg="Scraper enabled" scraper=info_🔲
schema.innodb_cmp
ts=2023-09-15T03:33:12.845Z caller=mysqld_exporter.go:233 level=info msg="Scraper enabled" scraper=info_🔲
schema.innodb_cmpmem
ts=2023-09-15T03:33:12.845Z caller=mysqld_exporter.go:233 level=info msg="Scraper enabled" scraper=info_🔲
schema.query_response_time
ts=2023-09-15T03:33:12.845Z caller=tls_config.go:274 level=info msg="Listening on" address=[::]:9104
ts=2023-09-15T03:33:12.845Z caller=tls_config.go:277 level=info msg="TLS is disabled." http2=false addre🔲
ss=[::]:9104
```

プロセスが起動できれば**curl**で動作確認を行います。デフォルトではmysqld_exporterは**9104**ポートで起動し、**/metrics**のエンドポイントでメトリクス情報を提供します。

▼mysqld_exporterからのメトリクス取得例

```
$ curl -s localhost:9104/metrics | grep uptime
# HELP mysql_global_status_uptime Generic metric from SHOW GLOBAL STATUS.
# TYPE mysql_global_status_uptime untyped
mysql_global_status_uptime 5.01808e+06
# HELP mysql_global_status_uptime_since_flush_status Generic metric from SHOW GLOBAL STATUS.
# TYPE mysql_global_status_uptime_since_flush_status untyped
mysql_global_status_uptime_since_flush_status 5.01808e+06
```

実際にはこれらのオプションをまとめてsystemdで起動／停止できるようにするべきでしょう。

次はsystemdに登録するためのサンプルです。$PWDの部分はmysqld_exporterを配置したディレクトリに変更してください。

▼systemdへの登録

```
$ sudo sh -c "cat << EOF > /usr/lib/systemd/system/mysqld_exporter.service
[Unit]
Description=mysqld_exporter test service

[Service]
ExecStart=$PWD/mysqld_exporter --config.my-cnf=/tmp/exporter-my.cnf
EOF
"

$ sudo systemctl status mysqld_exporter
● mysqld_exporter.service - mysqld_exporter test service
   Loaded: loaded (/usr/lib/systemd/system/mysqld_exporter.service; static; vendor preset: disabled)
   Active: inactive (dead)

$ sudo systemctl start mysqld_exporter

$ sudo systemctl status mysqld_exporter
● mysqld_exporter.service - mysqld_exporter test service
   Loaded: loaded (/usr/lib/systemd/system/mysqld_exporter.service; static; vendor preset: disabled)
   Active: active (running) since Fri 2023-09-15 12:40:39 JST; 1s ago
 Main PID: 129022 (mysqld_exporter)
    Tasks: 5
   Memory: 1.5M
   CGroup: /system.slice/mysqld_exporter.service
           └─129022 /home/yoku0825/mysqld_exporter-0.15.0.linux-amd64/mysqld_exporter --config.my-cnf=/🔲
tmp/exporter-my.cnf
```

```
Sep 15 12:40:39 sandbox002-yoku0825-jp2v-dev mysqld_exporter[129022]: ts=2023-09-15T03:40:39.078Z caller⏎
=mysqld_exporter.go:220 level=info msg="Starting mysqld_exporter" version="(version=0.15...a267a6b6b)"
Sep 15 12:40:39 sandbox002-yoku0825-jp2v-dev mysqld_exporter[129022]: ts=2023-09-15T03:40:39.078Z caller⏎
=mysqld_exporter.go:221 level=info msg="Build context" build_context="(go=go1.20.5, plat...ags=netgo)"
Sep 15 12:40:39 sandbox002-yoku0825-jp2v-dev mysqld_exporter[129022]: ts=2023-09-15T03:40:39.078Z caller⏎
=mysqld_exporter.go:233 level=info msg="Scraper enabled" scraper=slave_status
Sep 15 12:40:39 sandbox002-yoku0825-jp2v-dev mysqld_exporter[129022]: ts=2023-09-15T03:40:39.078Z caller⏎
=mysqld_exporter.go:233 level=info msg="Scraper enabled" scraper=global_status
Sep 15 12:40:39 sandbox002-yoku0825-jp2v-dev mysqld_exporter[129022]: ts=2023-09-15T03:40:39.078Z caller⏎
=mysqld_exporter.go:233 level=info msg="Scraper enabled" scraper=global_variables
Sep 15 12:40:39 sandbox002-yoku0825-jp2v-dev mysqld_exporter[129022]: ts=2023-09-15T03:40:39.078Z caller⏎
=mysqld_exporter.go:233 level=info msg="Scraper enabled" scraper=info_schema.innodb_cmp
Sep 15 12:40:39 sandbox002-yoku0825-jp2v-dev mysqld_exporter[129022]: ts=2023-09-15T03:40:39.078Z caller⏎
=mysqld_exporter.go:233 level=info msg="Scraper enabled" scraper=info_schema.innodb_cmpmem
Sep 15 12:40:39 sandbox002-yoku0825-jp2v-dev mysqld_exporter[129022]: ts=2023-09-15T03:40:39.078Z caller⏎
=mysqld_exporter.go:233 level=info msg="Scraper enabled" scraper=info_schema.query_response_time
Sep 15 12:40:39 sandbox002-yoku0825-jp2v-dev mysqld_exporter[129022]: ts=2023-09-15T03:40:39.079Z caller⏎
=tls_config.go:274 level=info msg="Listening on" address=[::]:9104
Sep 15 12:40:39 sandbox002-yoku0825-jp2v-dev mysqld_exporter[129022]: ts=2023-09-15T03:40:39.079Z caller⏎
=tls_config.go:277 level=info msg="TLS is disabled." http2=false address=[::]:9104
Hint: Some lines were ellipsized, use -l to show in full.
```

Prometheusを起動する

　試すだけであれば、Prometheusの起動はDocker[注7.11]を使ってしまうのが簡単です。実際に運用環境に投入する際には、データの保管場所やプロセスの確認などのためにホストにインストールした方が取り扱いが簡単になります。

　サンプル用のprometheus.ymlを作成し（172.17.0.1の部分はdocker0インターフェースのIPアドレスに変更してください）、次のコマンドでPrometheusを起動します。$PWDの部分はprometheus.ymlを配置したディレクトリに変更してください。

▼prometheus.ymlの設定

```
$ cat << EOF > prometheus.yml
global:
  scrape_interval: 15s
  scrape_timeout: 10s
  evaluation_interval: 15s
alerting:
  alertmanagers:
  - follow_redirects: true
    enable_http2: true
    scheme: http
    timeout: 10s
    api_version: v2
    static_configs:
    - targets: []
scrape_configs:
- job_name: prometheus
  honor_timestamps: true
  scrape_interval: 15s
  scrape_timeout: 10s
```

注7.11 https://prometheus.io/docs/prometheus/latest/installation/

```
  metrics_path: /metrics
  scheme: http
  follow_redirects: true
  enable_http2: true
  static_configs:
  - targets:
    - localhost:9090
    - 172.17.0.1:9104
EOF

$ sudo docker run -d -v $PWD/prometheus.yml:/etc/prometheus/prometheus.yml -p 9090:9090 --name=prometheus ↵
  prom/prometheus
```

ブラウザから「Prometheusを起動したホスト:9090」にアクセスするとPrometheusの画面が表示されます。
試しに「mysql_global_status_uptime」を検索し、表示されることを確認します。

▼メトリクスが収集できていることを確認する

　一般的にはPrometheusで収集した情報はGrafanaで可視化し、AlertManagerで通知します。
Prometheusとこれらの連携についてはMySQLに特有の事項ではないため割愛します。

7-6 死活監視と異常検知

　この節ではMySQLの安定運用のために異常として検知すべき項目と、異常に対する対応例を紹介します。
サービスの性質や求めるSLOによって監視項目は変化しますが、最低限ここで紹介する項目は検知できる状
態を作ることをお勧めします。
　また、各監視項目でアラートを上げる目安となる閾値を紹介しています。これらはあくまで目安なので、サー
ビスの性質やスケールのしやすさなどの状況によって適宜調整してください。

死活監視

　異常検知のために各メトリクスを確認していく前にサーバー自体やmysqldが動作しているかを確認します。
死活監視は通常の監視活動の中で異常と判断するべきものですが、どういった状況をサーバーやmysqldが

停止している（死んでいる）と判断するかを決める必要があります。単純にコマンドの結果が即座に返って来ないのはネットワークの瞬断や遅延であったり、一時的にCPUを100%使ってしまい、コマンドの応答が遅れているだけかもしれません。

　これはMySQLが動作する周辺環境の性能や信頼性によるため一概に決めることはできませんが、試行回数と時間制限を決めて判断することが多いです。また、瞬断の後にクエリが成功しても、システムが再起動している可能性があるため、OSやmysqldの起動時間を確認しましょう。

　プロセスの起動や起動時間を確認するにはOSレイヤであれば ps コマンド、MySQL内部からであればSHOW GLOBAL STATUSで表示される Uptime があります。これらのコマンドで結果が得られない場合や、結果が得られても再起動により起動時間が短いことがわかった場合は、異常として検知できます。

　一方、プロセス情報やSHOWステートメントによる情報取得だけで監視を行っていると、ほとんどの場合メモリ上のデータから結果を返すため、ストレージなどのファイルシステム以下のレイヤでハングしている状況に気づけない可能性があります。ローカルのディスクではなく、NFS（Network File System）やSDS（Software Defined Storage）を利用している場合は、ストレージへの書き込みにもネットワーク状況が影響することもあります。この場合、専用のテーブルを用意してディスクへの書き込みを伴うクエリを発行することでファイルシステム以下のレイヤでの異常も検知することが可能です。

　このテーブルが肥大化したり計算資源を圧迫させたりしては本末転倒なので、1行を更新し続ける UPDATE（または INSERT ... ON DUPLICATE KEY UPDATE）で十分でしょう。

▼監視用テーブルの作成例

```
CREATE TABLE alive_monitoring (
  updated_at datetime NOT NULL PRIMARY KEY
);

INSERT INTO alive_monitoring (updated_at) value (NOW());
```

　定期的にこの行を更新することで、ディスクへの書き込みまでが完了することを確認できます。

▼監視用テーブルの更新例

```
UPDATE alive_monitoring set updated_at = NOW();
```

　MySQLの死活監視は冗長化のためのHA構成ツールがクラスタのステータス変化として通知してくれるため、それを利用することも多いと思いますが、既存の死活監視方法がディスクへの書き込みまで含めて正常性を確認できているか確認してみましょう。なお監視のためのクエリは、監視プラットフォームで適切なタイムアウトの設定を忘れないでください。MySQLのハングアップなど「監視用のクエリが結果を返せずずっと待たされる」ケースを検出することができます。

　死活監視に失敗した場合、mysqldプロセスが起動しているかどうか、エラーログに原因が表示されていないか、OSのログ（journalctl）に異常がないかなどを確認します。原因を取り除くことができれば安全にmysqldを起動できるでしょう。

ハードウェアリソースの監視

　MySQLにおいてもハードウェアリソースの監視は重要です。MySQLに限らずデータベース全般に言える

ことですが、ハードウェアリソースが足りなくなった場合のマイグレーションは簡単でない場合が多いです。サービス起因のスパイクがあっても耐えられるように、十分な余裕があるかにも注意しましょう。

CPU利用率

CPU利用率はmysqldのCPU利用率が高負荷のときでも、50〜60%以下に収まるようにしましょう。

レコード単位のロックやメタデータロックにより、待機中のリクエストキューが伸びるとCPU利用率が跳ねることがあります。このときに簡単にCPU利用率が100%に達してしまうと、管理者による緊急の対応すらも難しくなってしまいます。

CPU利用率の高騰は実行計画が悪い（必要よりも多くの行を読み取ってしまう）クエリ、ロックの競合により待ち時間に余分なCPUを使われているケースが多くあります。本書4章では実行計画やロックについて説明しているので参考にしてください。多くの場合はインデックスを追加するまたはクエリを書き換えることで負荷が解消しますが、MySQLの性能限界によってそれ以上CPU利用率が下げられないこともあります。その場合はスケールアップやシャーディング（データを複数の分散させる）による負荷の軽減を図ります。

ディスク利用率

ディスク利用率は、最大でも80%以下に収めましょう。テーブルデータが短期間で急増した場合、増加分がテーブルのibdファイルのサイズに反映されるのと同時にバイナリログも同程度増加します。バイナリログはPITRとの兼ね合いさえ考慮すれば簡単に削除できますが、テーブルのibdファイルは、テーブルのレコードを削除するだけでは削減されず、比較的運用負荷の高い`OPTIMIZE TABLE`を実行する必要があります。

また、全体のディスク容量だけでなく、最大のファイルサイズのテーブルがディスク容量の半分を超えないように注意しましょう。これはDDLを実行する余裕を残すためです。`ALGORITHM=COPY`でしか実行できないDDLやpt-online-schema-change、gh-ostの実行の際には、テーブルと同程度のディスク容量の空きが必要になります。

ひとたびDisk Fullの状態になると、多くのクエリがハングアップさせられ、MySQLを利用しているサービスは壊滅的な状態になります。DELETEステートメントもバイナリログの出力を伴い、かつ、OPTIMIZE TABLEも必要となると却って余剰の領域を必要とするので、いざ事態に直面してからだとサービス影響なしに対応することが非常に難しくなります。

ディスクサイズがオンラインで増減できる環境であれば、ディスクサイズを増やし、DELETEやOPTIMIZE TABLEのための容量を確保できます。そうでない場合、どうしても同じマシンで運用を続けなければならない場合は、mysqldumpなどの論理バックアップ（6章『バックアップとリストア』を参照）を取得した後、datadirをリセットしてリストアすることで、ibdファイルがデフラグされ容量を確保できることがありますが、これには長時間のサービス停止を伴うでしょう。早期対処が必須な監視項目の一つです。

メモリ利用率

メモリ利用率はファイルシステムによるキャッシュも含まれ、閾値を決めることは難しいため、Swap領域を使わないようにすることを指標とすると良いでしょう。Swap領域を利用することが即座に問題になるわけではありませんが、スラッシングが発生した場合、パフォーマンスに大きな影響が出ます。

メモリ利用率を下げるには、buffer_pool_sizeを下げるのが効果的です。また、ファイルキャッシュを利用しがちなバイナリログファイルのファイルキャッシュを解放することも、一時的な対応になりますが、パフォーマンスへの影響を抑えて実行することが可能です。

```
$ sudo sh -c "echo 1 > /proc/sys/vm/drop_caches"
```

🐾 ネットワーク帯域

近年のネットワーク環境では帯域がボトルネックになることは少ないため忘れがちですが、クエリが遅くなった場合の切り分けを容易にするためにも監視項目に追加しましょう。ネットワーク帯域の90%程度に達したら理由を探ってみる程度の温度感で良いですが、もし意図しないほどのデータを転送している場合はクエリの見直しを行いましょう。BLOB型やJSON型など多くのデータを含むカラムを、必要もないのに SELECT * FROM .. の形でアクセスしてはいけません。また、その大きなカラムが必要であっても、頻繁にアクセスされるような場合は都度MySQLから転送するのはあまり効率的ではありません。可能なら他のデータストアに移すことを検討してください。

異常検知

MySQLの内部状態から異常として判断すべき項目を見ていきましょう。

🐾 auto_increment 値

auto_increment を指定したカラムが数値型の最大値に達してしまった場合、当然それ以上は auto_increment を利用したレコードを追加できなくなります。さらにこのカラムの型を拡張 (たとえばINTから BIGINT への MODIFY COLUMN) するには、ALGORITHM=COPY での実行となるため、アプリケーションにエラーが出てからの対応では影響が大きくなりがちです。上限に近づいていることに気づいてからでも対応完了までに時間がかかるケースが多いので、型の上限の80%程度で検知できると良いでしょう。

たとえば次のように information_schema の TABLES、COLUMNS テーブルから全テーブルの auto_increment 値の確認ができます。

▼auto_increment値を取得するクエリの例

```
SELECT
    t.TABLE_SCHEMA,
    t.TABLE_NAME,
    t.AUTO_INCREMENT,
    c.COLUMN_NAME,
    c.DATA_TYPE
FROM
    information_schema.TABLES t
JOIN
    information_schema.COLUMNS c ON t.TABLE_SCHEMA = c.TABLE_SCHEMA AND t.TABLE_NAME = c.TABLE_NAME
WHERE
    t.TABLE_SCHEMA NOT IN ('mysql')
    AND t.AUTO_INCREMENT IS NOT NULL
    AND c.EXTRA LIKE '%auto_increment%';
```

🐾 長時間実行されるトランザクション

長時間実行されているトランザクションを放置するのは危険です。

MySQL (InnoDB) はトランザクションの実行に必要なスナップショットをundoログ領域に作成します。スナップショットとなるundoログ中のレコードを解放 (GC) するには、そのスナップショットを参照するト

ランザクションが終了する必要があります。そのため、コミットやロールバックによって終了しないトランザクションがあると、undoログが肥大化しディスクを圧迫したり、パフォーマンスへの影響が出ます。

また、更新がある場合は長時間溜め込んだ更新分が一気にバイナリログに出力されるため、レプリケーション遅延などの原因にもなります。MySQLではできるだけ、1トランザクションの実行時間を短く、更新量を小さくすることが安定運用のコツと言えます。執筆時点ではMySQLのトランザクション実行時間にタイムアウトを設定することはできません。wait_timeoutを設定することでトランザクションの終了し忘れを擬似的に防ぎますが、デフォルトの値は8時間であり、やや長いです。トランザクションの実行時間は`information_schema.INNODB_TRX`テーブルの`trx_started`カラムの値を現在時刻から引くことで計算可能です。

トランザクションのその他の情報を知るには、他のテーブルの情報とJOINする必要があります。たとえば、そのトランザクションを実行しているユーザーや接続元を知りたい場合はperformance_schemaの`threads`テーブル、実行したクエリを知りたい場合は`performance_schema.events_statements_history(_long)`テーブルなどが便利です。注意点として、events_statements_history系のテーブルは保持するクエリ数に制限があるため、必ずクエリ情報が取れるとは限りません。

次に、これらの情報を利用して、トランザクションの開始時刻と接続ホスト、実行ユーザー、最後に実行したクエリを取得するサンプルを示します。原因となっているトランザクションが特定できれば、`INNODB_TRX`テーブルの`trx_mysql_thread_id`カラム (trx_idカラムではありません!) の値を用いて`KILL <trx_mysql_thread_id>;`ステートメントでコネクションを破棄し、トランザクションをロールバックさせることで解消させられます。もし原因のトランザクションがサービスにとってとても重要でロールバックがさせられない場合は待つしかありません。

▼実行されているトランザクションの実行元情報とトランザクション中で実行されたクエリを取得する例

```
SELECT trx_started, processlist_host, processlist_user, sql_text
FROM information_schema.INNODB_TRX trx
INNER JOIN performance_schema.threads th
  ON trx.trx_mysql_thread_id = th.processlist_id
INNER JOIN performance_schema.events_statements_history e
  ON th.thread_id = e.thread_id;
+---------------------+------------------+------------------+----------------------------+
| trx_started         | processlist_host | processlist_user | sql_text                   |
+---------------------+------------------+------------------+----------------------------+
| 2023-11-06 07:06:56 | 192.168.65.1     | sysbench         | select * from t where id = 1 |
+---------------------+------------------+------------------+----------------------------+
1 row in set (0.00 sec)
```

🐟 スロークエリログの出力量

一定期間ごとにスロークエリログの出力量を把握できると、詰まったクエリがある場合に早急に対応が可能です。`SHOW GLOBAL STATUS`の`Slow_queries`から累積値を取得できるので、差分を計算することで取得ができます。スロークエリログは有用ですが、多すぎるスローログはノイズになります。日頃の出力が多すぎて、かつ、それを修正できない (しない) 場合は`long_query_time`を大きくすることも検討してください。

▼スロークエリ数の表示例

```
mysql> SHOW GLOBAL STATUS LIKE 'Slow_queries';
+---------------+-------+
| Variable_name | Value |
```

```
+---------------+------+
| Slow_queries  | 3019 |
+---------------+------+
1 row in set (0.01 sec)
```

🐟 レプリケーションの状態と遅延状況

　レプリケーションの状態と遅延状況は、サービスの可用性やデータの整合性に直結します。SHOW REPLICA STATUSからI/Oスレッド、SQLスレッド、遅延秒数は確認しましょう。I/Oスレッド、SQLスレッドが正常に動作している場合はReplica_IO_Runningカラム、Replica_SQL_RunningカラムにYesが表示されます。エラーがある場合はNoとなります。遅延秒数はSeconds_Behind_Sourceカラムに表示されます。レプリケーションが遅延しているということは、アプリケーションがそのレプリカにアクセスしてSELECTしたデータは「過去のものが表示される」ということです。これがどれだけアプリケーションに影響を及ぼすのか、一概に何秒以上の遅延を異常と見做すかの閾値は存在しません（アプリケーションによって様々です）。

　レプリケーションを遅延させるトラフィックは既にレプリケーションソースで確定済みのため、遡ってなかったことにすることはできません。一つ一つが大きくはないトランザクションが大量に実行されている場合（Exec_Source_Log_Posは進行するがSeconds_Behind_Sourceは一向に減らない）はreplica_parallel_workersを増やして並列度を上げることが対処の一つになります。

　巨大なトランザクションまたはALTER TABLEなどの「そもそも実行に時間がかかる」処理が原因でレプリカが遅延している場合、一時的にinnodb_flush_log_at_trx_commit=2, sync_binlog=0で「そもそもの実行」にかかる時間を少しでも減らすことしかできません（もちろん、この応急処置をしている最中にマシンがクラッシュしてしまった場合、データの永続性に影響を受けます）。またあまりに大きなトランザクションはSTOP REPLICAやMySQLの再起動をしようとするとロールバックする必要があるため影響が大きくなる可能性があります。対処を始める前に原因を把握した方が良い異常の一つです。

▼SHOW REPLICA STATUSの表示例

```
mysql> SHOW REPLICA STATUS\G
*************************** 1. row ***************************
             Replica_IO_State: Waiting for source to send event
                  Source_Host: 192.168.65.1
                  Source_User: repluser
                  Source_Port: 3306
                Connect_Retry: 60
              Source_Log_File: binlog.000002
          Read_Source_Log_Pos: 1307
               Relay_Log_File: relay_log.000001
                Relay_Log_Pos: 1508
        Relay_Source_Log_File: binlog.000002
           Replica_IO_Running: Yes
          Replica_SQL_Running: Yes
...
        Seconds_Behind_Source: 2
...
```

Appendix

Linuxへの
インストール

　主なLinuxディストリビューションへのMySQLのインストール方法を紹介します。ここで紹介するインストール手順により、標準で使用するライブラリやクライアントなども同時にインストールされます。mysql.hなどの開発用のヘッダファイルが必要な場合は、develパッケージが必要となります。

　コマンド例で利用しているURLは2024年2月現在のものであり、今後変更になる可能性があります。本文中に正しいURLを得るための方法を記載しますので、インストール前に最新のリンクを確認してから作業を行うと良いでしょう。

　また、推奨インストール手順は今後変更される場合があります。最新の手順は公式ドキュメント[注A.1]を確認してください。

　MySQL 8.0およびそれ以降のInnovation ReleaseやLTSの各バージョンがサポートしているOSの一覧が公式サイトに公開されています。MySQLをインストールしようとしているOSバージョンがサポートされたものかどうかを確認してください[注A.2]。古すぎるOSと最新のMySQL、あるいは、最新のOSと古いMySQLの組み合わせでは動作しない可能性があります。

注A.1　https://dev.mysql.com/doc/refman/8.0/en/linux-installation.html
注A.2　https://www.mysql.com/support/supportedplatforms/database.html

A-1 インストール方法の種類

MySQLのインストール方法には主に、(1) リポジトリを使用する方法、(2) パッケージファイルを使用する方法、(3) コンパイル済み実行ファイルを使用する方法があります。その他、ソースコードからビルドする方法もありますが、本書では紹介しません。

(1) と (2) は、「Red Hat系」と「Debian系」それぞれで異なります。(3) は、Linux全体で共通のやり方になります。通常は、リポジトリやパッケージを利用するのが手軽ですが、ひとつのOSの上で複数のMySQLを動作させたいとき (複数バージョンを稼働させるなど) には、(3) の方法が便利です。

A-2 Red Hat Enterprise Linux、CentOS、Oracle Linux編

yumリポジトリを使用する方法

Oracle社のyumリポジトリを登録してyum install (dnf install) でMySQLをインストールする方法です。yumリポジトリの登録そのものにもyum installを使います。ダウンロードURLが確認できるページは、https://dev.mysql.com/downloads/repo/yum/ です。

▼CentOS Stream 8へのインストール

```
$ sudo dnf install https://dev.mysql.com/get/mysql80-community-release-el8-9.noarch.rpm
$ sudo dnf module disable mysql    ### そのままではバンドル版のMySQLが有効になっているので無効化する
$ sudo dnf install mysql-community-server
$ sudo systemctl start mysqld
```

rpmパッケージファイルを使用する方法

MySQLのダウンロードページからrpmファイルをダウンロードし、展開する方法です。ダウンロードURLが確認できるページは、https://dev.mysql.com/downloads/mysql/ (Select Operating SystemでOSを選択) です。ダウンロードの際はOSのバージョンやCPUアーキテクチャに注意してください。

ここでは、すべてのrpmファイルがアーカイブされた、拡張子tarのファイルを利用する方法を紹介します。server、client、develなどを個別にインストールしたい場合は、拡張子がrpmのファイルを使用することができます。

▼CentOS Stream 8へのインストール

```
$ wget https://dev.mysql.com/get/Downloads/MySQL-8.0/mysql-8.0.36-1.el8.x86_64.rpm-bundle.tar
$ tar xf mysql-8.0.36-1.el8.x86_64.rpm-bundle.tar
$ sudo dnf install mysql-community-server-8.0.36-1.el8.x86_64.rpm  mysql-community-client-8.0.36-1.el8.x86_
64.rpm mysql-community-common-8.0.36-1.el8.x86_64.rpm mysql-community-icu-data-files-8.0.36-1.el8.x86_64.rpm
$ sudo systemctl start mysqld
```

A-3　Debian、Ubuntu編

aptリポジトリを使用する方法

　Oracle社のaptリポジトリを登録して`apt install`（`apt-get install`）でMySQLをインストールする方法です。ダウンロードURLが確認できるページは、https://dev.mysql.com/downloads/repo/apt/ です。端末エミュレータ上でリポジトリをインストールすると、どのバージョンをaptのターゲットにするかなどを対話的に問い合わせてきます注A.3。問い合わせてほしくない場合には`DEBIAN_FRONTEND=noninteractive`環境変数を指定すれば問い合わせは省略され、デフォルト値によりインストールされます（次の例の通りにsudoを利用する場合、`sudo DEBIAN_FRONTEND=noninteractive apt install ..`とします）。

▼Ubuntu 22.04へのインストール

```
$ wget https://dev.mysql.com/get/mysql-apt-config_0.8.29-1_all.deb
$ sudo dpkg -i ./mysql-apt-config_0.8.29-1_all.deb
$ sudo apt update
$ sudo apt install mysql-community-server
$ sudo systemctl start mysql
```

dpkパッケージファイルを使用する方法

　MySQLのダウンロードページからdpkファイルをダウンロードし、展開する方法です。ダウンロードURLが確認できるページは、https://dev.mysql.com/downloads/mysql/ （Select Operating SystemでOSを選択）です。ダウンロードの際はOSのバージョンやCPUアーキテクチャに注意してください。

　ここでは、すべてのdebファイルがアーカイブされた、拡張子tarのファイルを利用する方法を紹介します。server、client、develなどを個別にインストールしたい場合は、拡張子が debのファイルを使用することができます。

▼Ubuntu 22.04へのインストール

```
$ wget https://dev.mysql.com/get/Downloads/MySQL-8.0/mysql-server_8.0.36-1ubuntu22.04_amd64.deb-bundle.tar
$ tar xf mysql-server_8.0.36-1ubuntu22.04_amd64.deb-bundle.tar
$ sudo dpkg -i ./mysql-community-server_8.0.36-1ubuntu22.04_amd64.deb ./mysql-common_8.0.36-1ubuntu
22.04_amd64.deb ./mysql-client_8.0.36-1ubuntu22.04_amd64.deb ./mysql-community-server-core_8.0.36-1ubuntu
22.04_amd64.deb ./mysql-community-client_8.0.36-1ubuntu22.04_amd64.deb ./mysql-community-client-core_8.0.
36-1ubuntu22.04_amd64.deb ./mysql-community-client-core_8.0.36-1ubuntu22.04_amd64.deb ./mysql-communityclient-
plugins_8.0.36-1ubuntu22.04_amd64.deb
$ sudo systemctl start mysql
```

注A.3　ターゲットバージョンをあとから変更したい場合は sudo dpkg-reconfigure mysql-apt-config を実行する。

A-4 Linux共通：コンパイル済み実行ファイルを使用する方法

　Linuxシリーズ共通の利用方法として、リポジトリやパッケージに依存しないコンパイル済み実行ファイルを利用する手段があります。ダウンロードURLが確認できるページは、https://dev.mysql.com/downloads/mysql/ (Select Operating Systemで[Linux - Generic]を選択)です。通称「バイナリ版」やアーカイブ・圧縮方式の拡張子を用いて「tar.xz (またはtar.gz)版」と呼ばれることがあります。コンパイル済みバイナリはglibcのバージョンに依存するため、あらかじめOSでインストールされているglibcのバージョンを調べておきます。

▼CentOS Stream 8へのインストール

```
$ rpm -q glibc
glibc-2.28-228.el8.x86_64

$ sudo dnf install libaio numactl-libs     ### 必要ライブラリをインストール
$ sudo useradd mysql     ### mysqld実行用OSユーザーを自分で作成
$ wget https://dev.mysql.com/get/Downloads/MySQL-8.0/mysql-8.0.36-linux-glibc2.28-x86_64.tar.xz
$ tar xf mysql-8.0.36-linux-glibc2.28-x86_64.tar.xz
$ sudo mv -i mysql-8.0.36-linux-glibc2.28-x86_64 /usr/local/mysql
$ sudo chown -R root:root /usr/local/mysql
$ sudo /usr/local/mysql/bin/mysqld --initialize --user=mysql     ### 自身でdatadirの初期化が必要
$ sudo cp -ip /usr/local/mysql/support-files/mysql.server /etc/init.d/mysql
$ sudo /etc/init.d/mysql start
```

　バイナリ版は、/usr/local/mysqlに展開されることを期待してファイルが配置されています。そのため、それ以外の場所に置く場合には、mysql.serverスクリプトなどに修正が必要な場合があります。

索引

Index

著者プロフィール
Profile

≡ yoku0825

MySQLの魅力にとりつかれ、以来10年以上MySQLの運用に携わっている。ソースコードはsql/sql_yacc.yyから読む派。座右の銘は「オラクれない、ポスグれない、マイエスキューエる」。日本MySQLユーザ会副代表。とある企業のDBA。

≡ 北川健太郎

LINEヤフー株式会社所属のデータベースエンジニア。担当はMySQLとOracle DatabaseとちょっとTiDB。好きなMySQLの機能はレプリケーションで, 好きなOracleDatabaseの機能はログオントリガー。

≡ tom__bo

MySQL好きなソフトウェアエンジニア。MySQLの運用に5年以上携わり、サーバ/クライアントの通信プロトコル、バイナリログやRedoログをデコードして眺めるのが趣味。ソースコードはmysql_execute_command()を始点に調べることが多い。

≡ 坂井恵

2002年頃にMySQLと出会う。MySQLの好きな機能はSpatial機能 (GIS機能)。MySQLのしくみもさる事ながら、特にデータ構造やデータの流れに強い関心を持つ。ソースコードは、item_create.cc から。日本MySQLユーザ会副代表。有限会社アートライ代表取締役。

●本書サポートページ

https://gihyo.jp/book/2024/978-4-297-14184-4

本書記載の情報の修正／訂正については、当該Webページで行います。

■お問い合わせについて

本書に関するご質問については、記載内容についてのみとさせて頂きます。本書の内容以外のご質問には一切お答えできませんので、あらかじめご承知おきください。また、お電話でのご質問は受け付けておりませんので、書面またはFAX、弊社Webサイトのお問い合わせフォームをご利用ください。
なお、ご質問の際には、「書籍名」と「該当ページ番号」、「お客様のパソコンなどの動作環境」、「お名前とご連絡先」を明記してください。

〒162-0846
東京都新宿区市谷左内町21-13
株式会社技術評論社
『MySQL運用・管理[実践]入門
　～安全かつ高速にデータを扱う内部構造・動作原理を学ぶ』係
FAX：03-3513-6173
URL：https://book.gihyo.jp

お送りいただきましたご質問には、できる限り迅速にお答えをするよう努力しておりますが、ご質問の内容によってはお答えするまでに、お時間をいただくこともございます。回答の期日をご指定いただいても、ご希望にお応えできかねる場合もありますので、あらかじめご了承ください。
ご質問の際に記載いただいた個人情報は質問の返答以外の目的には使用いたしません。また、質問の返答後は速やかに破棄させていただきます。

カバーデザイン	山之口 正和
本文デザイン・DTP	株式会社マップス
担当	小竹 香里

MySQL 運用・管理 [実践] 入門
～安全かつ高速にデータを扱う内部構造・動作原理を学ぶ

2024年6月4日　初版　第1刷発行

著　　者	yoku0825、北川 健太郎、tom__bo、坂井 恵
発 行 者	片岡 巖
発 行 所	株式会社技術評論社
	東京都新宿区市谷左内町21-13
	電話　03-3513-6150　販売促進部
	03-3513-6177　第5編集部
印刷／製本	港北メディアサービス株式会社